苗木加工、贮藏与造林

托马斯·兰迪斯，凯思腾·达穆逻斯，黛安·哈斯　著

刘勇，祝燕，孙巧玉，王巍伟，万芳芳　译

中国林业出版社
China Forestry Publishing House

原著丛书书名及出版时间

Volume One　Nursery Planning, Development, and Management (1995)
第1卷　苗圃规划、发展和管理（1995年）
Volume Two　Containers and Growing Media (1990)
第2卷　容器和培养基质（1990年）
Volume Three　Atmospheric Environment (1992)
第3卷　大气环境（1992年）
Volume Four　Seedling Nutrition and Irrigation (1989)
第4卷　苗木营养与灌溉（1989年）
Volume Five　The Biological Component: Nursery Pests and Mycorrhizae (1990)
第5卷　生物因素：苗圃害虫和菌根（1990年）
Volume Six　Seedling Propagation (1999)
第6卷　苗木繁殖（1999年）
Volume Seven　Seedling Processing, Storage, and Outplanting (2010)
第7卷　苗木加工、贮藏与造林（2010年）

原著第7卷作者及出版机构如下，感谢作者和美国农业部对本出版物所做的贡献。

Landis, T.D.; Dumroese, R.K.; Haase, D.L. 2010. The Container Tree Nursery Manual. Volume 7, Seedling Processing, Storage, and Outplanting. Agriculture Handbook 674. Washington, DC: United States Department of Agriculture Forest Service. 200 p.

本出版物中使用的商品或公司名称仅供读者参考，并不意味着美国农业部（USDA）林务局对任何产品或服务的认可。

农药使用不当会对人类、动物和植物造成伤害。使用时遵循标签上的说明和注意事项。将农药贮藏在原装容器中，锁好并远离儿童和动物，远离食物和饲料。使用农药时，不要危及人类、牲畜、农作物、益虫、鱼类和野生动物。在有飘移危险、蜜蜂或其他传粉昆虫到访的植物或可能污染水或留下非法残留物的情况下，不要施用农药。避免长时间吸入农药喷雾或粉尘；如果容器上有规定，穿好防护服和装备。如果你的手被农药污染了，在洗手之前不要吃东西或喝水。如果农药被吞下或进入眼睛，请按照标签上的急救方法进行处理并立即就医。如果农药洒在皮肤或衣服上，立即脱掉衣服，彻底清洗皮肤。不要清洗喷雾设备或在池塘、溪流、水井附近倾倒剩余农药。因为很难清除设备中所有农药残留，所以装除草剂的设备不可用于杀虫剂或杀菌剂。及时处理装过农药的空容器。把它们埋在垃圾填埋场，或者把它们压碎埋在一个水平的、孤立的地方。注：有些州对某些农药的使用有限制。查看你所在的州和地方法规。此外，由于联邦环境保护局不断审查农药的注册情况，请咨询你所在县的农业代理机构或州推广专家，以确保预期用途仍然有效。

美国农业部禁止在其所有项目和活动中基于种族、肤色、国籍、年龄、残疾以及性别、婚姻状况、家庭状况、父母状况、宗教、性取向、遗传信息、政治信仰、报复行为或因个人全部或部分收入来自任何公共援助项目而采取的歧视态度。（并非所有被禁止的基地都适用于所有项目）。需要其他方式交流项目信息（盲文，大字体，录音带等）的残疾人应联系美国农业部目标中心（202）720-2600［语音和时分双工（TDD），听障人士通信］。如需提出歧视投诉，请致函美国农业部民权办公室主任，华盛顿特区SW独立大道1400号（地址），20250-9410（邮编），或致电（800）795-3272（语音）或（202）720-6382（TDD，听障人士通信）。美国农业部是一个机会均等的提供者和雇主。

图书在版编目（CIP）数据

苗木加工、贮藏与造林 /（美）托马斯·兰迪斯，
(美) 凯思腾·达穆逻斯,(美) 黛安·哈斯著；刘勇等
译. -- 北京：中国林业出版社, 2024. 8. -- ISBN 978-
7-5219-2929-4

Ⅰ. S723.4；S725

中国国家版本馆CIP数据核字第2024M0K788号

策划编辑：肖静
责任编辑：王全　肖静
装帧设计：北京八度出版服务机构

出版发行：中国林业出版社
　　　　　（100009，北京市西城区刘海胡同7号，电话83143577）
电子邮箱：cfphzbs@163.com
网址：https://www.cfph.net
印刷：北京博海升彩色印刷有限公司
版次：2024年8月第1版
印次：2024年8月第1次
开本：889mm×1194mm　1/16
印张：9.75
字数：230千字
定价：89.00元

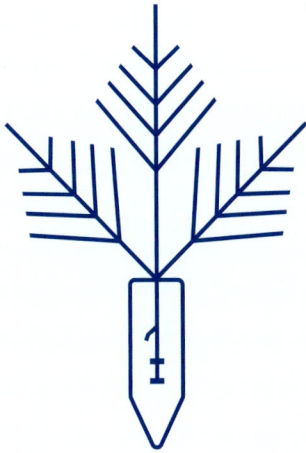

中文版前言

美国农业部林务局于1989至2010年编辑出版了7卷丛书《林木容器苗苗圃手册》，包括苗圃规划、发展和管理（第1卷），容器和培养基质（第2卷），大气环境（第3卷），苗木营养与灌溉（第4卷），生物因素：苗圃虫害和菌根（第5卷），苗木繁殖（第6卷），以及苗木加工、贮藏与造林（第7卷）。丛书主要总结了美国几十年来在容器苗培育方面的理论、技术和生产经验，具有很高的权威性和实用性，一经出版就得到各国同行的高度评价。

我国容器苗生产正走在扩大规模、提高质量的发展过程中，很有必要学习借鉴国外的先进经验。为此，我们组织人员翻译出版这套丛书的第7卷《苗木加工、贮藏与造林》，全书共6章，分工如下：刘勇翻译前言和负责全部文稿的修改、审核和统稿，祝燕翻译第1和第2章，孙巧玉翻译第3和第4章，万芳芳翻译第5章，王巍伟翻译第6章。丛书其他册的翻译正在筹划和进行中，希望不久的将来，能将全部丛书翻译出版，为我国林木容器苗培育技术的提升作一点贡献。

本书的出版得到中国林业出版社、北京林业大学林学院的大力支持。原书作者凯思腾·达穆逻斯（R. Kasten Dumroese）对翻译过程中出现的问题进行了解答。北京林业大学研究生王海娇、尚明月、郦金今、王彦超、王皓天等参与了整理图表、校对文字等工作，译者在此一并表示衷心感谢！

刘勇

2024年7月14日

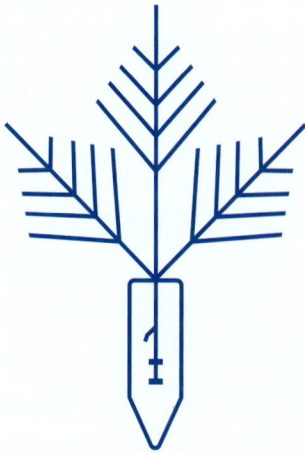

原书前言

《林木容器苗苗圃手册》由7卷组成，各卷都以相同的系列编号出版，即美国农业部《农业手册674》。20世纪80年代末启动写作，1989年出版了第1卷。随后的几卷出版间隔越来越长，第7卷（也是最后一卷）花了10多年才完成。

图7.0.1为编写《农业手册674》每册花费的时间。

每卷包含的章节均与在容器中生产各种植物的苗木密切相关。丛书各卷合在一起可以作为一个完整的苗圃手册使用，也可以根据专家对特定内容信息的需要单独使用。因为有几个内容必须在不止一卷中讨论，所以手册中会有一些重复。然而，这样的重复是合理的，因为大多数读者只会使用手册作为技术参考，而不会从头至尾阅读全文。

《林木容器苗苗圃手册》按照苗圃发展、苗木繁殖和造林栽植的常规顺序进行了组织。第1卷讨论了在建立苗圃设施中应遵循的各种步骤。第2卷是关于容器类型和培养基质的选择。第3卷和第4卷分析了影响苗木生长的限制因素，并讨论了如何在容器育苗中进行调控。第5卷探讨了各种可能影响苗木的生物有机体，包括负面的害虫或正面的菌根。第6卷展示了如何制订苗木生长时间表，以及如何根据苗期的3个生长阶段进行繁殖。第7卷涵盖了从苗木木质化和准备收获到它们被栽植到造林地的过程。

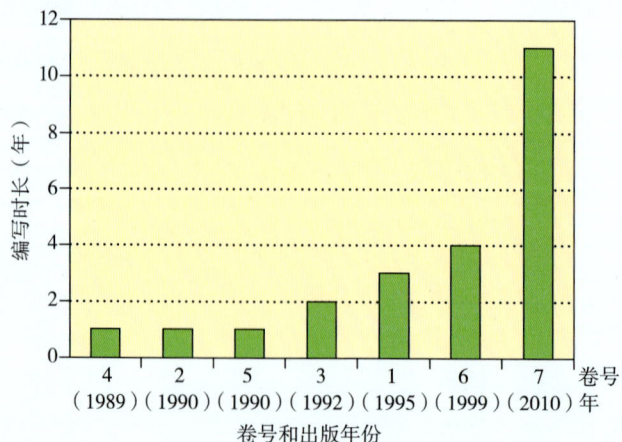

图7.0.1　编写《农业手册674》每卷所需的时长

这里提供丛书7卷的大纲结构，每个标题前面编上序号，以便读者能够快速找到特定主题，而无需参考索引。各卷及章节标题的大纲如下。

本手册汇集了当前容器苗苗圃管理的最好技术，应作为一般参考。这些建议是根据当时可获得的最好技术提出的，随着知识的更新，这些建议需要进行修订。本手册中的大部分资料主要是根据美国西部和南部针叶树苗木的生长资料编写的。由于树种间差异很大，容器苗苗圃管理人员需要根据自己所育苗木的情况调整这些原则和程序。个人经验是不可替代的，书中建议的育苗技术在大规模实施之前应该进行试验。

整个手册中都使用了商品名称，但仅作为示例，并不表示美国农业部对特定产品的认可，也没有暗示将同样合适的产品排除在外。所提及的特定农药仅用于一般信息，不应被理解为认可。由于农药登记和标签的频繁变化，读者应该与当地主管部门核实，以确保使用既安全又合法。特别提醒，如果处理不当或使用不当，农药可能对人、家畜、有益植物、鱼类或其他野生动物有害。应按照标签上的说明，有选择地、小心地使用所有农药，按照建议的方法处理剩余农药和装药的容器。

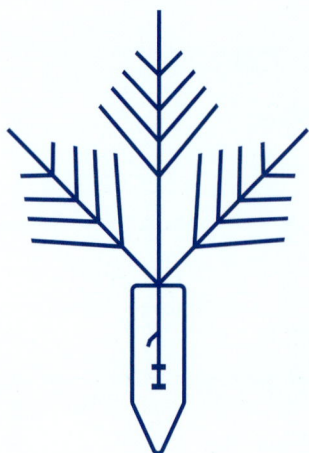

致　谢

许多人在编写手册的过程中发挥了重要作用。艾米·格雷（Amy Grey）和吉姆·马林（Jim Marin）负责排版和制作。如此大型出版物的技术审查涉及相当多的工作，作者感谢以下苗圃专业人员审查本卷的最终稿。

所有6章：

约翰·麦克撒（John Mexal）

史蒂夫·格罗斯尼克（Steve Grossnickle）

纳比尔·卡杜瑞（Nabil Khadduri）

多格·麦克克里（Doug McCreary）

第1章　目标植物概念

道格拉斯·雅可布（Douglass Jacobs）

大卫·南（David South）

格伦达·斯科特（Glenda Scott）

第2章　苗木质量评价

大卫·南（David South）

康纳·奥莱利（Conor O'Reilly）

第4章　贮　藏

大卫·G·辛普森（David G. Simpson）

第6章　造林栽植

格伦达·斯科特（Glenda Scott）

利奥·特沃（Leo Tervo）

瑞思托·瑞卡纳（Risto Rikala）

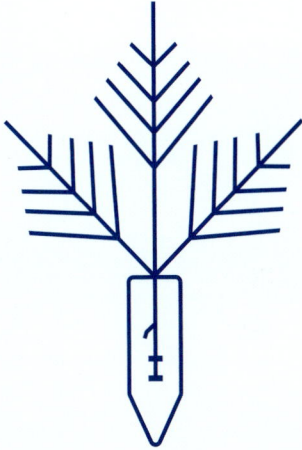

在何处获得本手册

　　美国农业部林务局最初购买了每卷有限数量的纸质版免费分发，但许多早期的册子已经绝版。鉴于彩色重印的成本太高，斯图威父子公司（Stuewe and Sons）重印了黑白版。所有册子也都以 Adobe PDF 格式电子书（e-book）的形式出版。纸质版和电子书均可从以下渠道购买；联系他们可以获取书籍销售的相关情况和价格。

Western Forestry and Conservation Association

4033 SW Canyon Road

Portland, OR 97221 USA

Tel: 503–226–4562 Fax: 503–226–2515

E–mail: richard@westernforestry.org

Web site: http://www.westernforestry.org

Stuewe and Sons, Inc.

31933 Rolland Drive

Tangent, OR 97389 USA

Tel: 1–800–553–5331 or 541–757–7798

Fax: 541–754–6617

E–mail: info@stuewe.com

Web site: http://www.stuewe.com

　　此外，每册的 PDF 文件都可以从再造林、苗圃和遗传资源网站（Reforestation, Nurseries, and Genetics Resources web site）：http://rngr.net 上查看和下载。

目　录

第 1 章
目标植物概念

7.1.1 引　言

目标植物概念背后的基本思想可以追溯到20世纪70年代末80年代初，当时对苗木生理学的新见解正在彻底地改变苗圃管理。林业研究人员开始分析苗圃培育措施对造林表现的影响，致使林业工作者更多地考虑了他们的再造林对策，并开始寻求新的和不同的苗木类型（图7.1.1）。到1990年，"目标植物"一词已经在苗圃和再造林术语中得到了很好的确立。同一年，目标苗木研讨会汇集了众多林业和苗圃工作者，讨论了目标植物的各个方面，由此产生的会议结论仍然是这一主题的主要信息来源（Rose et al.，1990）。

目标植物概念的一个基本原则是植物质量由造林表现决定（Landis，2002）。虽然它们可能是同一树种，但造林苗木与观赏苗木有很大的不同。例如，在相对恶劣的森林环境中种植的花旗松（*Psuedotsuga menziesii*）幼苗与在城市公园或圣诞树种植园种植的幼苗有不同的要求。这些差异对目标植物概念至关重要，因为植物质量取决于植物将如何使用才能"满足目的"（Sutton，1980）。这意味着植物的质量不能仅仅在苗圃里描述，它也必须在造林地得到证明。没有所谓的"万能"植物，因为苗圃里品相好的植物并不能

图7.1.1　目标植物概念使林业工作者和其他植物使用者为发展特定的造林项目所需苗木类型而开始与苗圃更密切地合作。

在所有的地方都成活和生长良好。

为特定项目定义目标植物时，还必须考虑经济和管理目标。当不同大小的湿地松（*Pinus elliottii* var. *elliottii*）用于造林并在4年后进行测定时，地径较大的幼苗比标准的"合格"苗木有更好的成活率和生长量。经济分析证明，这些大规格苗木是最佳投资选择（South and Mitchell，1999）。

7.1.2 定义目标植物

目标植物是指为能在特定造林地成活和生长而培养的植物，它主要由以下6个因素决定（图7.1.2）。

● 7.1.2.1 造林项目的目的

需要苗木的原因将对目标植物的特性产生关键影响。在传统的造林更新中，具有商业价值的

1. 造林项目的目的
2. 植物材料的类型
3. 遗传因素
4. 造林地的限制因素
5. 造林的时机
6. 造林工具和技术

图7.1.2　目标植物概念的6个因素。

树种经过基因改良后，生长迅速、形态良好或木材质量理想，其最终目的可能是生产锯材或木浆。

然而，因为目的完全不同，修复项目的目标植物有可能截然不同。例如，一个流域保护项目将需要河岸树木、灌木和湿地植物，这些植物将不会被收获为任何商业产品。在这种情况下，项目目的将包括阻止侵蚀、稳定河岸，并最终恢复功能植物群落。根据植物群落类型和土地最终用途，火灾恢复项目将有不同的目的。草原火烧迹地项目的目的可能是阻止土壤侵蚀，用乡土植物取代外来杂草，并为鹿或麋鹿建立牧草植物，因此该项目的目标植物可能包括直接播种乡土牧草和阔叶植物，再种植木本灌木苗木。然而，对于火烧森林迹地来说，植物材料可能是当地的草籽，用以防止侵蚀，然后栽种树苗，尽快使土地恢复其最大生产力。还有的项目目的可能是恢复在特定栖息地濒临灭绝的植物。例如，矮黄花（*Solidago shortii*）是一种濒危植物，只在美国肯塔基州的一个小地理区域（Baskin et al.，2000）有 14 个种群。幸运的是，这种植物种子繁殖相对容易，且在温室里生长良好。

保护性种植项目可以有不同的目的。尽管在任何时候和任何可能的地方都强调乡土植物，但在极端立地条件下可能还需要外来物种。例如，在西部山区的干旱地带没有乡土树木，但欧洲黑松（*Pinus nigra*）和榆树（*Ulmus pumila*）则被用来建立防风林，以保护家园或牲畜。在目标植物概念中，项目目的是首要考虑因素。

● 7.1.2.2　植物材料的类型

目标植物概念中的第二个考虑因素是植物材料的类型（图 7.1.2）。植物材料是指任何可以用来繁殖一个物种的东西，这些繁殖体可以是种子、球茎或根茎、插条或幼苗（Landis，2001）。在容器苗苗圃中，植物材料通常指的是树种和苗木类型。

树　种　上一节讨论可知，树种是根据项目目的来确定的。例如，美国花旗松是太平洋西北部最重要的用材树种之一，因此是当地森林苗圃的主要树种。在过去的一个世纪里，美国花旗松被广泛用于造林，通常进行单一树种栽培。在俄勒冈州和华盛顿州的沿海地区，这些纯林最近受到了由高曼氏隐杆菌（*Phaeocryptopus gaeumannii*）引起的落针病严重感染。有的造林建议提出应与其他针叶树混交，尤其是西铁杉（*Tsuga heterophylla*），以减少这种病害的影响（Filip et al.，2000）。在美国东南部，近几年对长叶松（*Pinus palustris*）的需求量急剧增加，而且，对于该树种而言，已被证明容器苗比裸根苗能更好地成活和生长（Barnett，2002）。

苗木类型　容器苗苗圃目前生产各种各样的苗木类型，包括播种苗、移栽苗和插条苗。虽然生物学因素是首要考虑对象，但容器苗类型的选择主要由销售价格和客户偏好决定。经验丰富的苗圃客户在决定苗木类型和其他目标苗木因素时，会考虑每株存活植物的成本。

销售价格——虽然容器和生长基质的成本很重要，但容器苗木的价格基本上与苗圃育苗生产空间呈函数关系。温室苗床的单位面积成本是固定的，因此各种容器尺寸的价格随着其单元密度的降低而增加（表 7.1.1）。每种容器苗的实际销售价格都是由市场因素决定的，特别是需求和竞争的影响。

客户偏好——在过去 25 年里，容器类型的需求发生了很大变化，其中一个趋势是体积更大。例如，在 20 世纪 70 年代，美国俄勒冈州的一个苗圃通常生产 33～66cm^3（2～4in^{3①}）的容器苗，而到 2000 年，他们将所有苗木种植在 246～328cm^3（15～20in^3）的容器中（图 7.1.3A）。这种对大型

① 1in^3 ≈ 16.39cm^3。以下同。

容器的偏好导致了容器苗移植技术的产生，即开始将苗木在温室中的小型"微型容器"中培育，然后移植到室外混合基质的大型容器中。

大规格容器苗需求量更大的一个原因是造林地的植被竞争加剧。其他因素相同，在较大容器中生长的植物具有较大的地径和较好的茎根比，这使其在竞争激烈的地区具有优势。加拿大魁北克省对环境的重视导致禁止使用除草剂进行造林整地。这些立地上的黑云杉（*Picea mariana*）和白云杉（*Picea glauca*）的标准苗木容器规格为110cm³（6.7in³），因此，Jobidon等（2003）建立了研究试验，以测试比较一系列的大容器尺寸。

在栽植8年后进行测量（图7.1.3B）发现，在没有除草剂的情况下，340cm³（20.7in³）容器中的幼苗是最好和最经济的苗木类型。

容器类型的区域趋势也证明了客户的偏好。对于苗圃来说，对所有类型的容器进行测试是行不通的，因为成本太高，因此它们通常会使用无论什么情况下都在当地普遍使用的主流容器。Styroblock™容器在加拿大不列颠哥伦比亚省开发，并继续成为太平洋西北部最受欢迎的容器类型（van Eerden，2002）。然而，在美国东北部和加拿大，硬塑料Ropak® MultiPots是最受欢迎的容器类型，现在正被Jiffy®容器取代（White，2003）。

表7.1.1　容器苗的销售价格与苗圃育苗生产空间的数量关系

容器类型		容器体积		单位面积容器数量		单位苗木价格
		cm³	in³	m²	ft²[①]	1000株苗（$）[②]
Styroblock™ 1	207A	8	0.5	2121	196	100
Styroblock™ 2A	211A	41	2.5	1032	103	190
Styroblock™ 5.5	315B	90	5.5	756	71	276
Styroblock™ 10	415D	160	9.8	364	34	576
Styroblock™ 15	515A	250	15.3	284	26	755
Styroblock™ 20	615A	336	20.5	213	20	980

注：① 1ft²=0.0929m²。② 自由定价，美元，2007年。

图7.1.3　大规格容器苗越来越受欢迎（A），但要确定哪种规格的生长最好、最经济，还需要进行造林试验。在造林8年后，体积为340cm³（20.7in³）的容器中的云杉幼苗是加拿大魁北克省（B）杂草竞争激烈地区的最佳选择。

● 7.1.2.3 遗传因素

目标植物概念的第三个考虑因素涉及遗传学问题。应考虑3个因素：本土适应性、遗传多样性和性别多样性。

本土适应性 许多乡土植物可以通过在项目区域或附近采集的种子进行繁殖。"种源"是所有森林苗圃管理者和造林更新专家都熟悉的一个概念，他们知道，由于植物适应当地条件，种子应始终在当地的"种子区"内收集。容器苗苗圃按种子区种植植物，种子区是一个气候和土壤类型相对相似的、三维的地理区域（见第6卷第6.2.1.2节）。在观赏性植物苗圃中并不总是考虑本土适应性，例如，乡土植物苗圃和观赏性植物苗圃都种植美国花旗松幼苗，但前者区分生态型（如var. *glauca*），而观赏性植物苗圃种植的是不同的品种（如'Carneflix Weeping'）（Landis，2001）。

种子来源在几个方面影响着植物的表现，特别是生长速度和耐寒性。一般来说，从高纬度或高海拔地区采集的种子生长的植物，比从低海拔地区或更南部纬度地区采集的种子生长得更慢，并且在冬季更抗寒（St. Clair and Johnson，2003）。种子区的研究还没有在众多乡土植物上进行过，但直觉判断，同样的概念也应该适用。因此，谨慎的做法是始终从苗木造林地的同一地理区域和同一海拔采集种子或插条。随着对全球气候变化的日益关注，种子运输原则可能会有所调整，其策略目标是鼓励基于最新研究的逐步适应（Millar et al.，2007）。

遗传多样性 目标植物也应代表在造林地存在的遗传多样性。同样，也应考虑未来的气候变化，特别是对于寿命长的树种。为了最大限度地提高苗木的遗传多样性，应尽可能多地从不同的植物上采集种子。同样的原则也适用于必须进行无性繁殖的植物。插条也必须在造林地附近采集，以确保其适应性。当然，采集成本必须合理，因此采集的种子或插条数量必须是一个折中方案。Guinon（1993）对采集种子或插条时涉及保护生物多样性的所有因素进行了非常好的讨论，并建议至少从50～100个供试植物上采集。

性别多样性 对于雌雄异株植物，如柳属和杨属，有另一个需要考虑的因素，因为所有由无性繁殖产生的后代都将与其亲本具有相同的性别（图7.1.4）。因此，在项目现场采集插条时，必须注意确保雄性和雌性植物都要有适当的选取。柳树、三角叶杨和山杨性成熟早，所以另一种选择是从广泛的遗传基础上采集性成熟的枝条，保证两种性别的都有，并将它们扦插在苗圃中。在1～2年内，插条将开花并产生种子。将种子播种到容器中，由此产生的幼苗将具有广泛的遗传和性别多样性（Landis et al.，2003）。

● 7.1.2.4 造林地的限制因素

目标植物概念的第四个考虑因素是基于生态的"限制因子原则"，即任何生物过程都将受到存在量最少因子的限制。应评估每个造林立地条件，以确定对生存和生长最为限制的环境因素（图7.1.5A）。林业工作者在为每一个造林地块做描述时，都会说明哪种树种和苗木类型最合适（图7.1.1）。

在大多数造林地，土壤水分是限制因素，目标植物必须要反映这一事实。

然而，在北纬或高海拔地区，土壤温度较低的限制可能比水分更为明显，进入这些地区造林可能会受到雪的限制。雪可能直到6月底甚至7月才会融化（Faliszewski，1998；Fredrickson，2003）。融化的雪使土壤温度保持较低，这可能会成为限制因素，研究表明，在10℃（50℉）以下植物根系生长受到限制（图7.1.5B）（Lopushinsky and Max，1990）。这些地点的合理

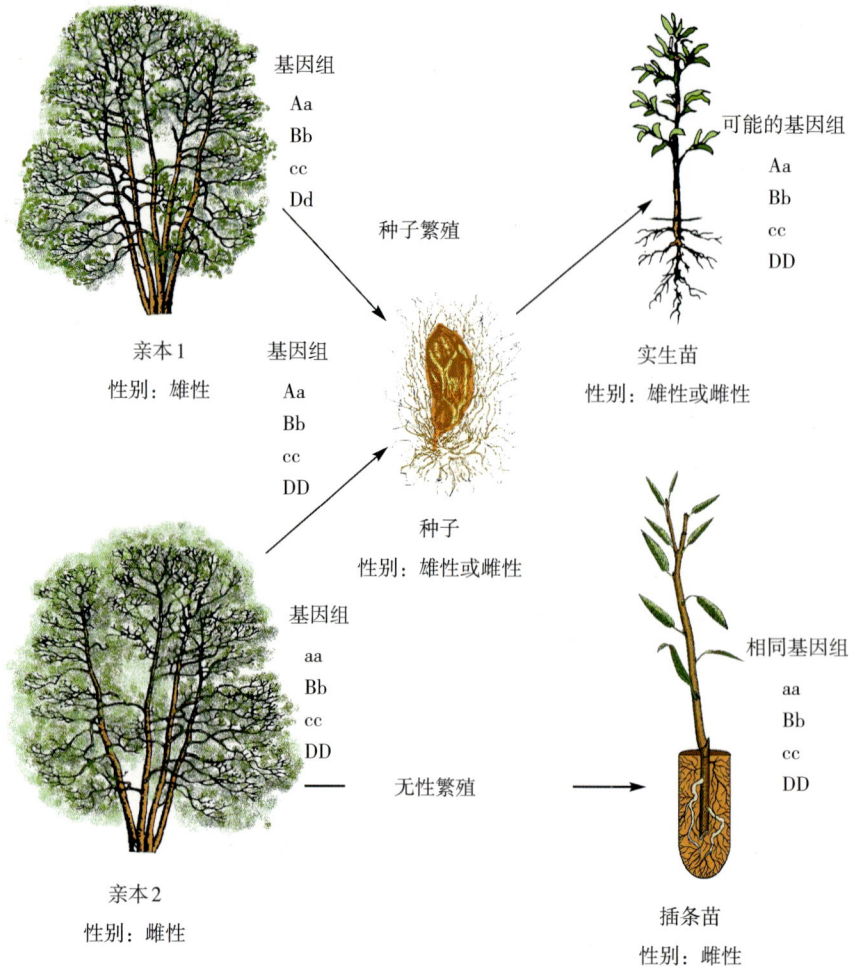

图7.1.4　选择是通过种子繁殖还是通过插条繁殖会影响到作物的遗传多样性。对于雌雄异株植物，如柳树和三角叶杨，还必须考虑到亲本植物的性别，以确保造林地植物同时包含雄性和雌性（改自Landis et al.，2003）。

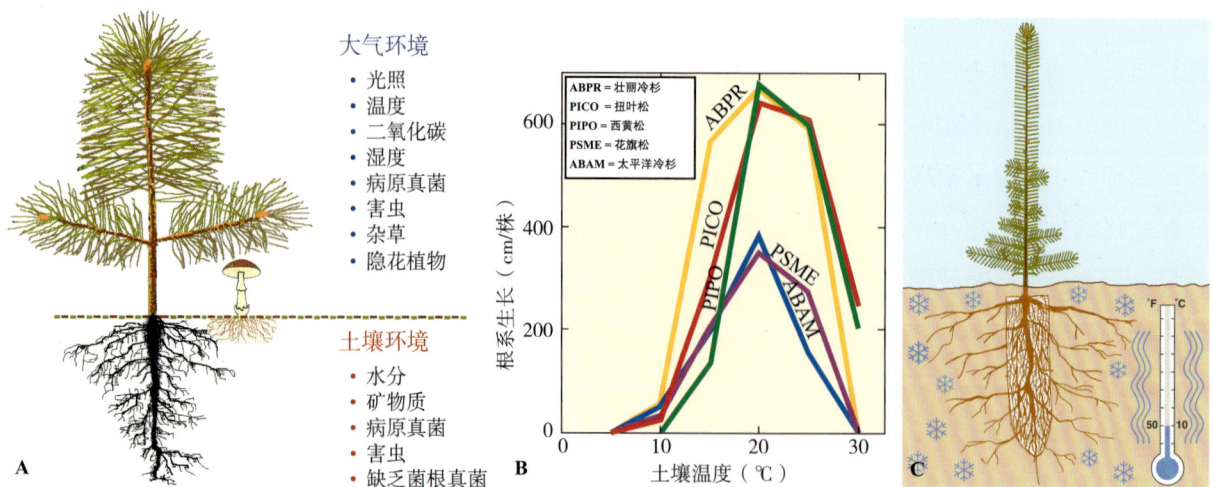

图7.1.5　目标植物概念的一个关键部分是评估哪些环境因素可能会对造林地产生限制（A）。在高海拔和高纬度地区，春季土壤温度较低，研究表明，许多商用针叶树的根系在低于10℃（50℉）（B）的温度下不会明显生长。因此，这些地点的目标植物应该有一个相对较短、紧凑的根系，以充分利用地表土层中较高的温度（C）（B，改自Lopushinsky and Max，1990）。

目标植物可以在高度相对较矮的容器中培育，造林后可以利用温暖湿润的表层土壤（图7.1.5C）（Landis，1999），加拿大不列颠哥伦比亚省的高海拔造林更新地就是如此（Faliszewski，1998）。

在评估造林地的限制因素时，造林更新地面临着诸多挑战。例如，在野火过后，土壤状况通常会发生严重的变化，而采矿场地的土壤酸碱度则表现极端；河岸恢复项目需要生物工程措施，以稳定河岸并在种植前减缓土壤侵蚀（Hoag and Landis 2001）；在沙漠植被恢复中，低土壤湿度、高温、大风、沙尘暴和严重放牧被列为限制因素（Bainbridge et al.，1992）。

动物捕食和雪灾也会成为限制一些造林地的影响因素，尤其是在山区的高海拔地带。采用不同地径等级的恩格曼云杉容器苗（*Picea engelmannii*）在美国犹他州北部的山区进行造林试验，两季后，地径较大的幼苗的存活率明显高于地径较小的幼苗。相比小规格苗木而言，地径较大的苗木因积雪压损或啮齿类动物破坏而导致的死亡率更低（Hines and Long，1986）。

一个值得特别考虑的潜在限制因素是菌根真菌。这些共生生物为寄主植物提供了许多好处，包括更好的水分和矿物质营养吸收。造林更新的地方通常有足够的菌根真菌补充，这些菌根真菌很快就在造林地苗木上定居下来，而许多其他需要植被恢复的地方却没有。例如，严重的森林火灾或地表采矿会消除所有土壤微生物，包括菌根真菌。因此，运往这些地点的植物在造林前应接种适当的菌类共生体（见第5卷第2章，全面讨论菌根）。

这些例子说明了为什么苗圃管理者必须与植物需求者密切合作，以确定哪些环境因素对种植地的影响最大。通过这些讨论，可以设计出最佳目标植物材料的规格，以最大限度地提高特定立地条件下的植物成活率和生长量。

● 7.1.2.5 造林的时机

造林窗口是指造林地的环境条件最有利于幼苗或插条苗的成活和生长的时期。造林窗口通常由限制因素决定，如前一节所述，土壤湿度和温度是常见的限制因素。在美国和加拿大的大部分地区，通常是在冬季或早春的雨季，当土壤湿度较高，蒸散损失较低时进行造林（图7.1.6）。显然，冬季造林窗口的具体日期将随纬度和海拔而变化，在南部和低海拔地区更早，在北部和高海拔地区更晚。

容器育苗的一个重要优势是它们可以在不同的日期播种，然后培养成生理状况准备充分的个体，以便在一年中的不同时间进行造林。对于传统的冬季或早春的造林窗口，植物可以在收获后热栽或冷藏几周，直到造林地准备就绪（图7.1.7A）。如前一节所述，高海拔或北部地区具有挑战性，因为它们在典型的仲冬造林窗口无法进入。几十年来，人们一直在尝试在秋季进行造林，结果各不相同。然而，近几年来秋季造林已经逐步开始，这主要是由于可对容器苗的生理状态进行适当调节（Fredrickson，2003）。在美国东南部，传统的火炬松造林窗口是在冬季，但如果在温室中用较短的光照时间促进苗木木质化，或在室外环境中暴露在自然较低的温度下

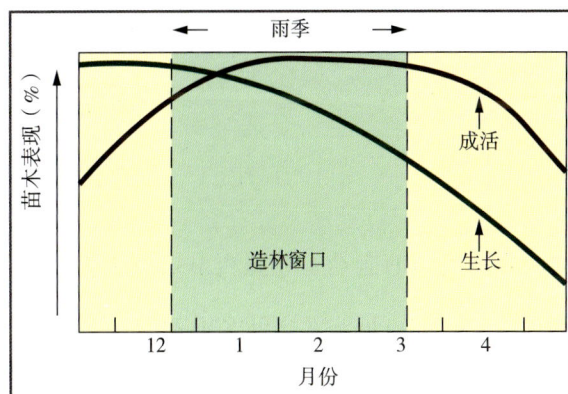

图7.1.6 目标植物概念的一个关键组成部分是造林窗口，即特定立地植物存活和生长最为理想的时间段。在美国的大部分地区，造林窗口是在仲冬雨季（改自South and Mexal，1984）。

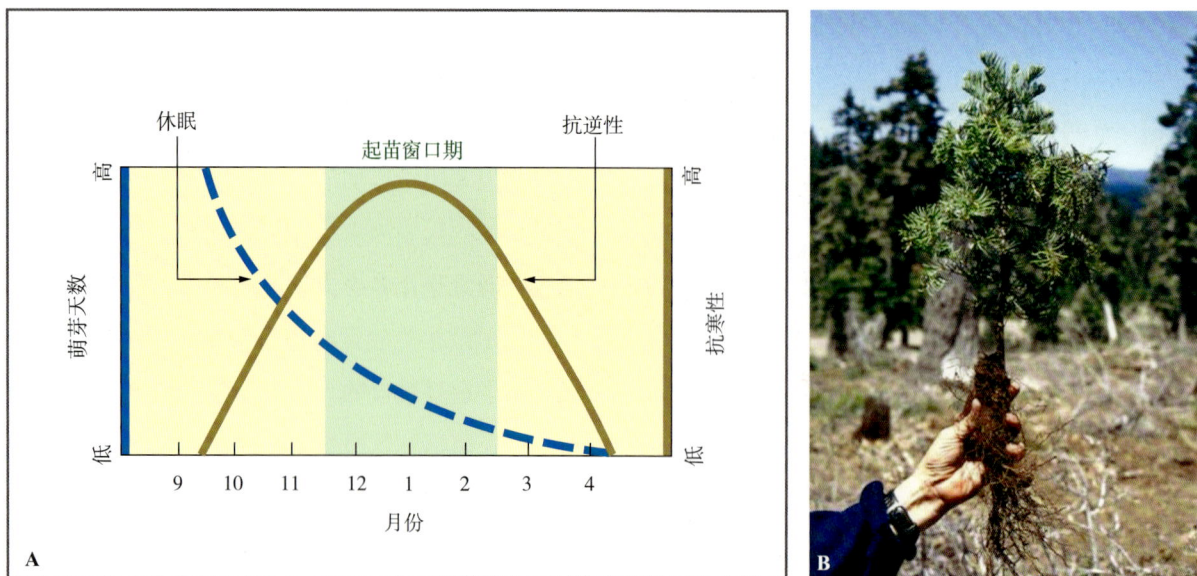

图7.1.7　容器苗的种植可以满足各种造林窗口的目标要求。它们可以在生理指标达到最佳时收获，用于传统的仲冬窗口（A），也可以专门培养用于夏季或秋季造林（B）。

6周（Mexalt et al., 1979），容器苗便可在秋季进行造林。

夏季造林是在加拿大北部地区发展起来的一种相对较新的方法（Revel et al., 1990），此后在落基山的高海拔地区也有了一些应用（Scott, 2006）。

春夏之际或秋季的目标植物特征显著不同（Grossnickle and Folk, 2003）。它们的抗寒性和抗逆性较低，因此在运输和现场贮藏期间，必须更加细致地处理用于夏季和秋季造林的植物。

● 7.1.2.6　造林工具和技术

每个造林地都有一个适当的栽植工具，因此，目标植物概念中必须考虑工具和造林技术。通常情况下，森林学家或修复专家会对特定的工具产生偏好，因为它在过去应用得很好。但是，没有任何一种工具适用于所有立地条件。尽管在本卷第6章中对栽植工具进行了详细讨论，这里依然提供几个关于造林工具和技术如何影响目标植物确定的几个例子。

在第一批容器苗开发之后不久，就设计了专门的工具用于造林（Hallman, 1993）。Dibbles挖孔器的大小和形状与容器苗的根团完全相同，Pottiputki则设计用于栽植纸杯式容器苗植物（图7.1.8A）。机械栽植的苗木增加了独特的限制要求，因为目标植物必须符合栽植设备的尺寸和形状。机械驱动栽植设备中使用的植物，茎的直径必须适合夹持器，根系不得长于犁沟深度。最新和最先进的机械驱动栽植设备要求植物具有固定的规格和形状，以便于机械自动装载植物（图7.1.8B）。因此，如果采用机械栽植，目标植物的大小和形状必须与造林工具的类型以及造林地的生物条件相匹配。

新式造林工具正在持续不断地被开发。特别修改的锄头被称为"塞式锄头"，现在可用于容器苗。同样，苗圃管理者必须与再造林或修复项目管理者密切合作，以确保其目标植物能够在项目现场的土壤条件下适当地栽植。许多修复工程中使用的"高容器"需要专门的造林设备。延长的机械臂使用一个关节式栽植头将高盆苗或插条放置在压实的土壤甚至岩石中（Steinfeld et al., 2002）（图7.1.8C）。

图7.1.8 造林工具的类型对目标植物有显著影响。手工栽植工具，如Pottiputki（A），是为一种特殊类型的纸杯式容器苗而开发的。使用机械栽植机（B），植物必须以特定的大小和形状栽植，以适应机械系统。修复项目所需的特殊苗木类型需要创新的造林设备，如为高容器开发的扩展托管架（C）。

7.1.3 目标植物的造林试验

要想应用得当，目标植物概念需要苗圃管理者和他们的客户之间的合作。在任何栽植项目开始时，客户和苗圃经理应就某些形态和生理指标达成一致。该原型目标植物在苗圃中生长，然后通过造林试验，用持续监测5年的成活率和生长量进行验证（图7.1.9）。

监测植物栽植后最初几个月的成活率和生长量是至关重要的，因为苗木质量问题会在栽植后很快出现。而栽植不当或暴露在干旱条件下的问题需要更长的时间才能显现；植物会表现出良好的初始成活率，但逐渐失去活力，甚至可能死亡。因此，必须在栽植结束后的第1个月或2个月内对测试地块进行监测，并在第1年结束时再次监测其成活率。3～5年后的后续检查将很好地

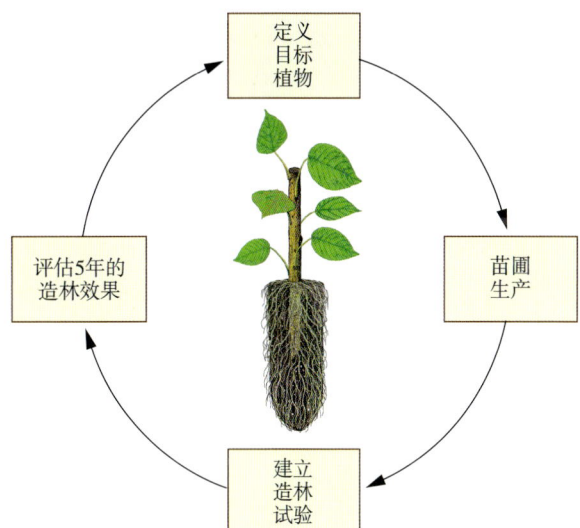

图7.1.9 目标植物概念不是固定不变的，而是应该根据造林试验的信息进行不断更新。

表明植物的生长速度。然后，将这些有价值的造林表现信息反馈给苗圃经理，苗圃经理可以对下一批目标植物的特性进行微调。

例如，美国俄勒冈州立大学苗圃技术合作组织（Nursery Technology Cooperative）在俄勒冈州西南部的两个火灾修复地点进行1年生的苗木类型的造林试验（Nursery Technology Cooperative，2005）。喀斯喀特山脉的木质岩石立地比海岸山脉的褐色立地干燥得多。就成活率而言，在木质岩石立地条件下，Styroblock™容器苗的造林表现比移植苗的要好得多，而在较湿的褐色立地则几乎没有差异（表7.1.2）。这两个地方的容器苗类型也生长得更好，尤其是在木质岩石立地，那里的杂草竞争非常激烈。事实上，由于牧草引起的严重水分胁迫，两种移植苗木类型的茎生长呈负增长。然而，3年后，容器苗木类型出现严重的黄化，生长速度缓慢，这表明需要反复监测，以准确评估苗木和苗木类型的造林表现。

表7.1.2 一个生长季后不同栽植地的美国花旗松不同苗木类型的造林表现

苗木类型	成活率（%）	苗高生长量（cm）	地径生长量（mm）
喀斯喀特山脉木质岩石立地			
1+1裸根移植苗	14c[①]	4.2b	− 0.6b
Q-plug容器移植苗	39b	2.6b	− 0.3b
Styroblock™容器苗（246cm³）	87a	12.0a	0.8a
喀斯喀特山脉褐色立地			
1+1裸根移植苗	98a	4.6b	0.5b
Q-plug容器移植苗	98a	7.0a	0.5b
Styroblock™容器苗（246cm³）	99a	7.5a	1.1a

注：①同一列中不同字母表示在$P=0.05$水平达到显著。

7.1.4 总结

目标植物概念是一种相对较新但有效的再造林和恢复植被的方法。它强调必须在造林地确定苗木质量，并且没有一种通用的最佳苗木类型。目标植物概念特别强调造林项目的成功需要植物使用者和苗圃管理者之间的良好沟通。目标植物概念应被视为一个循环反馈系统，在该系统中，来自造林地的信息用于定义和完善每个项目的最佳苗木类型。在实施苗圃项目中，将目标植物概念付诸实践时需要考虑的问题可参考Rose和Haase（1995）撰写的书籍（参见"7.1.5引用文献"）。

7.1.5 引用文献

BAINBRIDGE D A, SORENSEN N, VIRGINIA R A, 1992. Revegetating desert plant communities[M]//LANDIS T D. Proceedings, Western Forest Nursery Association. Gen. Tech. Rep. RM-221. Fort Collins: USDA Forest Service, Rocky Mountain Forest and Range Experiment Station: 21-26.

BARNETT J P, 2002. Longleaf pine: Why plant it? Why use containers?[M]// BARNETT J P, DUMROESE R K, MOORHEAD D J. Proceedings of workshops on growing longleaf pine in containers —1999 and 2001. United States Department of Agriculture, Forest Service, Southern Research Station General Technical Report SRS–56: 5-7.

BASKIN J M, WALCK J L, BASKIN C C, et al., 2000. Solidago shortii (Asteraceae)[J]. Native Plants Journal 1(1): 35-41.

FALISZEWSKI M, 1998. Stock type selection for high elevation (ESSF) planting[M]// KOOISTRA C M. Proceedings of the 1995, 1996, 1997 Forest Nursery Association of British Columbia. Vernon, BC, Canada: BC Ministry of Forests, Nursery Services Office—South Zone: 152.

FILIP G, KANASKIE A, KAVANAGH K, et al., 2000. Silviculture and Swiss needle cast: research and recommendations[J]. Research Contribution 30. Corvallis, OR: Oregon State University, College of Forestry.

FREDRICKSON E, 2003. Fall planting in northern California[M]// RILEY L E, DUMROESE R K, LANDIS T D. National Proceedings Forest and Conservation Nursery Associations—2002. Ogden, UT: USDA Forest Service, Rocky Mountain Research Station: 159-161.

GROSSNICKLE S C, FOLK R S, 2003. Spring versus summer spruce stocktypes of western Canada: nursery development and field performance[J]. Western Journal of Applied Forestry 18(4): 267-275.

GUINON M, 1993. Promoting gene conservation through seed and plant procurement[M]// LANDIS T D. Proceedings, Western Forest Nursery Association. Gen. Tech. Rep. RM-221. Fort Collins: USDA Forest Service, Rocky Mountain Forest and Range Experiment Station: 38-46.

HALLMAN R, 1993. Reforestation equipment[M]// Publication No. TE02E11. Missoula, MT: USDA Forest Service, Technology and Development Program: 268.

HINES F D, LONG A J, 1986. First-and second-year survival of containerized Engelmann spruce in relation to initial seedling size[J]. Canadian Journal of Forest Research 16: 668-670.

HOAG J C, LANDIS T D, 2001. Riparian zone restoration: field requirements and nursery opportunities[J]. Native Plants Journal 2(1): 30-35.

JOBIDON R, ROY V, CYR G. 2003. Net effect of competing vegetation on selected environmental conditions and performance of four spruce seedling stock sizes after eight years in Quebec (Canada)[J]. Annals of Forest Science 60: 691-699.

LANDIS T D, 1999. Seedling stock types for outplanting in Alaska[M]// ALDEN J. Stocking standards and reforestation methods for Alaska. Fairbanks, AK: University of Alaska Fairbanks, Agricultural and Forestry Experiment Station: 78-84.

LANDIS T D, 2001. The target seedling concept: the first step in growing or ordering native plants[M]// HAASE D L, ROSE R. Native plant propagation and restoration strategies, proceedings of the conference. Portland, OR: Western Forestry and Conservation Association: 71-79.

LANDIS T D, 2002. The target seedling concept: a tool for better communication between nurseries and their customers[C]// RILEY L E, DUMROESE, R K, LANDIS T D. National Proceedings: Forest and Conservation Nursery Associations—2002. Ogden, UT: USDA Forest Service, Rocky Mountain Research Station: 12-16.

LANDIS T D, DREESEN D R, DUMROESE R K, 2003. Sex and the single Salix: considerations for riparian restoration[J]. Native Plants Journal 4(2): 110-117.

LOPUSHINSKY W, MAX T A, 1990. Effect of soil temperature on root and shoot growth and on budburst timing in conifer seedling transplants[J]. New Forests 4(2): 107-124.

MEXAL J G, TIMMIS R, MORRIS W G, 1979. Coldhardiness of containerized loblolly pine seedlings: its effect on field survival and growth[J]. Southern Journal of Applied Forestry 3(1): 15-19.

MILLAR C I, STEPHENSON N L, STEPHENS S L, 2007. Climate change and forests of the future: managing in the face of uncertainty[J]. Ecological Applications 17(8): 2145-2151.

NURSERY TECHNOLOGY COOPERATIVE, 2005. Rapid response reforestation: comparison of one-year-old stocktypes for fire restoration[R]// NTC Annual Report. Corvallis, OR: Oregon State University, Department of Forest Science: 23-27.

REVEL J, LAVENDER D P, CHARLESON L, 1990. Summer planting of white spruce and lodgepole pine seedlings[R]. FRDA Report 145. Victoria, BC, Canada: Pacific Forestry Centre.

ROSE R, HAASE D L, 1995. The target seedling concept: implementing a program[M]// LANDIS T D, CREGG B. National Proceedings, Forest and Conservation Nursery Associations—1995. Gen. Tech. Rep. PNWGTR365. Portland, OR: USDA Forest Service, Pacific Northwest Research Station: 124-130.

ROSE R, CAMPBELL S J, LANDIS T D, 1990. Target seedling symposium: Proceedings, Western Forest Nursery Associations. Gen. Tech. Rep. RM200[M]. Fort Collins, CO: USDA Forest Service, Rocky Mountain Forest and Range Experiment Station.

SCOTT G L, 2006. Personal communication[EB]. Missoula, MT: USDA Forest Service, Regional Office.

SOUTH D B, MEXAL J G, 1984. Growing the "best" seedling for reforestation success. Forestry Department

Series 12[M]. Auburn, AL: Auburn University, School of Forestry and Wildlife Sciences.

SOUTH D B, MITCHELL R J, 1999. Determining the "optimum" slash pine seedling size for use with four levels of vegetation management on a flatwoods site in Georgia, U.S.A[J]. Canadian Journal of Forest Research 29(7): 1039-1046.

ST. CLAIR B, JOHNSON R, 2003. The structure of genetic variation and implications for the management of seed and planting stock[M]// RILEY L E, DUMROESE R K, LANDIS T D. National Proceedings: Forest and Conservation Nursery Associations—2003. Proceedings RMRSP33. Ogden, UT: USDA Forest Service, Rocky Mountain Research Station: 64-71.

STEINFELD D E, LANDIS T D, CULLEY D, 2002. Outplanting long tubes with the Expandable Stinger: a new treatment for riparian restoration[M]// DUMROESE R K, RILEY L E, LANDIS T D. National Proceedings, Forest and Conservation Nursery Associations—1999, 2000, and 2001. Proceedings RMRSP24. Fort Collins, CO: USDA Forest Service, Rocky Mountain Research Station: 273-276.

SUTTON R, 1980. Evaluation of stock after planting[J]. New Zealand Journal of Forestry Science 10(1): 297-299.

VAN EERDEN E, 2002. Forest nursery history in western Canada with special emphasis on the province of British Columbia[M]// DUMROESE R K, RILEY L E, LANDIS T D. National proceedings: Forest and Conservation Nursery Associations—1999, 2000, and 2001. Proceedings RMRSP24. Fort Collins, CO: USDA Forest Service, Rocky Mountain Research Station: 152-159.

WHITE B, 2003. Container handling and storage in eastern Canada[M]// RILEY L E, DUMROESE R K, LANDIS T D. National Proceedings: Forest and Conservation Nursery Associations—2003. Proceedings RMRSP33. Ogden, UT: USDA Forest Service, Rocky Mountain Research Station: 10-14.

第2章
苗木质量评价

加里·里奇

托马斯·兰迪斯

凯思腾·达穆逻斯

黛安·哈斯

7.2.1 引 言

Wakeley（1954）在《种植南方松树》中指出，当时所认为的合理的植被恢复和造林在苗圃能够持续可靠地生产出"高质量"苗木之前，永远不会完全成功。但是苗木质量的高低并非一眼就能看出来，因此苗木质量的概念多年来一直模糊不清。Wakeley还意识到，"形态等级"在预测表现的能力上往往不足，他假设"生理等级"可能是一个更好的活力标准（Wakeley，1949）。然而，究竟是什么构成了一个生理等级，以及如何衡量它，Wakeley和他同时期的人都无法理解。

在过去的30年里，世界各地的苗圃研究人员和管理人员召开了许多讲习班和研讨会，并发表了许多关于苗木质量和如何判断质量的报告（如，Durya，1985；Colombo，2005）。这项工作引发了各种各样的质量测试，尽管许多测试都很巧妙，但大多数都未能达到预期。然而，有少数方法经受住了时间的考验，仍在使用中。在本章中，我们讨论了最实用的苗木质量测量方法，以及如何将其用于容器苗苗圃。

7.2.2 苗木质量指标分类

林业研究人员致力于研究苗木的可量化性状作为反映苗木质量的指标，甚至期望可以对造林后的表现进行预测。虽然已经收集了很多令人印象深刻的属性（如，Grossnickle，2000），但在苗圃或造林地实际操作使用的属性相对较少。我们认为，苗木质量指标可以广义地分为以下3类。

形态指标　这些指标易于观察和测量，如苗高、地径（胸径）、根体积、根和茎干重。在收获到造林的过程中，这些指标没有明显变化。

生理指标　这些特征不易察觉，需要用仪器或在实验室测量。与形态指标不同的是，生理指标在收获到造林过程中经常发生变化，有时甚至是剧烈变化。因此，任何生理质量的测量都只反映一个特定时间点的状况，恰如"快照"。一些常用的生理指标，包括抗寒性和芽休眠。

性能指标　只能通过使苗木接受某些预先定义的测试方案并观察其性能来评估。性能测试具有很高的价值，因其同时评估和整合了广泛的形态和生理特性。不利的是，性能测试费时、费力、成本高。然而，由于其直观的优点，性能测试在苗木质量评估中得到了广泛的应用。其中一项最早也是最常用的性能测试方法是根生长潜力（root growth potential，RGP）测试。

7.2.3 形态指标

● 7.2.3.1 引 言

在20世纪70年代，美国、加拿大和欧洲生产的大多数苗木都是裸根苗，因此多数苗木形态研究方面的文献都关注裸根苗的类型（Frampton et al.，2002；Ritchie et al.，1997）。有文献综述了形态对裸根苗造林的影响（Thompson，1985；Mexal and Landis，1990；Wilson and Jacobs，2006）；苗高、地径、根系质量（体积或生物量），以及茎生物量与根系生物量之比通常是造林表现的最佳预测指标。用地径预测成活率是最好的，而高生长往往与初始苗高有关。对于裸根苗而言，当地径增加到5mm（0.2in[①]）以上时，其他形态指标则变得不那么重要了（Mexal and Landis，1990）。此外，与根系体积较小的裸根苗相比，栽植时根系体积较大的裸根苗具有更好的后续生长和成活率（Rose et al.，1997）。

● 7.2.3.2　容器苗形态特征

我们来按重要性顺序讨论能够描述容器苗质量的主要形态因素。

容器体积　影响容器苗质量最重要的形态因素是容器的大小或体积。容器体积控制着植物能够产生的根的数量，而根的数量又决定了在给定的时间内，茎能产生多大的生物量。此外，容器根团的大小限制了水分和矿质营养物的储量，这些储量将被带到造林地。与具有极易变化根系的裸根苗相比，容器苗更容易表征其根团的体积和深度，而大多数容器苗木是用容器体积来描述的。例如，在美国西北部，"Styro 20"指的是在单杯体积为340cm^3（20in^3）的Styrofoam™块状容器中生产的植物。

容器体积是控制造林后根部向外延伸的最重要因素（图7.2.1A）。随着容器体积的增加，根团的外表面积也增加（图7.2.1B），这意味着较大容器的根团与周围土壤的表面接触更多。

在不同容器尺寸中，体积和生长密度对植物形态影响最大（表7.2.1）。在对内陆云杉（*Picea glauca* × *engelmannii*）（Grossnickle，2000）、异叶铁杉（*Tsuga heterophylla*）、花旗松和北美云杉（*Picea sitchensis*）（Arnott and Beddows，

"Styro Super 4" 或 "160/90"	根团特性	"Styro 20" 或 "45/340"
90cm^3（5.5in^3）	体积	336cm^3（20in^3）
146cm^2（23in^2）	表面积	292cm^2（45in^2）

图7.2.1　根系从根团中长出并进入周围土壤对造林后苗木的成活和生长至关重要（A）。容器的体积很重要，不仅因为它决定了容器苗根系的数量，而且还决定了根团与周围土壤接触的表面积（B）（A根据Grossnickle，2000修改）。

———————
① 1in=25.4mm。

表7.2.1　容器体积对2年生内陆云杉（*Picea glauca* × *Picea engelmannii*）幼苗形态的影响[①]

苗木形态指标	Stryroblock™ 容器体积		
	105cm^3（6.6in^3）	170cm^3（10in^3）	340cm^3（20in^3）
苗高［cm（in）］	24.2（9.5）	29.7（11.7）	33.3（13.1）
地径（mm）	4.4	5.0	6.8
茎干重［g（oz）］	2.8（0.10）	4.5（0.16）	6.4（0.23）
根干重［g（oz）］	1.1（0.04）	1.4（0.05）	2.1（0.07）
树枝数量（个）	18	24	33
顶芽数量（个）	50	67	86

注：①来源：Grossnickle，2001。

1982），黑云杉（*Picea mariana*）（Jobidon et al.，1998）和樱皮栎（*Quercus pagoda*）（Howel and Harrington，2004）等树种的研究中发现，随着容器体积的增加，每一种形态特征的测量值都会增加。在各种试验情况下，具有较大根团的容器苗都会在造林后培育出较大规格的植物。

由于块状容器在单杯之间有固定的间距，因此在相同的单杯体积下研究苗木密度变化的影响更为困难。相比之下，Ray Leach Conetainer® 系统允许改变单杯容器间距，可以进行一些良好的研究试验。花旗松幼苗的种植密度在270～1080株/m^2（25～100/ft^2）时，苗高随着密度的增大而增加，这是由于光照竞争对密度的响应（图7.2.2）。然而，地径减小，表明由于植物过于紧密地生长在一起，质量会降低（Timmis and Tanaka，1976）。

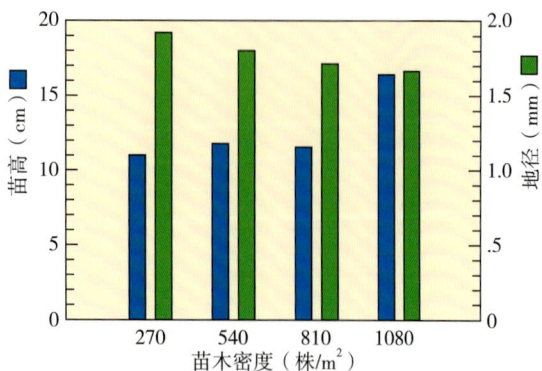

图7.2.2　苗木生长在同一体积容器但密度不同时，苗高随间距的降低而增大，但地径则会减小（根据Timmis and Tanaka，1976修改）。

在相同大小的容器中，地径和苗高被证明是影响质量的最重要生理特性，因此是苗木分级中最常用的两个因素（图7.2.3A）。关于测量苗高和地径的更多讨论见第1卷第1.5.4.2节。

地径（"卡尺"）　通常使用一个小卡尺，在茎与根系连接的根部环形处测量地径。地径或茎直径通常以毫米（mm）为单位。大量研究表明，茎粗是决定造林表现及苗木质量的最佳指标。用不同径级的恩格曼云杉容器苗在美国犹他州的一个高海拔地区造林，结果表明，两个生长季节后的成活率与初始地径极显著相关（图7.2.3B）。这些信息被用于制定分级标准；在这种情况下，地径大于2.5 mm的幼苗是可出圃的，而较小的则不能（Hines and Long，1986）。当然，这种关系随造林地的条件而变化，因此，必须为不同树种和不同的造林地条件分别制定标准。

苗　高　高度是从地径到顶芽或茎尖的长度。通常以厘米（cm）或毫米（mm）为单位，但在美国通常以英寸（in）为单位。这导致了一种特殊的情况，即同一株植物苗木的特征描述同时使用了英制和公制测量系统，例如，一株苗木茎高12in，地径为5mm。高度与茎上的针叶数相关，因此可以很好地估计光合能力和蒸腾面积。

密集根团　容器苗根系过度生长已成为一个质量问题，人们意识到这问题已有几十年了，但直到最近仍没有形成形态评价指标或评级体系。密集根团苗木是指根系在容器内生长过大，导致根系严重缠绕和混乱（图7.2.4A）。从质量的角度而言，这种情况会降低苗木造林后的成活率或生长量（South and Mitchell，2005）。有几项研究表明，根的缠绕程度与苗木在容器中的时间有关。通常容器越大，苗木形成根团的时间越长。但是除了时间，苗圃的栽培条件也会影响根系的生长。在一个苗圃中快速生长的树种比在另一个苗圃中生长缓慢的同一树种根团形成更快。同样地，一个树种在一个大容器中施用大量的肥料，可能会像同一树种在一个小容器中施用少量肥料一样，迅速形成根团。

对于同一体积容器中的苗木，在超过最佳地径后，造林成活率降低（图7.2.4B）。South 和 Mitchell（2005）提出了一个基于地径除以容器直径或体积的"根界限指数"，且必须为每种容器类型计算该指数。然而，从可操作性的角度来看，最大地径结合根系缠绕的视觉评估可能是最实用的评价系统。

其他形态指标 如生物量、茎根比、高径比和外观等形态指标，也被用来描述苗木的质量。

生物量 可以用干重法或体积法测定。茎和根通常是分开测量的。干重法由清洗、烘干和称重等步骤组成。体积法是用排水量确定的（Harrington et al.，1994；Burdett，1979）。

茎根比 指地上部的干重或体积与根系的干重或体积的比率，可以反映苗木"平衡"的一个

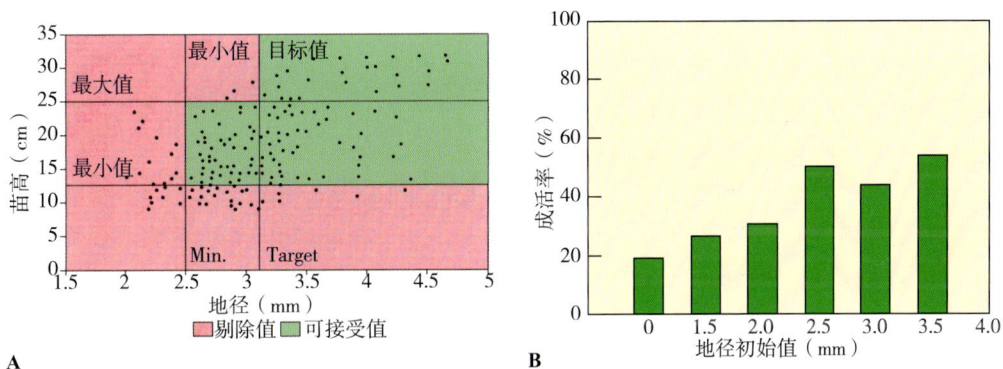

图7.2.3 苗高和地径是容器苗圃（A）最常见的分级指标，但地径已被证明是苗木质量的最佳单一形态指标。当恩格曼云杉（*Picea engelmannii*）容器苗用于造林时，地径大于2.5mm的植株在第2年后的表现优于较小的植株（B，根据Hines and Long，1986 改编）。

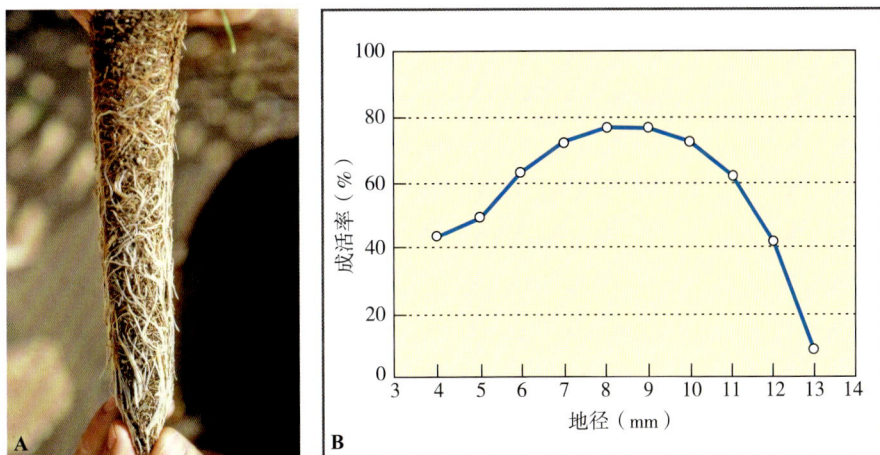

图7.2.4 在同一个容器中生长时间过长的容器苗会形成密集根团，这极大地降低了苗木质量（A）。对于给定的树种和容器大小，存在一个可用于对根团进行分级的最佳地径。B图数据为长叶松（*Pinus palustris*）苗（根据South and Mitchell，2005改编）。

指标。当茎根比等于1时，指苗木根系干重与地上部分干重相等。然而，更常见的情况是该比率大于1，因为茎干重经常超过根系干重。茎根比小于2.5通常被认为是最理想的。

高径比 用茎高（cm）除以直径（mm）计算，它试图捕捉"矮壮"（低值）的概念，而不是"细高"（高值）。这一比例在容器苗中有特殊用途，当在高密度或低光照条件下生长时，容器苗会变得又高又细。

外　观 在用形态指标评价苗木质量时，颜色、形态和损伤度同样也应该被考虑。叶色是可以反映苗木质量的一个指标，随树种和季节的不同发生变化。黄色、棕色或浅绿色的叶片表明活力低下，或表明其叶绿素含量低于深绿色的叶子。但有的树种的叶子在冬季休眠期变为紫色，这不能作为诊断的特征（参见7.2.5.1）。苗木出现多头、茎分叉、根畸形、物理损伤和任何其他明显的影响苗木造林效果的特性也是评价形态质量时要注意的重要因素。在意大利松（*Pinus pinea*）容器苗单株综合测定研究中，对各种形态特征的测定发现，苗木质量的最佳单一指标是容器深度与地径之比，目标苗木的这一比例为4（Dominguez-Lerena et al.，2006）。

● **7.2.3.3　容器规格对造林表现的影响**

测量苗木形态特征的主要目的是预测造林效果，尤其是成活率和生长量。

哪些性状或性状组合对苗木的造林效果有最大的积极影响呢？传统观点认为，大的总比小的好。在所有其他因素相同的情况下，地径和根系比例较大的苗木通常比较小的苗木或根系较差的苗木表现出更高的成活率和更大的生长量。一般来说，造林成活率与地径的关系更密切，而造林后的枝条生长更多地取决于初始苗高（Arnott and Beddows，1982）。

如本卷第1章所述，成活和生长也在很大程度上取决于造林地的环境条件。Grossnickle（2005）在回顾了有关容器规格和造林效果的文献后得出结论：在营养竞争激烈的潮湿地区，大苗的表现优于小苗。相反，小苗在易受水分胁迫的立地表现更好。在植被竞争激烈的立地，获取和处理光照的能力强烈地决定着幼苗的成活和生长。因此，光合面积大、枝条多的幼苗比那些容易被竞争性植被遮蔽的小苗更有优势。例如，栽植于加拿大不列颠哥伦比亚省北部森林中的白云杉（*Picea glauca*）大苗比小苗有更强的竞争力（McMinn，1982）。同样，花旗松、异叶铁杉和北美云杉在加拿大不列颠哥伦比亚省沿海立地栽植后，高容器苗的高生长比矮容器苗好（Arnott and Beddows，1982）。加拿大魁北克省的一项研究发现，在湿度适中、植被竞争激烈的立地，云杉大苗比小苗生长更好（图7.2.5）。如恩格曼云杉幼苗（Hines and Long，1986），地径更粗的苗在有动物啃食和雪大的立地也表现得更好。

与之形成鲜明对比的是，在炎热干燥的立地，蒸发蒸腾量很大。苗木的优势表现为具有相对较小的蒸腾表面积，以及更大、吸收功能更强的根系。在这样的条件下，具有较大苗高和较小根系（茎根比大）的苗木处于不利地位，因为它们的蒸腾速度快于其从土壤中吸收水分的速度。对于胁迫较强的立地，大容器、低密度（较宽的苗木间距）能培育出高度较矮、地径较粗的苗木（Grossnickle，2005）。

微型容器移植苗是一种可以在短时间内生产大量苗木的苗木类型（Landis，2007）。种植者在仲冬期间于温室中播种微型容器苗[大约16cm³（1in³）空腔容积]，几个月后将其移植到更大、间隔更宽的容器中，再移到室外种植区或裸根苗圃的苗床上进行培育。这些容器移植苗已被证明是炎热和干旱立地最受欢迎的苗木类型（图7.2.6）。

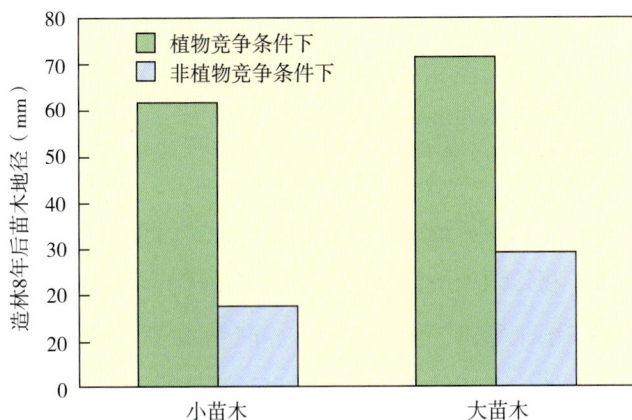

图7.2.5　在加拿大魁北克省东南部黑云杉大苗和白云杉大苗造林8年后地径生长超过小苗（根据Thiffault，2004修改）。

图7.2.6　对于干热型造林地，杰弗里松（*Pinus Jeffreyi*）"容器移植苗"具有理想的形态——短而结实的地上部分（A），地径粗壮，根系发达（B）。

尽管对阔叶（硬木）树种的研究较少，但Wilson和Jacobs（2006）的综述中指出，与针叶树一样，苗高和地径也是阔叶树最常用的分级指标，地径通常能提供与造林效果最一致的预测。

● 7.2.3.4　形态特征总结

苗高和地径是最常测量的形态特征和最常见的分级指标。形态特征易于评估，在收获到造林过程中不会发生明显变化。几乎所有的形态特征都反映了容器体积或生长密度；大容器体积和低生长密度促进大规格苗木的形成。

形态指标对容器苗造林效果的影响同样反映在裸根苗上，例如：

•初始地径往往与成活率相关。

•初始高度往往与苗高生长相关。

•形态特征可以相互作用。如地径可能会影响根系不良苗木的成活，但对根系良好的苗木没有影响。

•大苗通常比小苗造林表现更好，但这取决于造林地的条件。

•高粗、茎木质化程度高且光合面积大的苗木最适合用于有植物竞争、动物捕食或雪大的造林地。

•短粗、茎木质化程度高且根系发达的苗木最适合于干旱地区。

如前所述，苗木的生理特性与形态特性有很大不同，通常是看不见的，且在整个收获到造林过程中经常变化，有时变化很大，必须在实验室设备上进行测量。

大多数基于生理学的质量测试只能测量苗木的一种功能，如耐寒性、水分状况或光合效率。植物质量可以分层次来看待：形态特征是基础层，生理特征是第二层。一批苗木可能具有理想的苗高和地径，但单凭这些形态特征不足以保证高质量，因此还需要通过生理测试来提供一个更全面的认识。

接下来，我们将讨论6种生理指标测试：植物水分胁迫、抗寒性、根系外渗液电导率、叶绿素荧光、矿质养分含量和碳水化合物储量。

7.2.4　生理指标

● 7.2.4.1　植物水分胁迫

植物水分胁迫（plant moisture stress，PMS）是最早、最常用的质量检测方法之一。它能广泛流行是因为其操作简单和经久耐用，以及PMS测量设备相对便宜、直观和便携。虽然PMS测量很容易，但对它们的解释可能会比较困难。

什么是植物水分胁迫 如果没有稳定的优质水分供应，植物就会停止生长，最终死亡。满足植物基本代谢所需的水量相当低。在光合作用过程中，大气中的二氧化碳通过气孔扩散到叶片中，一旦进入叶片，这些二氧化碳就会转化为糖。然而，光合作用是一个非常具有"泄露性"的过程，因为当二氧化碳扩散到叶片中时，水分也在扩散出去——这种水分的流失被称为蒸腾作用。植物可以通过关闭气孔来减少蒸腾作用，但这会阻碍光合作用。因此，为了生长，植物必须输送大量的水分。

蒸腾作用产生一种张力（或"压力"），由于水分的高内聚性，它通过维管组织从叶片向下通过茎传递到根部。在白天，当气孔打开时，水分运输能力通常超过植物从土壤中提取水分的能力。因此，在白天，植物总是受到一定程度的水分胁迫。这种压力完全正常，除非长时间达到高水平，否则不会造成伤害。

简单地说，植物水分胁迫可以被定义为：

$$PMS = A - T + S$$

式中：A是从土壤中吸收的水分，T是蒸腾损失，S是植物茎和根中的水分贮存，这在幼苗中可以忽略，但在大树中很重要。白天，T几乎总是超过A。

水势 建立植物水分状态模型的一种更精确的方法是热力学方法。该方法基于水势，并用希腊字母（ψ）表示。总水势（ψ_w）是水的自由能或化学势的量度。在植物中，ψ_w由两个部分组成：压力势（ψ_p），可以是正的也可以是负的；渗透势（ψ_o），总是负的：

$$\psi_w = \psi_p + \psi_o$$

势能以压力单位表示，尽管兆帕（MPa）是官方国际单位，但苗圃和森林恢复人员最常用的

单位是巴（bar，1bar=100kpa）。根据定义，纯水在标准温度和压力下的ψ_w为0bar或0MPa。当蒸腾作用和渗透作用使水通过膜进出细胞，并向上移动时，ψ_p和ψ_o不断变化。

水势的成分有不同的特点，这取决于水在植物组织中的位置。水作为共质体的一部分存在于细胞膜内，而作为质外体的一部分存在于细胞膜外。在质外体中，水几乎总是处于由蒸腾拉力引起的静水压力下，因此ψ_p总是负值（表7.2.2）。然而，在共质体中，由于细胞膜和细胞壁对细胞内含物施加的内压，ψ_p通常为正值。例外情况是细胞失去了所有的膨压（萎蔫），在这种情况下，$\psi_p = 0$。这通常被称为"零膨压点"，将在下面讨论。质外体中，ψ_o通常接近于0，而在共质体中，由于细胞中溶解的溶质（离子）的影响，ψ_o总是负值（表7.2.2）。由于渗透作用，水在细胞膜上移动，或者由于蒸腾作用，水在植物中向上移动，这些势能不断变化。由于ψ_w是这两个势能之和，所以它几乎总是负值，植物几乎总是处于某种程度的水分亏缺或胁迫下。

表7.2.2 共质体和质外体中水势组成部分的性质

水势组成部分	质外体（细胞间）	共质体（细胞内）
压力势	恒负值	通常为正，萎蔫时为0
渗透势	一般稍微偏负值	恒负值
水势	恒负值	变量

这些组分是势能在同一共质体中相互作用的表现，可以用Höfler图来表示（图7.2.7）。X轴是细胞的含水量，表示为完全膨压下的百分比。Y轴给出了组分势能。在完全饱和时（图7.2.7A），植物细胞膨胀，细胞壁的正膨胀压力（ψ_p）平衡了细胞内含物的负渗透压（ψ_o）。此时，$\psi_w = 0$MPa。随着细胞失水，ψ_p下降，细胞内溶质浓度增加。这使得ψ_o下降，所以ψ_w也下降。当ψ_p达到0 MPa时（图7.2.7B），细胞崩溃，植物枯萎。出现这种情况的ψ_w值被称为零膨压点，或更

为常见的说法是永久萎蔫点（图7.2.7 C）。

水势单位 热力学的水势术语（Slatyer，1967）有时对种植者来说是个麻烦，因为负值很难可视化，而且很难用代数的方法处理。幸运的是，有人将水势表示为正值，并称之为植物水分胁迫（PMS）。因为–1.0MPa=10bar，所以这些数值可以很容易地换算。这种关系和一些例子见表7.2.3所列。例如，10bar的PMS值表示"中等"胁迫水平，相当于–1.0MPa的 ψ_w。然而，从理论角度来看，热力学术语是有用的，因为它在土壤—植物—大气连续体中是一致的（图7.2.8）。

表7.2.3 植物水势和水分胁迫的单位和术语比较

植物水势（MPa）	植物水分压力（bar）	相对水分胁迫等级	相对水分条件
0.0	0.0	非常低	
–0.5	5.0	低	湿
–1.0	10.0	中等	⇩
–1.5	15.0	高	
–2.0	20.0	高	干
–2.5	25.0	非常高	

植物水势的日变化规律 如前所述，ψ_w 是动态的，这影响了它作为苗木质量指标的实用性。例如，一株容器苗，其生长基质的含水量处于田间持水量。白天，气孔打开时，空气湿度较低（高蒸汽压差）就会从叶片中吸出水分。这造成蒸腾和吸水之间的不平衡，导致PMS在中午变化（ψ_w 减少）。夜间，气孔趋于关闭，相对湿度上升到接近100%，蒸腾停止。植物中的负 ψ_w 从土壤或基质中抽取水分，从而缓解压力。到第二天黎明前，植物水势 ψ_w 与土壤水势（$\psi_w=\psi_{土壤}$）达到动态平衡。

如果容器中不加水，培养基质会干涸，黎明前和中午的植物水分胁迫会随着土壤水势的减少而增加。几天后，植物会在中午关闭气孔以延缓蒸腾作用，从而缓和中午的PMS，这在图7.2.9的第4天和第5天可以看到。土壤 ψ 最终会变得负值不断增加，以至于植物在夜间无法平衡。在这段时间里，中午的胁迫将继续增加。灌溉后，系统将恢复到第1天所示的初始状态，除非植物因PMS过高而遭受不可逆转的破坏。

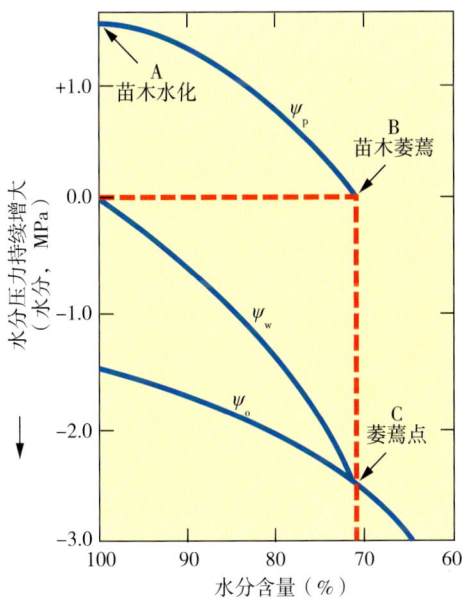

图7.2.7 植物含水量从完全饱和（A）到永久萎蔫点（permanent wilting point，PWP）（C）范围内植物水势（ψ_w）与其组分、渗透势（ψ_o）和压力势（ψ_p）之间的相互关系（根据Ritchie，1984b修改）。

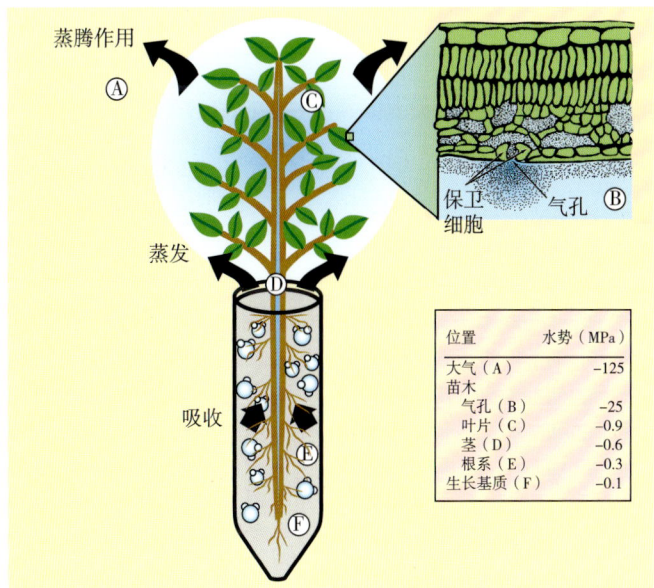

图7.2.8 在蒸腾作用下，水分沿着水势梯度被拉动，由高水势的生长基质（负值较小），经过植物，再到低水势的周围空气中（负值较大）（根据McDonald and Runing，1979修改）。

值得注意的是，图7.2.9中显示，在跟踪土壤和植物水分胁迫水平的能力方面，使用水势单位优于PMS，而PMS仅反映了植物胁迫。

植物水分胁迫的测定　多年来，由于植物生理学家致力于了解植物水分关系的动态，人们尝试了许多测量ψ_w的方法（Lopushinsky，1990）。就苗圃的工作而言，最重要的进展是"压力室"的发明（Scholander et al.，1965），它基于Dixon（1914）的玻璃压力室而设计。Wareing和Cleary（1967）针对树木和幼苗对压力室进行了改进，并概述了基本测量程序。

现代压力室由一个金属压力容器组成，通过压力调节器与氮气源相连。为了测量植物的水分胁迫，茎被切断并通过橡胶或压缩垫圈插入压力室（PMS仪器公司有一款新型的压力室，用"橡胶压盖"代替垫圈，能极大地提高测量精度和测量速度）。然后，将其密封在压力室盖上的一个孔中，室内是树的枝叶，茎的切口突出在室外（图7.2.10）。仔细观察茎切口的同时，氮气被缓慢地排放到室中。当茎切口出现滴水时，记录压力表读数。将水从植物体内压到茎切口表面所需的气压就等于植物的水分胁迫。详细的理论描述和程序指南，请参见Ritchie和Hinckley（1975）发表的文章（参见7.2.10"引用文献"）。

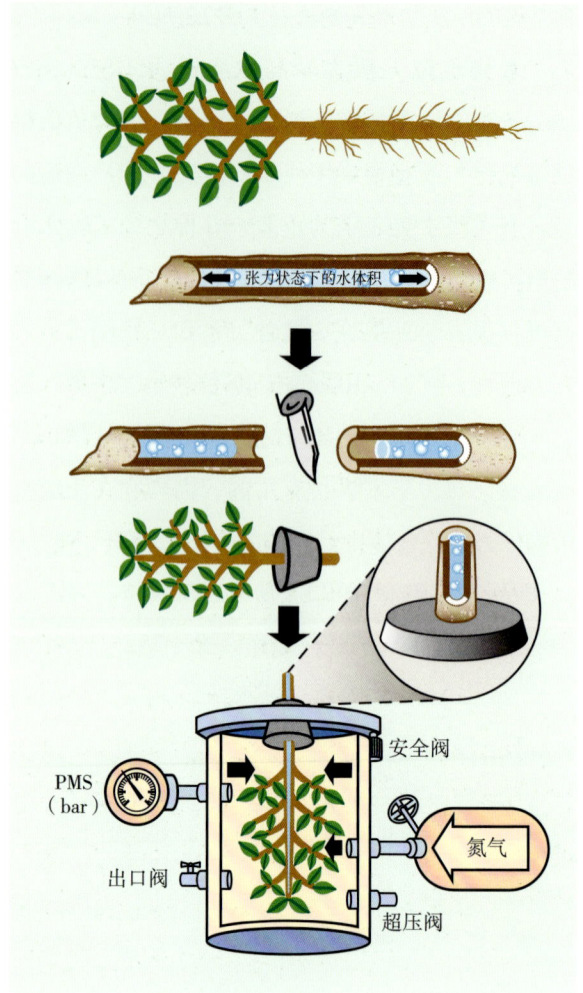

图7.2.10　如何用压力室测量PMS。植物在地茎处被切断，将切断的一端穿过橡胶压盖，然后插入腔室盖。氮气被缓慢地引入压力室，直到一滴水从切口表面压出。这时的压力表读数等于并与茎中的保水力相反，称为PMS。

压力室是森林苗圃、造林地和植物研究设施中测量PMS的标准技术。例如，位于美国俄勒冈州中心点的美国农业部林务局J. H. 斯通（J. H. Stone）苗圃，用压力室测量PMS，以安排裸根苗的灌溉，并在起苗和包装过程中检测PMS的危险水平（J. H. Stone Nursery，1996）。

可以从以下公司购买压力室及其配件。

PMS仪器公司

地址：1725 Geary Street SE, Albany, OR 97322 USA

电话：541.704.2299

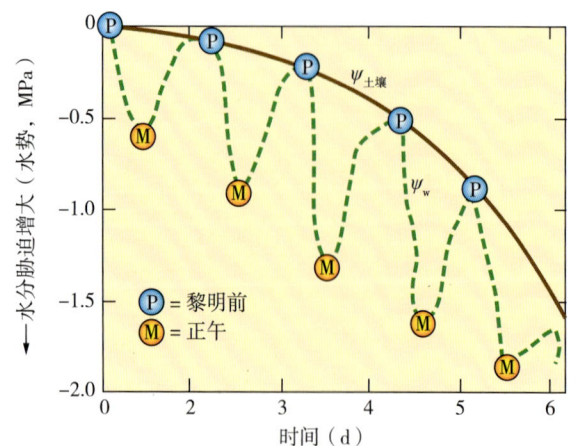

图7.2.9　生长在无灌溉容器中的植物，其水势（ψ_w）随着基质（$\psi_{土壤}$）的干燥而逐渐降低（根据Slatyer，1967修改）。

传真：541.704.2388

电子邮箱：info@pms instrument.com

网页：http://pmsinstrument.com/

或者

土壤水分仪器公司

地址：Santa Barbara, CA

电话：805-964-3525 ext. 248

电子邮箱：alle@soilmoisture.com

网页：http://www.soilmoisture.com/

PMS值的解释　由于PMS测量准确、容易操作，而且与植物生理的关系易于证明，在植物生理学和生态学研究中得到了广泛的应用。例如，当白云杉容器苗受到长期的水分胁迫时，气孔关闭，光合作用在-2MPa（20bar）时突然停止（图7.2.11）。除非这一胁迫得到缓解，否则植物生长肯定会受到限制，甚至可能死亡。

然而，PMS读数和苗木质量之间的关系并不像人们希望的那样简单。部分原因是PMS作为对ψ_w的估计，将多个变量集成到一个读数中，因此丢失了大量信息。此外，由于水势的组成随季节变化，相同的PMS值在春季和冬季可能有不同的解释。例如，图7.2.12显示了花旗松幼苗根和茎的零膨压点是如何随季节变化的（Ritchie and Shula，1984）。从茎水势值来看，如果是4月份测定，PMS读数为-2.5MPa（25bar）可能是致命值，因为它将接近零膨压点，而同样的数值，如果是1月测定，则不会引起太大的关注。另外，在一年中的大部分时间，根系的PMS值接近-2.0Mpa（20bar）是值得怀疑的。

如图7.2.9所示，PMS可以在一天内和逐日急剧变化。日间PMS的数值在光照和风的间歇作用下会有很大的波动，只提供短暂的PMS"快照"几乎没有诊断价值。可能最有用的PMS值是所谓的"黎明前PMS"。日出前ψ_w与$\psi_{土壤}$处于动态平衡（图7.2.9），这时的PMS提供了植物当天可能经历的最小胁迫的估计值。如果此最小值较高，可能值得关注。考虑到上述提示，我们提出了一些解读黎明前PMS测量的建议指南，因其与植物生长和培育有关（表7.2.4）。

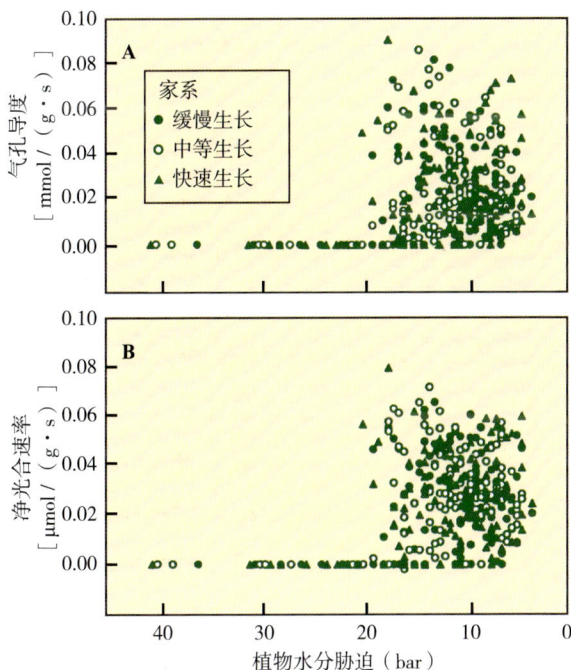

图7.2.11　植物水分胁迫可即时反映苗木水分状况。不同家系白云杉苗在不断增加的水分胁迫下，气孔关闭（A），所有光合作用在-2MPa（20bar）时停止（B）（根据Bigras，2005修改）。

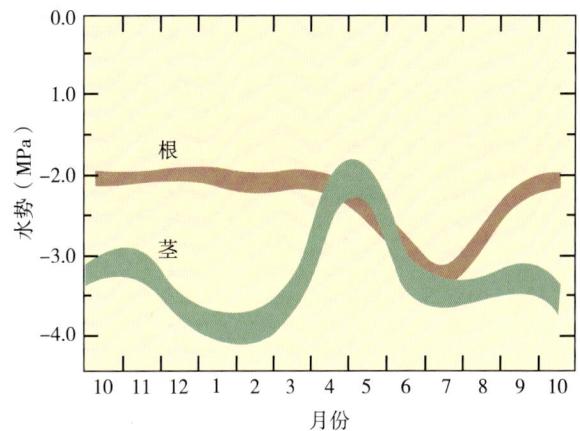

图7.2.12　花旗松幼苗根和茎零膨压时的水势值在一年中的变化情况（根据Ritchie and Shula，1984修改）。

表7.2.4　美国西北部苗圃针叶树幼苗诱导水分胁迫的生长响应及栽培意义（根据Landis et al., 1989年修改）

黎明前PMS值（bar）	水分胁迫等级	苗木响应及栽培意义
0～5	轻微	快速生长
5～10	中等	减缓生长，有利于苗木木质化
10～15	高	限制性生长，可能导致木质化
15～25	严重	可能损伤
>25	极限	损伤或死亡

PMS是反映苗木质量的指标吗　Lopushinsky（1990）曾指出，常用的苗木质量指标（根生长潜力、抗寒性、抗逆性和休眠强度）与PMS无关。因此，PMS不能作为这些指标的替代型指标。那么，PMS本身能成为一个有用的质量指标吗？

我们认为，只有当胁迫适度升高并持续几天时，PMS才能反映出质量。例如，黎明前PMS值在−1.5～−2.5MPa（15～25bar）范围内，尤其是在灌溉后这些读数仍然如此的情况下，说明苗木受到了严重胁迫（表7.2.4）。还应该指出，死的苗木可能表现出很低的PMS值，因为死亡的根系仍然具有吸收水分的能力。因此，低PMS值不一定是健康苗木的指标。

PMS还可用于监测从收获到造林过程中的苗木状况。例如，从冷藏库出来的具有−1.0MPa（10bar）水势（PMS）值的苗木肯定会引起注意。同样，苗木在造林前应具有较低PMS值，因为高PMS值表明气温过热或苗木暴露在阳光或风中。

你可能已经注意到所有的研究都是在针叶树上进行的。虽然Wilson和Jacobs（2006）指出，要确定树种的PMS临界值，还需要做大量的工作，但将PMS用作落叶阔叶树种的造林表现预测指标也显示出一定的前景。

PMS作植物水分状况的快速测定　PMS并不总是一个很好的苗木质量预测指标，但也不能

说监测PMS是浪费时间。在苗圃生产中使用压力室，应多测定几次苗木水分状况。使用黎明前的PMS值来微调苗圃灌溉计划是个好办法，因为压力室测量可以真正了解苗木在某一时刻的水分状况。

苗木收获期间的PMS测量可以提醒苗圃管理人员注意危险的干燥条件或过度的苗木裸露（MacDonald and Running，1979）。PMS也可用于在造林前检查苗木的水分状况。例如，在辐射松（*Pinus radiata*）幼苗栽植前测得的PMS值与根生长潜力（RGP）关系紧密（Mena Petite and others，2001）（图7.2.13）。

植物水分胁迫总结　植物通过蒸腾作用失去水分的速度通常比从土壤中吸收水分的速度快，因此它们几乎总是处于某种程度的水分胁迫状态，即植物水分胁迫（PMS）。PMS与植物水势（ψ_w）呈线性相关，但表述方式相反。由于蒸腾速率随着温度、气压差和气孔开闭而变化，PMS表现出强烈的日变化。PMS最有用的值是黎明前测定的，此时ψ_w与$\psi_{土壤}$接近平衡。20世纪60年代中期推出Scholander压力室，至今它仍是测量PMS最可靠、最有用的方法。在其测试中，将一个茎段从植物上断开，密封在压力室中，并将压缩气体引入压力室，直到切口表面出现水滴。这时的压力等于且与茎中的保水力相反，也是对PMS的估计值。尽管临界PMS（植物水势）值存

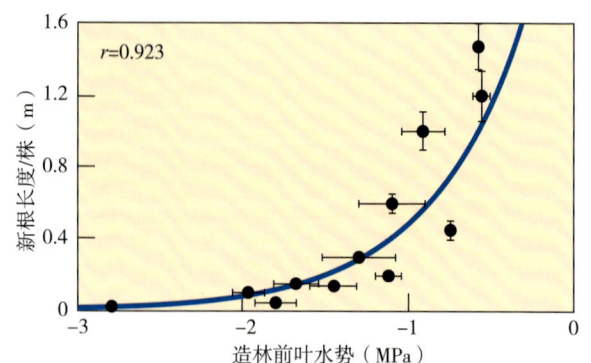

图7.2.13　一些研究发现，植物水分胁迫是造林后新根生长能力的良好预测指标（根据Mena Petite and others，2001修改）。

在剧烈的季节变化，但–0.5～–1.5MPa（5～15bar）的读数是正常的，而低于–1.5MPa（高于15bar）需要引起注意。

PMS与任何经典的苗木质量指标都没有直接关系，但黎明前的PMS测量可用于苗圃确定灌溉量和灌溉时间，它还是木质化过程中监测胁迫状况的最佳方法。收获期间的PMS值可提醒苗圃管理人员注意水分胁迫状况，植树者可在栽植前用PMS检查其苗木的水分状态。

● 7.2.4.2　抗寒性

抗寒性（cold hardiness，CH）测定作为一种筛选抗寒品种的方法，自20世纪初开始应用于园艺领域。在过去的30多年里，它被用作林业苗圃的苗木质量测定方法，现在它可能是第二常用的造林苗木的质量测定方法。

测定背后的概念　在生长季节，当气温降到冰点以下，大多数温带植物都会死亡。然而，随着冬季的临近和生长的减缓，植物会对变化的光周期（黑夜延长）做出响应，并产生耐寒性（Weiser，1970；Glerum，1976，1985；Bigras et al.，2001）。在一般苗圃术语中，这被称为"木质化"，这种耐寒性也反映植物抗逆性。当冬天来临，在生长季节略低于0℃（32℉）就会冻死的植物，充分木质化后即使温度远低于0℃也能存活。随着冬季的结束和生长季节的临近，这种

对低温的抵抗力会迅速丧失，植物恢复生长。

植物组织结冰时会发生什么情况　为了解植物如何承受零下低温，必须先了解在结冰时植物内部会发生什么。以显示细胞结构的植物组织横截面（图7.2.14A）为例。细胞主要由纤维素构成的柔性壁所包围，这种壁很坚韧。细胞通常紧密地聚集在一起，但它们之间偶尔会出现只包含空气和/或水的间隙（细胞间）。

植物组织由多种具有不同功能的细胞组成。一些细胞是空的，如导管和管胞，它们将水从根输送到叶，或将叶中形成的光合产物运回。在光合作用和其他生理过程中起作用的活细胞内充满了细胞质，细胞质被脂类物质构成的半渗透膜所包围，其中嵌入了蛋白质分子。这种膜在植物抗寒性中起着关键作用，膜中包围的所有物质被称为共质体，是活组织。细胞膜外的一切（细胞壁、导管、细胞间隙、空细胞等）被称为质外体，不是活的（图7.2.14A）。

共质体和质外体通常都含有一些水。质外体的水几乎是纯水，所以它的冰点接近0℃（32℉）。相反，共质体包含溶解的糖和盐、悬浮的淀粉颗粒和蛋白质分子。这些溶质起到"防冻"的作用，将共质体的冰点降低到0℃以下。因此，当细胞暴露在低于零下温度的环境中时，质外体水开始冻结。由此，小冰晶形成于细胞壁、细胞间隙和质外体的其他空隙中（图7.2.14B）。共质体

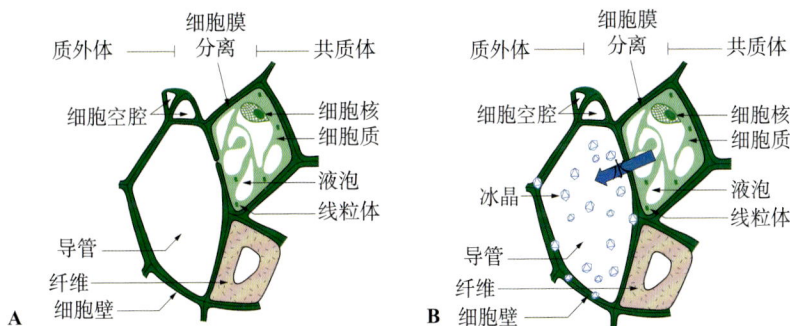

图7.2.14　活细胞内含物（共质体）通过细胞膜与死细胞内含物（质外体）分开（A）。当温度降到冰点以下时，冰晶开始在质外体中形成。随着冰晶增长，它们将水从细胞膜内抽出，导致细胞内含物脱水（B）。如果细胞质严重脱水，细胞膜就会破裂，细胞内的物质会渗入质外体，造成细胞损伤。

水具有较低的冰点，能抗冻。因此，在植物组织内形成的冰存在于质外体，对植物几乎没有或根本没有损害。

然而，冰对水的亲和力非常强，以至于冰晶硬是将共质体中的水通过细胞膜拉出来。因为膜只对水有渗透性，所以水被拉出后，溶解的糖和其他物质仍留在共质体中。这就提高了溶解质的浓度，进一步降低了共质体水的冰点。当植物组织不抗寒，或当温度降到其季节性抗寒水平以下时，细胞质会严重脱水，以至于出现：①蛋白质变性；②细胞膜被杀死或损坏，细胞内含物渗入质外体；③细胞质壁分离；④胞质细胞体积急剧缩小，显示细胞死亡。目前尚不清楚是低温本身，还是失水，或是两者共同引发了损害（Adams et al.，1991；Sutinen et al.，2001）。

冬季干燥只有在细胞外不断增长的冰晶将细胞水拉过细胞膜时才产生作用，这样会导致共质体严重脱水，细胞膜受损，细胞内含物渗出。这一点低温伤害肯定是和冬季干燥有区别的。甚至抗寒植物也会受到冬季干燥的伤害。

抗寒机理　为了抗冻，植物在木质化过程中膜和细胞质的物理和化学性质必须发生一些变化（Sutinen et al.，2001，Öquist et al.，2001）。首先，细胞膜发生物理变化，对水的渗透性更强。这使水分子迅速从细胞中移出，细胞内的溶质浓度迅速增加。其次，细胞膜在物理上变得更加坚硬，这有助于保护其不被在质外体中迅速形成的冰晶刺穿，同时使其能够抵抗在细胞质脱水收缩时从细胞质和/或细胞壁上被撕裂和拉出。细胞质本身经历了深刻的物理化学变化，使其能够经受严重脱水。这些适应性反应随光周期变化和温度降低而发生，并受由环境信号"打开"或"关闭"启动的一系列基因控制。

一个重要的抗寒机制是水的深度过冷（Quamme，1985；Burr et al.，2001）。当没有冰核存在时，纯净水可以冷却到接近-40℃（-40℉）而不形成冰晶，一些植物利用了这一特性。然而，当过冷水结冰时，它几乎总是致命的。观察表明，未分布在-40℃冬至等温线以北的许多植物种，它们主要就是通过这种机制避免了寒冷的伤害（George et al.，1974）。这一冬至等温线通常与森林线重合，因此Becwar等（1981）推测，过冷也可能限制某些植物在森林线以下的生存。许多针叶树（不包括松树）采用过冷作为避免冻害的方法。然而，许多树种可以在远低于-40℃的温度下生存，因此它们可能是通过其他不明机制来抵抗细胞质干燥的。

抗寒性增强阶段　植物种类不同，抗寒性增强（也被称为冷驯化）发生的阶段各异（Timmis 1976；Timmis and Worrall，1975；Cannell and Sheppard，1982）。表7.2.5是海岸花旗松枝条和根系的一般抗寒性模式。如图7.2.15所示，Y轴代表LT_{50}值（半致死温度，即致死率为样本的50%），这是最常见的抗寒性指标。

Greer等（2001）对触发和维持木质化增强和木质化解除阶段的环境信号进行了深入讨论。

植物组织、树种和生态型的抗寒性变化　不同植物组织以不同的速率木质化和解除木质化

表7.2.5　海岸花旗松幼苗的木质化增强和木质化解除阶段（与图7.2.15相比）

木质化阶段	季节	环境因素	半致死温度（LT_{50}）
木质化开始缓慢增强	早秋	光周期缩短	-2～-5℃（28～23℉）
木质化快速增强	深秋	温度持续降低，尤其在夜间	-10～-20℃（14～-4℉）
木质化最强	仲冬	极低温	-15～-40℃（5～-40℉）
木质化快速解除	冬末	温度升高	快速升至-2℃（28℉）

（Bigras et al.，2001；Rose and Haase，2002）。特别是，根的木质化程度不如茎（图7.2.15）这一事实对容器育苗者有着非常重要的意义（Colombo et al.，1995）。Burr等（1990）测试了恩格曼云杉幼苗在整个冬季的抗寒性，并且分别测试了芽、针叶和侧形成层（图7.2.16）。茎和针叶木质化更快，比芽更抗寒，这3种组织在冬末都迅速解除木质化。

树种和生态型所表现出的深冬抗寒性程度变化范围大小，取决于其所处的区域气候条件（Sakai and Weiser，1973）。北方针叶树，如黑云杉、白云杉、班克松（Pinus banksiana）和其他针叶树的抗寒水平可以达到-80℃（-112℉）

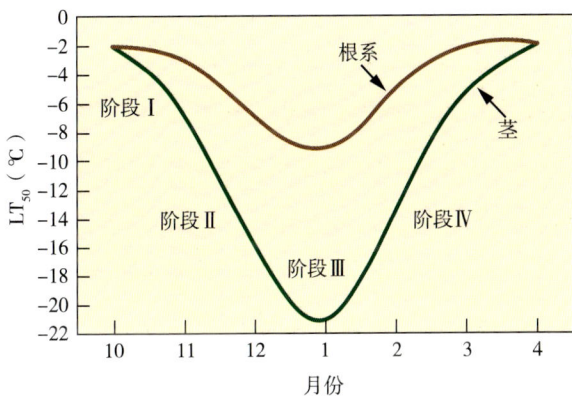

图7.2.15 针叶树幼苗的这些典型抗寒性变化趋势表明，茎和根系遵循相同的一般规律，即在1月达到抗寒性的峰值。需要注意的是，一些树种和生态类型没有达到第3阶段的木质化程度，根系也没有达到与茎相同的抗寒性。

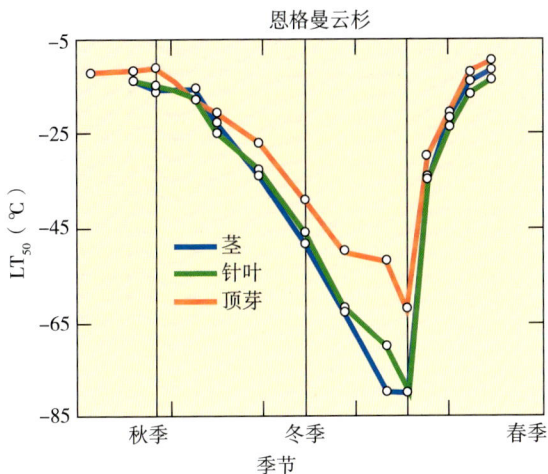

图7.2.16 植物组织在秋季以不同的速率木质化，但在春季所有组织都迅速解除木质化（根据Burr et al.，1990修改）。

及以下。许多落基山针叶树，如扭叶松（Pinus contorta）和恩格曼云杉，也达到了这种抗寒水平。相比之下，太平洋沿岸的针叶树，如花旗松、北美红杉（Sequoia sempervirens）和北美乔柏（Thuja plicata），很少适应-20℃（-4℉）以下的环境。值得注意的是，分布广泛的树种的耐寒性会因生态类型不同而不同，如花旗松在华盛顿州可耐寒至-20℃（-4℉），但来自落基山脉种源的则可耐受-20～-30℃（-4～-22℉）。

抗寒性实验方法 尽管可以通过几种方法测定植物抗寒性（Burr et al.，2001），但被广泛使用的只有两种：全株冷冻实验（whole plant fretzing test，WPFT）（Tanaka et al.，1997）和冷冻诱导外渗液电导率实验（freeze-induced electrolyte leakage，FIEL）（Dexter et al.，1932；Burr et al.，1990；McKay，1992）。两种实验都采取了两个步骤（Ritchie，1991；Burr et al.，2001）：第1步，植物或部分植物暴露在零下环境中；第2步，受害程度的评定。表7.2.6对这些实验进行了比较。值得注意的是，因为冷冻诱导外渗液电导率实验测试只使用组织的一小部分，所以取样更为重要。

全株冷冻实验 首先，将植物的代表性样品置于可编程的冷冻柜（图7.2.17A～B）中，在预定的时间段（通常为几个小时）内经受一系列的低温。测试温度是根据LT_{50}的预期能力来选择的。接下来，植物在温暖的环境中，如温室中培育几天，让症状发展。最后，通过评估芽、形成层和叶组织中的可见损伤或"褐变"，评估实验植物的茎、芽和叶的受害程度（图7.2.17C～E）。死亡率是根据组织损伤的严重程度和部位确定的（Tanaka et al.，1997）。

冷冻诱导外渗液电导率实验 这项测试基于的事实是：冷冻损坏细胞膜，使细胞内离子渗出，可以用电导（EC）仪测量离子渗漏量。首先，从实验植物上切下样本组织（叶、芽或根）

表7.2.6　两种主要抗寒性实验的比较

因素	全株冷冻实验（WPFT）	冷冻诱导植物组织外渗液实验（FIEL）
测试的植物组织	完整植物（叶片、顶芽、茎和根系）	组织（叶片、顶芽、茎或根系）
时间	几天至1周	1～2d
需具备的测定仪器	程控降温冰柜、生长室或温室	程序控制降温冰柜、电导仪、高压锅、烘箱或微波炉
评价标准	组织损伤程度（褐变）或叶绿素荧光值（见7.2.4.4）	数字读取

图7.2.17　在植物全株冷冻实验中，植物暴露在具有程序控制功能（B）的冷冻柜（A）低温中。在规定的暴露时间后，植物组织被评定为芽（C）、叶（D）和侧形成层（E）的"褐变"（图由Diane Haase拍摄）。

（图7.2.18A），然后，放入不同的低温中（图7.2.18B）。随后，将它们放入电导率为0的去离子水中（图7.2.18C）。从受损细胞中渗漏的电解质增加了水的电导率（EC），EC的相对增加（如下所述）是衡量受害程度的一个指标。尽管这种测试可以在任何植物组织上进行，但叶或根的样本是最常用的。

Ritchie（1991）和Burr等（2001）描述了用相对电导率（RC）指标评价受冻害程度的步骤：①将植物组织放入装有去离子水的小瓶中；②将组织暴露在零下冷冻温度；③将小瓶静置至EC读数稳定下来。这一读数被称为初始溶液电导率（EC_1）。最后，通过加热或冷冻完全杀死样品，并测量最终电导率（EC_2）。相对电导率计算如下：

$$RC（\%）=（EC_1-B_1）\times 100/（EC_2-B_2）$$

式中，B_1和B_2为可选空白，用于说明小瓶中的可能渗漏离子量。

所以，正如你所看到的，冷冻诱导植物组织外渗液电导率实验提供了一种快速简便的方法来测量植物组织的抗寒性。

差热分析　差热分析（differential thermal analysis，DTA）的理论是基于当过冷水冻结时，几乎总是显示出明显的组织损伤。采集两个植物组织样本（茎或芽），其中一个被冷或热破坏，然后进行干燥。两个串联的微型热电偶放置在样品材料中，一个在死组织中，一个在活组织中。将样品放入能够将温度降至-40℃（-40°F）的冷冻柜中。

当温度缓慢降低时，样品之间的温度差保持

在零，直到发生冻结。此时会出现一个"峰值"。当温度达到 $-10\sim-5\,^{\circ}\!C$（$23\sim14\,^{\circ}\!F$）时，通常出现第1个峰值，代表细胞间（质外）水的冻结。在超冷组织中，第2次峰值将在较低的温度下出现［降至 $-40\,^{\circ}\!C$（$-40\,^{\circ}\!F$）］。有证据表明，第2个峰值的温度表明了该样本的致死温度（Ritchie，1991）。

虽然这种方法看起来为确定抗寒物种的抗寒性水平提供了希望，但各种技术问题阻碍了它的实际应用（Burr et al.，2001）。

通过基因表达检测抗寒性　我们早就发现环境信号的变化，特别是光周期和温度的变化，会触发基因表达的变化，最终导致抗寒性的发展。Balk 等（2007）描述了一种新的测量抗寒性的方法，包括识别已知的与这一过程有关的基因。这些基因负责合成那些触发生物体内所有生理过程的酶和蛋白质。为了产生一种酶，细胞必须首先将贮存在脱氧核糖核酸（DNA）中的遗传信息转录成信使核糖核酸（mRNA）。然后，mRNA 链移动到核糖体，也就是蛋白质合成的地方，在那里氨基酸通过 mRNA 模板连接在一起。随后的氨基酸链是另一种酶，折叠成其特有的形状，自由漂浮，并开始形成特定反应（图7.2.19A）。由这些基因所触发的酶水平的变化预示着抗寒性的获得或丧失。该方法的优势是这些信号可以更早地被检测到（表明苗圃用于触发抗寒性的处理是有效的，或者说植物在春天正在失去抗寒性），而不是等待通过诸如植物全株冷冻和冷冻诱导外渗液电导率等实验来测量抗寒性的变化。

利用欧洲赤松（*Pinus sylvestris*）和欧洲云杉（*Picea abies*）进行的研究确定了3个指示基因和关联酶，它们共同提供了足够的信息，可以准确估计苗圃植物的抗寒程度（Wordragan et al.，2006）。随后，对花旗松的研究也显示了类似的结果（Wordragan et al.，2008）。目前，已有化学分析实验可检测由指示基因产生的酶，一家名为 N-Sure 的私人公司提供了这种测试。由苗圃经理收集芽组织的混合样品，用取样箱中提供的化学物质将其固定，并邮寄至测试实验室（图7.2.19B）。结果将在几天内得到。

抗寒性实验的应用　容器育苗苗圃使用抗寒性测试有以下几种目的。

（1）抗寒性测试可用于跟踪作物在秋季经过自然木质化或通过培育措施（如用幕布遮光）木质化的进程。在室外场地，可以使用定期的抗寒性测试来确定何时需要防冻措施（Perry，1998）。

（2）抗寒性测试常用于确定容器育苗的"起苗窗口"。例如，耐受 $-18\,^{\circ}\!C$（$0\,^{\circ}\!F$）的能力被用作加拿大不列颠哥伦比亚省针叶树苗木何时可被起苗冷藏的指标（Burdett and Simpson，1984）。应为其他树种和生态类型制订不同的参考温度。

（3）抗寒性测试是对植物整体抗逆性的良好估计（Ritchie，2000），这是一个关键的质量指标（见第7.2.5.2节）。

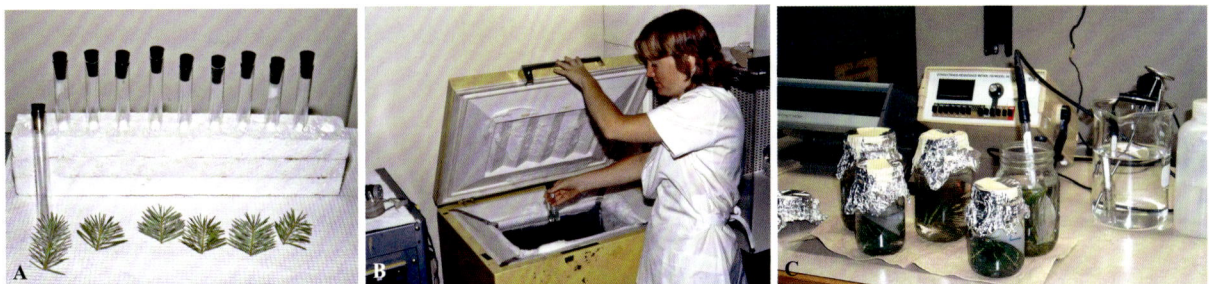

图7.2.18　在冷冻诱导外渗液电导率实验中，植物组织样品（A）首先暴露在冷冻温度（B）下，然后浸入去离子水中。电导率的相对增加是冻伤的表现（C）（图A和B由Thomas D.Landis拍摄，图C由Sonia Gellert提供）。

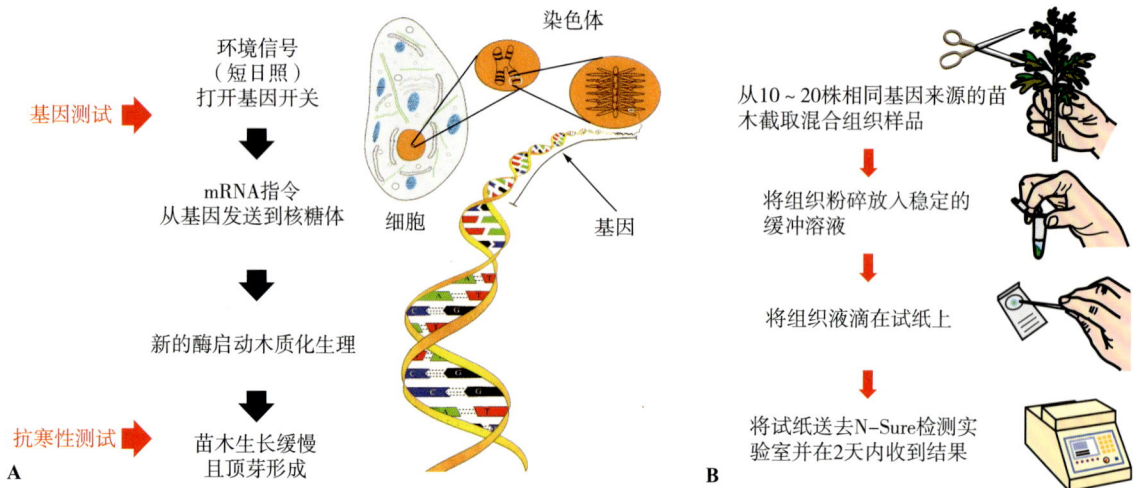

图 7.2.19　基因组抗寒性实验允许早期检测触发抗寒性的化学信号，并可作为早期指标（A）。N-Sure实验为苗木抗寒性监测提供了一种快速、准确的方法（B）。

抗寒性总结　在生长季节容易被冰点温度杀死的植物，在冬季木质化后可以在低温下存活。冻伤要与冬季脱水区分开来，冬季脱水导致细胞水被拉过细胞膜，成为在细胞外增长的冰晶。这会使细胞质严重脱水，损伤细胞膜，导致细胞内含物渗漏。甚至木质化的苗木也会受到冬季脱水的伤害。

抗寒性过程在夏末由光周期触发，在初冬随着植物暴露在逐渐降低的温度下而增加。不同物种和生态类型的抗寒性水平差异很大，且受原产地气候的较大影响。温带植物的抗寒性在1月达到高峰，之后，随着光周期的延长和温度的升高，抗寒性迅速丧失。

最常用的抗寒性测试一个是植物全株冷冻实验——将整株植物首先暴露在冰点温度下，然后评估它们的反应；另一个是冷冻诱导外渗液电导率实验，只测试叶和根样品。基于遗传指标的测试现在已可以实现。

抗寒性测试可用于确立起苗时期，以便明确苗圃何时需要防冻，还可以作为抗逆性实验的替代方法。

● **7.2.4.3　根系外渗液电导率**

根是植物最脆弱的部分之一，因此对许多环境和操作产生的胁迫敏感。这种特点对于其根系未被周围土壤保护的容器苗木更为明显。胁迫包括高温和低温（Lindström and Mattson，1989；Stattin et al.，2000）、干燥（McKay and Milner，2000）、粗暴搬运（McKay and White，1997年）、不当贮藏（McKay and Mason，1991；McKay，1992；Harper and O'Reilly，2000），甚至包括水涝和病害。检查根系损伤有时可以用古老的指甲刮削法和褐变检验，但通常损伤是不可见的或难以量化的。更严格的测试被称为根系外渗液电导率（root electrolyte leakage，REL）测试。因为它可以测量根细胞膜的健康和功能，所以REL可以作为根损伤和质量的指标。

REL已在加拿大使用（如Folk et al.，1999），目前是安大略省自然资源部（Colombo et al.，2001）开发的一系列植物质量测试之一。在美国，根系外渗液电导率主要用于测试树叶的抗寒性，但这种技术在根部的应用并不多见。

REL方法相对简单，使用的设备容易获得，产生结果迅速，可用于冬季无叶的落叶树种（Wilson and Jacobs，2006）。然而，由于树种、种批和季节的影响，对REL结果的解释可能存在问题。

理　论　REL测试基于的原理与7.2.4.2中描述的FIEL测试的相同。然而，主要的区别在于REL测试测量的是所有类型的根损伤，而不仅仅是冻害。其基本思想是通过测量穿过受损根膜的离子数量，可以估算出根系的相对"生活力"（Palta et al.，1977）。当受损的根被放入蒸馏水中时，用电导率可以方便快速地测量膜的离子渗漏量。

REL的生物学意义　对于为什么REL测试作为一种植物质量测试而被应用，McKay（1998）提供了以下解释：造林后植物死亡的主要原因是水分胁迫引起的移植休克。植物具有有活力的根系才能更有效地从土壤中吸收水分，REL就是用来测量根系活力的。低REL读数表明根系活力高，能够吸收水分以减轻移植休克。

测量方法　最常用的技术（McKay，1992，1998）与Wilner（1955，1960）描述的初始方案相比变化不大。步骤如下（图7.2.20）。

（1）首先，用水冲洗根系以清除土壤；然后，在去离子水中去除可能存在的任何表面离子。

（2）取苗木中的一个中心根团，这通常是一条约2cm宽的带状长条，穿过根系的中间部分。

（3）将直径大于2mm的根从样品中移除，只留下"细"根。

（4）将细根放入装有去离子水的容器中。

（5）将容器盖上盖子，摇动，并在室温下放置大约24h。

（6）用具有温度校正的电导仪测量溶液的电导率（$C_{活根}$）。

（7）将根部样品放置在100℃（212℉）下10min，杀死。

（8）测量死亡根样品（$C_{死根}$）周围溶液的电导率。

（9）REL的计算公式为活根EC除以死根EC：

$$REL=\left(C_{活根}/C_{死根}\right)\times 100$$

REL在苗圃的应用　REL测试最常用于评估冻害、较差贮藏条件、根暴露导致的干燥，或对苗木的粗暴搬运。几乎所有文献报道都是关于针叶树裸根苗的，主要是花旗松、云杉、松树和落叶松。利用REL测试根系冻害的应用有两种情况：抗寒性测试结果的评估和异常寒冷天气下根系损伤的检测。

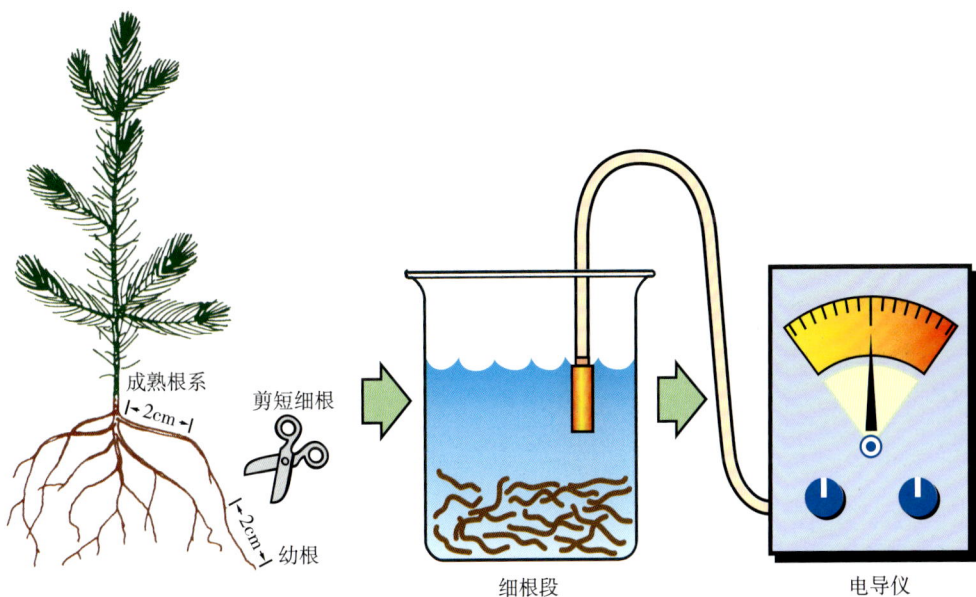

成熟根系
2cm
剪短细根
2cm
幼根
细根段
电导仪

图7.2.20　在根系外渗液电导率测试中，测试根组织电导率的变化可指示膜损伤的程度。因为这个测试反映了所有类型的根损伤，它可以用来指示造林后根系的生长状况。

测定根抗寒性 REL抗寒性测试步骤与7.2.4.2中所述的FIEL相同。例如，在瑞典，从9月至12月，挪威云杉裸根苗的根样每两周一次暴露在-5℃（23℉）或-10℃（14℉）下（Stattin et al.，2000）。随着冬季的到来，冷处理和未处理的幼苗之间的REL差异变小，表明幼苗变得越来越抗寒（图7.2.21）。

测定根的冷热损伤 由于容器苗的根得不到土壤隔热物质的保护，很容易受到极端温度的伤害。尤其是当苗木在室外雪地里越冬时更是如此，就像加拿大东部和欧洲北部的斯堪的纳维亚半岛一样（Lindstrom and Mattson，1989）。如果积雪不够，或者突然出现温暖期，容器苗通常会暴露更长的时间，使其根部受到严重损害。REL测试非常适合于对潜在受损的苗木进行快速评估（如 Coursolle et al.，2000）。

确定起苗期 REL已被用于指示何时可以安全地收获裸根苗（McKay and Mason，1991）。例如，在仲冬期间收获的花旗松幼苗的REL读数比早期收获的幼苗要低得多，因此根损伤也更小（图7.2.22）。

监测贮藏苗木质量 REL可用于监测越冬贮藏期间的苗木质量（McKay，1992，1998；McKay

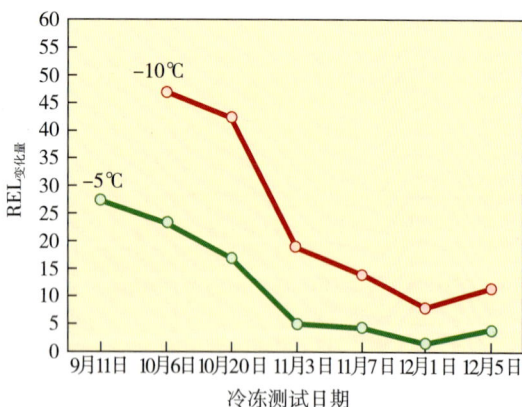

图7.2.21 挪威云杉幼苗的根系外渗液电导率（REL）测定显示了秋季根系抗寒性的发展。REL$_{变化量}$表示与无冷冻处理的苗木相比，暴露在-5或-10℃（23或14℉）下的根系外渗液电导率的增加量（根据Stattin et al.，2000修改）。

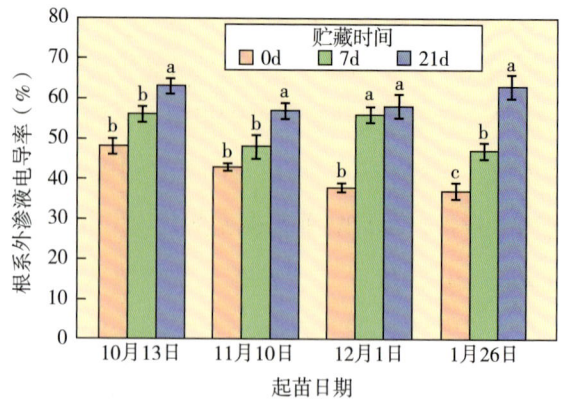

图7.2.22 REL可用于确定收获（起苗）期和监控贮藏期间的苗木质量。仲冬收获的花旗松幼苗的REL水平低于秋季早些时候收获的苗木。同样的苗木在收获后被暖藏，并且在每个取样点的REL测量表明，暖藏时间越少，REL水平越低（根据Harper and O'Reilly，2000修改）。

and Morgan，2001）。在一次试验中（McKay，1998），云杉和落叶松幼苗在从10月1日起在冬季进行收获，然后在1℃（33℉）下贮藏。在4月，所有幼苗从仓库中取出，进行REL检测，然后出圃造林。对于这两个树种，随着收获时间的推迟，REL降低，存活率增加。在另一个试验中（Harper and O'Reilly，2000），花旗松幼苗分别于10月、11月、12月和1月收获，在15℃（59℉）下"温藏"7d和21d，然后进行REL测定。收获时的REL读数随着收获日期的延长而降低，表明幼苗木质化程度加强。然而，对于每一个收获日期，随着贮藏时间的延长，读数急剧增加，表明"温藏"导致细根退化（图7.2.22）。

干燥和粗暴装卸的影响 将锡特卡云杉和花旗松裸根苗置于环境控制室中，其根暴露在干燥条件下长达3h（McKay and White，1997）。REL读数随着干燥处理强度的增加而增加，表明根出现了损伤。在英国春季少雨的造林地上，干燥处理的苗木造林表现欠佳，从而证明根系必然出现了损伤。

使用REL对花旗松、锡特卡云杉、日本落叶松（*Larix kaempferi*）和苏格兰松裸根苗的粗暴装卸和根系干燥进行了评估（McKay and Milner，2000）。以 3m（9.8ft①）的高度降落袋装幼苗作为粗暴装卸处理，将根暴露在温暖干燥的空气中 5h 作为干燥处理。尽管 REL 因不同收获期和不同树种而异，但不同树种和处理的受胁迫幼苗 REL 值显著高于对照。

REL 作为造林表现的预测指标　任何苗木质量测试的最终目的都是预测苗木在造林后的成活和生长情况，为此许多研究都使用 REL，结果参差不齐。REL 与辐射松（*Pinus radiata*）苗木栽植后 20d 的相对含水量密切相关（Mena Petite et al.，2004）。锡特卡云杉和日本落叶松幼苗的 REL 与成活率和高生长密切相关（图 7.2.23）。在锡特卡云杉和花旗松幼苗中，REL 在一些特定地点与成活率相关，但在其他地点则相关不紧密（McKay and White，1997）。REL 在一定程度上预测了日本落叶松幼苗的造林表现，但根生长潜力是一个更好的预测指标（McKay and Morgan，

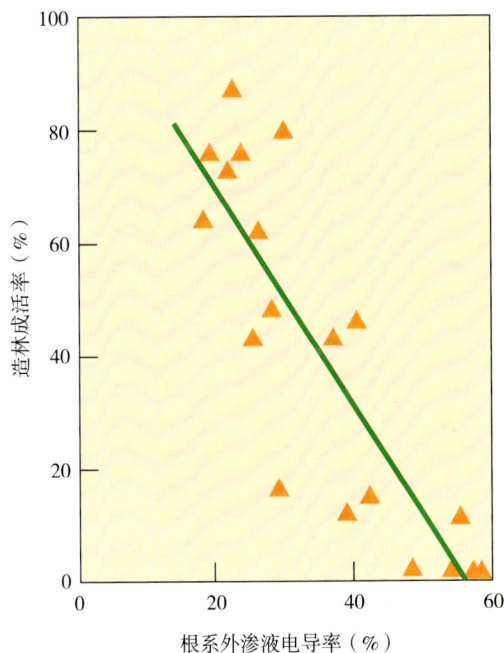

图 7.2.23　对日本落叶松研究发现，根系外渗液电导率与造林表现有很好的相关性，但许多其他研究的相关性不显著（根据 McKay and Mason，1991 修改）。

① 1ft=30.48cm。以下同。

2001）。在对欧洲黑松（*Pinus nigra*）的研究上也有类似的结果（Chiatante et al.，2002），但 Harper 和 O'Reilly（2000）报道说，对暖藏的花旗松幼苗成活潜力而言，REL 不是一个理想预测指标。

REL 的局限性　为什么 REL 只能在某些情况下预测成活率，但不是全部？就像很多事情一样，"细节决定成败"。

遗传学　研究表明，REL 随树种甚至种内种子来源的不同而变化。例如，杰克松和黑云杉暴露在一系列破坏性的根温度下，其 REL 值在 27%～31%，而白云杉暴露在相同温度下，REL 值在 36%～38%（Coursolle et al.，2000）。对来自阿拉斯加、夏洛特皇后群岛（QCI）和俄勒冈州种源的锡特卡云杉幼苗进行根系耐干燥和粗暴装卸的能力评估（McKay and Milner，2000）发现，俄勒冈州和 QCI 地区的幼苗暴露在根系干燥条件下比阿拉斯加地区的幼苗具有更低的 REL 值，而阿拉斯加和 QCI 幼苗在粗暴装卸条件下比俄勒冈州幼苗具有更低的 REL 值。在另一项研究中，无论遇到何种类型的胁迫，花旗松比锡特卡云杉、苏格兰松和日本落叶松具有更高的 REL 值（McKay and Milner，2000）。两个沿海种批的花旗松（加拿大不列颠哥伦比亚省）的 REL 和成活率之间相关性不同（Folk et al. 1999）。

休眠状态　McKay 和 Milner（2000）发现，苗木对上述胁迫的抗性随季节而变化，并与芽休眠强度相关。Folk 等（1999）对花旗松的不同种批报道了类似的结果，他们认为 REL 必须首先调控到芽休眠状态，然后才能有效地用于评估花旗松的根损伤。

苗　龄　REL 与 2 年生黑松幼苗的成活率有很好的相关性，但与 1 年生黑松幼苗的成活率相关性较弱（Chiatante et al.，2002）。作者推测，REL 作为一种质量评价工具，其有效性可能与根

系的发育状况密切相关。

根系外渗液电导率总结与结论　细根外渗液电导率（REL）是衡量根系细胞膜保护离子能力的一个指标。受损的细胞膜导致细胞内离子渗出，因此，如果测量离子渗出量，REL就可以作为根活力的指标。REL测试是一种快速、简便的测量方法，可以用于评估冷害、粗暴装卸、干燥、冷暖贮藏和其他胁迫对根系活力和苗木活力的影响。REL有时与植物成活密切相关，但在其他情况下，这些相关性很弱。这是因为除了根系损伤之外，其他因素也会影响REL，包括树种、种批、苗木年龄、季节和芽休眠强度等。幸运的是，REL可以校准这些影响。

● 7.2.4.4　叶绿素荧光

虽然测量叶绿素荧光（chlorophyll fluorescence，CF）的技术已经有50多年的历史了，但从20世纪80年代末开始，它才被应用到林木种苗生理学中（Mohammed et al.，1995）。在早期试验中，林业研究人员认为CF是一种重要的研究工具，可用于评估灌溉和施肥的有效性、确定收获期和评估贮藏后的植物活力。CF被认为是一种"评估苗圃生产周期内苗木生理状态的简单、快速、可靠、无损的方法"（Vidaver et al.，1988）。

在接下来的几年里，CF并没有达到所有这些早期的期望。然而，由于CF具有巨大的潜力，无论是苗木生产者还是使用者都应该对CF及其能做和不能做的事情有一个基本的了解。

什么是叶绿素荧光　当太阳照射到一片叶子上时，一些光能被反射，一些通过叶片组织传输，一些被吸收。植物吸收的光能比光合作用所需的光能多得多。事实上，叶子吸收的光合有效辐射中，20%以下实际用于光合作用（图7.2.24）。红光和蓝光的波长被叶绿素和其他色素吸收，但绿光的波长被反射，使有生命的植物呈现绿色。

为了释放所有多余的能量，植物开发出了被统称为"能量淬灭"的巧妙程序。

3种类型的能量淬灭是已知的。光化学淬灭（qP）是光合作用中使用的能量。非光化学淬灭（qN）主要以显热形式耗散能量。荧光淬灭（qF）是以荧光形式发射的能量，是叶绿素荧光检测的基础。吸收的最大能量以显热（qN）的形式耗散，而以荧光（qF）的形式释放的能量要小得多（图7.2.24）。这三种淬灭机制同时工作，相互竞争。

如果这些淬灭机制被强光超载，多余的能量驱动一个叫作"莫勒反应"的生化过程。这个过程产生自由基，主要是氧化物和过氧化物，对植物有毒。为了保护自己，叶子合成清除自由基的分子，使其无害。例如，黄色类胡萝卜素色素具有这种功能。然而，当光强度高到足以压倒这些清除系统时，就会发生光损伤（Demig-Adams and Adams，1992）。这通常表现为叶子"灼伤"，当苗圃植物从阴凉处迅速转移到全光照的地方时容易发生。

植物对其吸收的光能管理方式是其对胁迫的敏感指标（Krause and Weis，1991）。将能量淬灭量化的CF技术有助于研究植物对胁迫的反应，

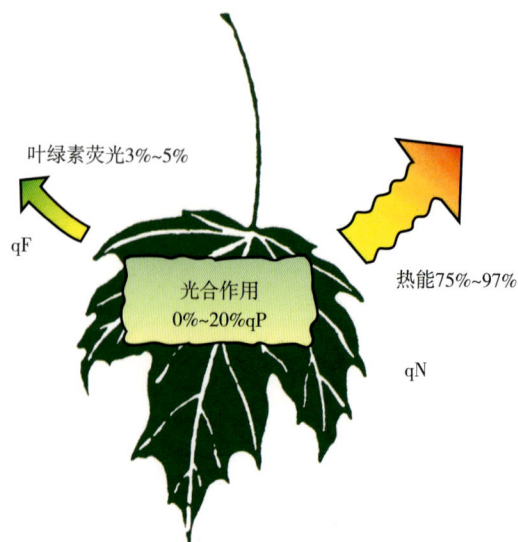

叶绿素荧光3%~5%
qF
光合作用 0%~20%qP
热能75%~97%
qN

图7.2.24　只有少量的光合有效辐射被叶片吸收，并被光合作用实际利用（淬灭）。其他的剩余能量作为热损失或荧光淬灭。

进而反映植物的质量。

光合作用和叶绿素荧光　光合作用包含3个连续的过程（Vidaver et al.，1991）：

（1）光捕获——光能被叶片中的感光色素（包括叶绿素）吸收。

（2）光化学——吸收的光能转化为化学能。

（3）生物化学——化学能被用来驱动卡尔文循环反应，将大气中的碳转化为单糖。

CF提供了光化学过程的视图。因为这三个过程都是紧密相连的，对一个过程的一部分的扰动会影响整个反应集。光合作用过程中的这些变化反映在叶绿素荧光排放量和速率的变化上。

光能进入植物的叶片并被采光色素"捕获"（图7.2.25）。根据捕获光的波长，它进入位于叶绿体膜上的其中一个反应中心，即光系统Ⅰ（photosystem Ⅰ，PS Ⅰ）和光系统Ⅱ（photosystem Ⅱ，PS Ⅱ）。当PS Ⅱ中的叶绿素a（Chl_a）分子吸收能量光子时，其中一个电子被提升到更高的能量状态。当处于这种激发态时，它被一个电子受体库捕获，从那里它通过一个电子输运链进入PS Ⅰ，并发生类似的过程（PS Ⅰ和PS Ⅱ是按照它们被发现的顺序命名的，而不是按照反应的顺序）。这种能量转移导致腺苷三磷酸（ATP）的产生，并最终将烟酰胺腺嘌呤二核苷酸磷酸（NADP）还原为还原型烟酰胺腺嘌呤二核苷酸磷酸（NADPH）。ATP中所含的能量和NADPH的还原能力有助于CO_2分子的固定及其在卡尔文循环中最终转化为单糖。

"水分解"是光反应的另一个关键部分。为了补充PS Ⅱ中Chl_a丢失的电子，植物分解水分子，将氧原子释放到大气中，并提供进入PS Ⅱ的电子（图7.2.25）。

由于许多原因，PS Ⅱ中Chl_a激发的许多电子没有被受体库捕获，它们衰变回基态。衰变过程中损失的能量以荧光（qF）的形式释放出来，当Chl_a衰变为基态时，荧光完全从PS Ⅱ（Kraus and

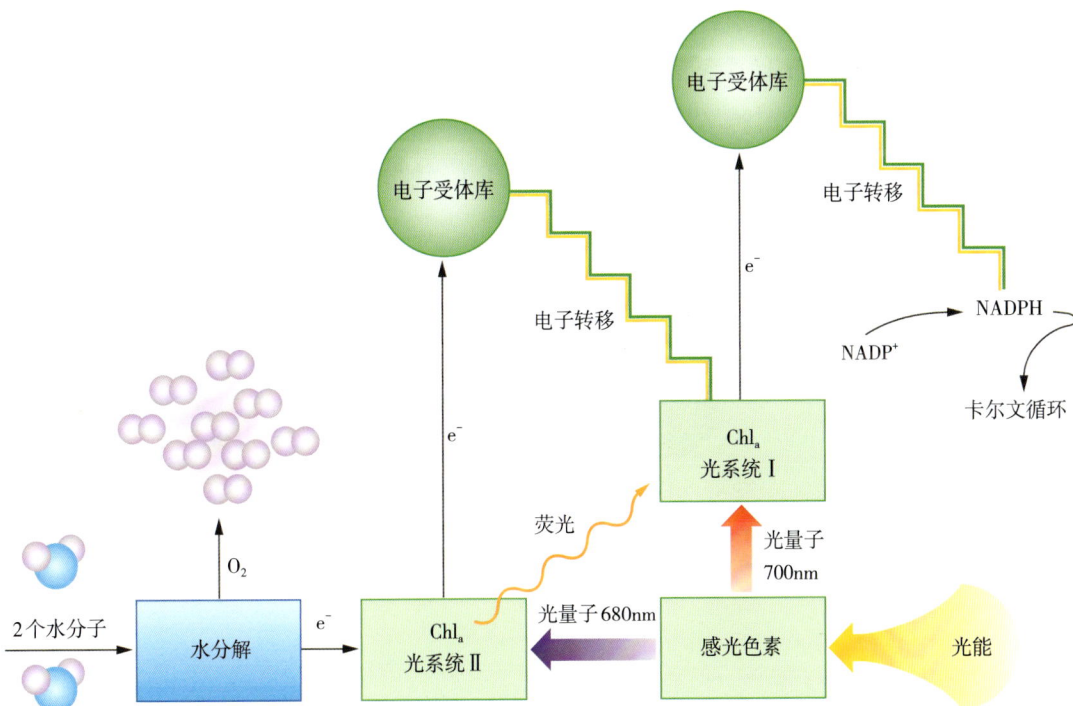

图7.2.25　光合作用光反应的简化图。叶绿素荧光来自光系统Ⅱ中的叶绿素a。这种荧光可以用荧光计测量，可以用来诊断胁迫。

Weis，1991）的 Chl_a 发出。如图 7.2.25 所示，这是一条波浪线，当受体库完全减少或电子传输路径增强时发生。换言之，当产生的激发电子比可以处理的要多时，它们会回到基态，释放出荧光激发态能量。

这种荧光发射太弱，肉眼看不见，但很容易被一种叫作叶绿素荧光计的仪器探测到。荧光计测量并量化荧光发射的性质，并构成 CF 测量的基础。

测量叶绿素荧光 德国植物生物化学家汉斯·考茨基（Hans Kautsky）于 20 世纪 20 年代末首次观测到叶绿素荧光（Govindje，1995）。Kautsky 将一片叶子置于暗处，然后用一道短暂的强光照射它，发现在光脉冲后出现荧光。令人惊讶的是，他发现在健康组织中，荧光发射在几分钟内消失，但当组织被氰化物或冷冻杀死时，荧光发射持续的时间要长得多。自此后，人们确定，中毒或冷冻叶组织会使电子流途径失效，导致激发的电子回到基态，并释放出可测量的荧光。相反，在健康组织中，更多的电子在电子传递途径中被淬灭，从而减少荧光发射。

考茨基荧光计 Kautsky 的发现使考茨基荧光计的仪器得到了发展。考茨基荧光计原本体积庞大、笨重，是光合作用实验室研究的主要设备，现

在已经发展成为小型、价格合理、便携、使用简易的设备。它们包含 1 个光源、2 个滤光片、1 个微处理器和 1 个光电传感器，通常与笔记本电脑连接（图 7.2.26A）。光源通过光纤将一个光合成活性光脉冲发送到叶片表面，在那里激活 PS Ⅱ 中的 Chl_a。Chl_a 辐射通过电缆返回并通过第 2 个滤光片，滤光片将荧光传输到记录辐射的光电传感器。这个过程由笔记本电脑编程的微处理器所控制。

CF 测量过程从"黑暗适应"叶子开始大约 20min。这样可以确保：①所有叶绿素处于未被激发状态或基态；②受体库是空的；③在接收光脉冲之前，电子传输路径是清晰的。在光脉冲之后，荧光计产生一条曲线，该曲线中记录的是随时间推进的荧光发射强度（图 7.2.26B）。在考茨基曲线中，F_o 是来自叶片中采光色素的荧光，而不是来自 PS Ⅱ。F_m 是最大荧光，F_v 是来自 PS Ⅱ 的可变荧光。

该曲线具有许多诊断特征，但最有用的是可变荧光与最大荧光的比率，或 F_v/F_m。这个比率直接估计了光反应的效率（Genty et al.，1989），是最常用的叶绿素荧光值结果。

脉冲调幅荧光计 荧光计的一个最新发展是一种被称为脉冲调幅（pulse amplitude modulated，PAM）荧光计的仪器（Schreiber et al.，1995）。在

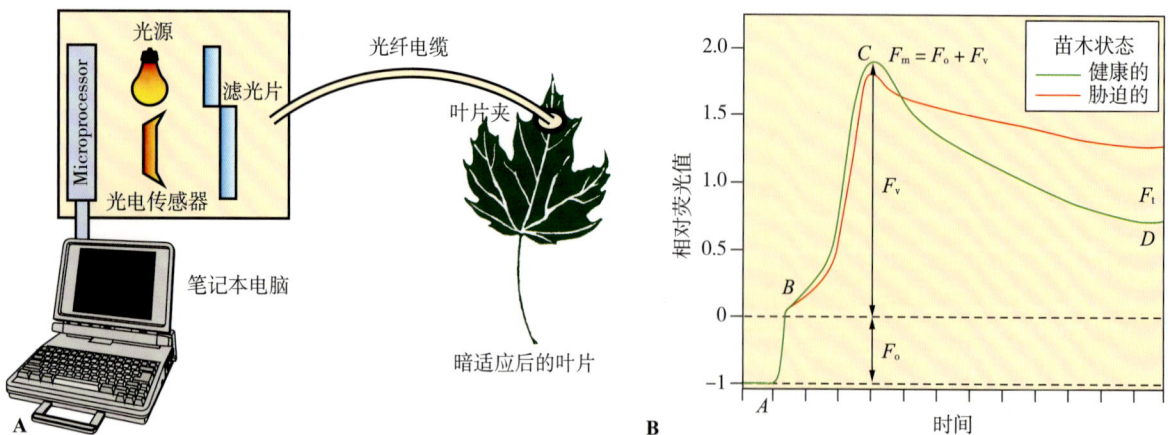

图 7.2.26　考茨基荧光计由光源、2 个滤光片、光电传感器、微处理器和连接到叶片的光纤电缆组成。指令从笔记本电脑（A）发送到荧光计。将光脉冲传送到暗适应的叶片后生成淬灭曲线。这些曲线是诊断性的，因为健康和受胁迫植物的荧光发射量和持续时间（B）不同。因此，叶绿素荧光变量（F_v/F_m）的比值是光合效率的一个良好指标。符号说明见正文（B 根据 Rose and Haase，2002 修改）。

发出一个初始激发光脉冲后，PAM产生一个高强度的饱和光脉冲流，使受体库淹没，从而消除光化学淬灭。因此，这些峰值与荧光衰减曲线之间的荧光发射差异是非光化学淬灭。

这一强大的程序可以同时测量3个能量淬灭成分，并在几个级别上确定整个程序的效率。其中一种仪器，PAM-2000，是由德国的海因茨·沃尔兹制造的（网址：www.walz.com）。PAM已成为幼苗生理研究的重要工具。PAM-2000运行程序提供了量子产量（F_v/F_m）、有效量子产量（Y）、光化学淬灭（qP）、非光化学淬灭（qN）、电子输运速率（ETR）和许多其他变量的估计。

植物中叶绿素荧光参数的正常值　所有C_3植物的光合作用生物化学基本上是一致的。因此，"正常"健康植物的CF参数预计不会在广泛的物种中变化。根据与其他科学家的讨论，以及对CF文献的阅读，得出了表7.2.7。该表给出了通常被认为是CF参数的正常值，并且可以用作解释文献值的指南。

CF在植物质量评价中的应用　目前，CF在研究中的应用比在质量检测中的应用要多，但这里有一些常见的应用。

休　眠　尽管已经尝试使用CF作为植物物候状态或休眠状态的指标，但我们还不确信这些研究是可验证或可重复的。

抗寒性　目前，CF最常见的用途是检测和评估冷损伤（Binder et al., 1997）。例如，当对17种冷杉进行抗寒性试验时，对芽、叶和形成层的损害都与CF等级密切相关（Jones and Cregg, 2006）。与其他抗寒性测试比较，CF方法被证明是欧洲赤松容器苗茎叶冻害的快速、无损指标。CF方法不是用可视化、电解或其他方法（见7.2.4.2）评定冻害损伤，而是用光合过程的反应作为损伤指标。"正常"植物的F_v/F_m值通常在$0.700\sim0.830$，或在冬季略低。当该值在冷冻后降至<0.600时，表明对光合成程序造成了重大损害（表7.2.7）。

造林表现　有研究试图将CF变量与造林表现联系起来。例如，有效量子产量的测量预测了爱尔兰苗圃中贮藏过和未经贮藏的花旗松幼苗的成活和健康的状况（Perks et al., 2001）。

贮藏效果　短期（2周）低温贮藏会降低落

表7.2.7　C_4植物叶绿素荧光发射参数的正常范围（摘自文献）

叶绿素荧光参数	定义	描述	正常范围	胁迫范围
F_o	基态荧光	从叶子的采光色素发出的荧光；通常被认为是一种"背景级"荧光，当测量PSⅡ叶绿素荧光时，它被调零	$0.2\sim0.4$	>0.7
F_s	稳态荧光	荧光水平（有时称为F_t）		低F_t表示胁迫状态
F_v	可变荧光	暴露于光化光脉冲后荧光峰在F_o以上的高度（$F_v=F_m-F_o$）		
F_m	最大荧光	F_v+F_o	$1.2\sim1.5$	
F_v/F_m	最大量子产量	对每摩尔吸收的光能固定的碳摩尔比率的估算（Genty et al., 1989）；C_3植物光合作用的理论最大值约为0.830	$0.70\sim0.83$	<0.60
Y	有效量子产量	$(F_m-F_s)/F_s$	$0.40\sim0.60$	$0.10\sim0.20$
qN	非光化学淬灭	通过光合作用以外的方式吸收光能的耗散（主要是显热）	$0.4\sim0.6$	延长值>0.6
qP	光化学淬灭	利用光合作用吸收光能	$0.7\sim0.8$	延长值<0.6
ETR(全光照)	电子输运速率	电子通过光系统的速度	<300 μmol电子量（$m^2\cdot s$）	

叶松幼苗的F_v/F_m、F_v/F_o和其他CF参数，同时叶水势、气孔导度和净光合速率也有下降（Mena Petite et al.，2003），由此反映出贮藏对光合组织的损害，并预示着栽植后的效果降低。在加拿大安大略省的一些苗圃，CF被用作贮藏后苗木质量的测定方法。

干旱胁迫　长期干旱通过降低叶片水势、关闭气孔直接影响光合作用。最近的证据表明，长期干旱也会在光化学水平上破坏光合作用。当白云杉幼苗连续21 d暴露在可控环境的箱中（Bigras，2005），F_o和qN不受影响，而F_m、F_v、F_v/F_m和qP在水势低于-1.0MPa（10 bar PMS）时受到抑制。处于休眠的挪威云杉幼苗的F_v/F_m不受栽植后4周田间干旱的影响，但相同的干旱胁迫使缺乏芽休眠的幼苗F_v/F_m从0.83降低到0.28左右（Helenius et al.，2005）。

叶绿素荧光总结　植物已经进化出复杂的机制来耗散或淬灭它们吸收的光能。这些能量中的一部分用于光合作用（光化学淬灭，qP），其余的能量则通过非光化学淬灭（qN）或荧光淬灭（qF）消散。

由高低温、疾病、干旱、营养不足等引起的胁迫会损害植物管理能量淬灭的能力。因此，通过测量和解读叶绿素荧光淬灭的3个组成部分，有可能检测到细微、瞬时胁迫和长期、严重胁迫造成的损伤。有关苗圃文献中经常报告的3个重要CF参数是qP、qN和F_v/F_m。

受损或受胁迫的植物具有快速恢复的能力，因此在胁迫事件发生后的几天内测量CF参数得出植物会损伤的结论非常重要。如果F_v/F_m保持在低水平、qN保持在高水平几天，表明光合系统可能发生了显著的损害。然而，在CF成为一个具有可操作性的质量测定之前，还需要更多的研究。

● 7.2.4.5　矿质养分含量

直观地说，植物中储存的矿质营养量应该与其质量有关。氮、磷等矿质营养物质为新生长提供原材料，新造林的幼苗在成活和生长前必须依靠储存的营养物质供应。植物组织分析能够反映实际矿质营养的吸收情况，是监测施肥措施最好的方法。分析实验可以快速准确地分析植物组织1个小样品中13种矿质营养的水平，一周就可得到结果。而且，通过测量组织生物量，结合实验室测定的营养浓度可计算出养分含量。然后，可以使用矢量图检查这些数据，区分施肥方案之间的差异，明确养分是否需要稀释，是否有毒，是否充足或不足（Haase and Rose，1995）。虽然存在分析矿质养分水平的初步指南，但它们是针对一般类型的，如针叶树幼苗（表7.2.8），对精准监测施肥方案有局限。大多数已发表的测试结果是针对商业树种，对其他乡土植物几乎一无所知（Landis et al.，2005）。

另一个问题是，叶片营养水平与造林成活率之间的相关性并不好。植物可能会受到严重的胁迫，甚至死亡，但仍然含有理想的营养水平。尽管矿质营养水平并不能保证植物的活力，但叶氮水平似乎是一个很好的预测植物生长的指标（Landis，1985）。例如，van den Driessche（1984）发现，当在造林后3年进行测量时，叶氮与锡特卡云杉幼苗的枝条生长之间存在很强的相关性（图7.2.27A）。这倒是容易理解，因为一旦植物成活，它需要充足的氮储备来修复损伤，并生产新的细胞。一些苗圃已将收获时的叶氮水平作为苗木质量的一个指标；例如，加拿大魁北克省的苗圃根据容器大小规定了苗木的最低叶氮水平（Government of Quebec，2007）。因此，最好的建议是，苗圃制定自己树种苗木的叶营养标准。

关于苗木养分水平与造林表现关系的最新研究涉及一个被称为氮"营养加载"的概念。这个概念旨在让苗木氮"超载"，有助于它在矿质养分缺乏的造林地存活和更好地生长。营养加载涉及在木质化阶段给苗木施肥，直到氮含量处于生长曲线的奢侈消耗区（图7.2.27B）。Timmer及其同事（如Timmer，1997）记录的植被竞争激烈的立地条件下，黑云杉（*Picea mariana*）的这一营养加载应用是成功的。用氮进行营养加载的概念当然很有吸引力，希望这项技术能在各种造林立地和更多的树种上进行试验（Landis et al.，2005）。由此可能带来的动物取食增加和抗寒性降低等问题也值得研究。

表7.2.8 针叶树苗木叶片中矿质营养的目标浓度（根据Landis，1985修改）

矿质营养	符号	可接受范围
大量元素（%）		
氮	N	1.30～3.50
磷	P	0.20～0.60
钾	K	0.70～2.50
钙	Ca	0.30～1.00
镁	Mg	0.10～0.30
硫	S	0.10～0.20
微量元素（mg/kg）		
铁	Fe	40～200
锰	Mn	100～250
锌	Zn	30～50
铜	Cu	4～20
硼	B	20～100
钼	Mo	0.25～5.00
氯	Cl	10～3000

● 7.2.4.6 碳水化合物储量

碳水化合物类似植物的"食物"，苗木体内碳水化合物储量应该是一个很好的苗木质量指标，这似乎合乎逻辑。造林后，苗木必须依靠这些储存的"食物"来促进新的生长，直到可进行光合作用。Marshall（1983）对植物中的碳水化合物进行了一个极好的综述，并对储存的碳水化合物在两种不同的苗木幼苗中的应用进行了很好的比较。苗木1在收获时保持足够的水平，但碳水化合物在贮藏期间逐渐消耗；在造林后，更多的碳水化合物被使用，直到苗木成活并通过光合作用产生新的碳水化合物（图7.2.28A）。遭受胁迫或伤害的苗木会消耗更多的碳水化合物来修复组织和促进新陈代谢恢复。事实上，碳水化合物储量被发现影响造林后苗木生长可以持续2年之久（Ronco，1973）。

然而，研究试验并没有显示碳水化合物储量是一个很好的预测苗木质量的指标，很少有人用在容器苗上。例如，将欧洲赤松裸根苗的碳水化合物储量作为评价苗木质量的一个指标，其结果遵循图7.2.28A中的一般趋势。当贮藏苗木的总葡萄糖含量低于2%时，会出现显著的死亡率（图7.2.28B）。作者的结论是，由于测定碳水化合物浓度和碳水化合物代谢动力学方面的困

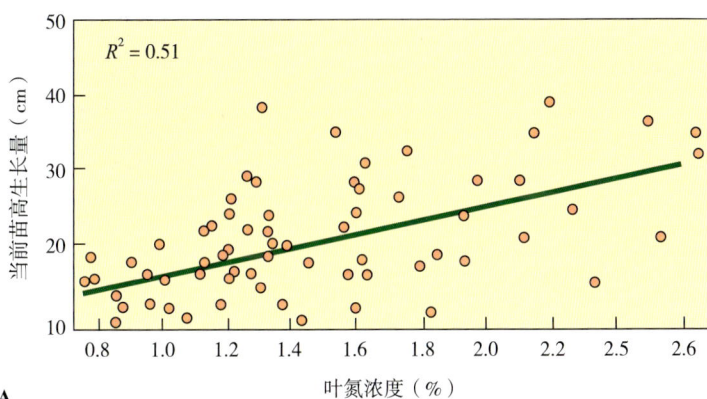

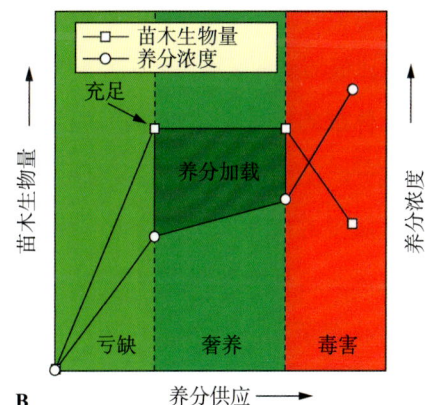

图7.2.27 叶氮浓度被证明是锡特卡云杉幼苗栽植3年后生长的良好预测因子（A）。"营养加载"的高氮（B）针叶树幼苗已被证明有利于在植物竞争激烈的湿地造林（A，修改自van den Driessche，1984；B，修改自Timmer，1997）。

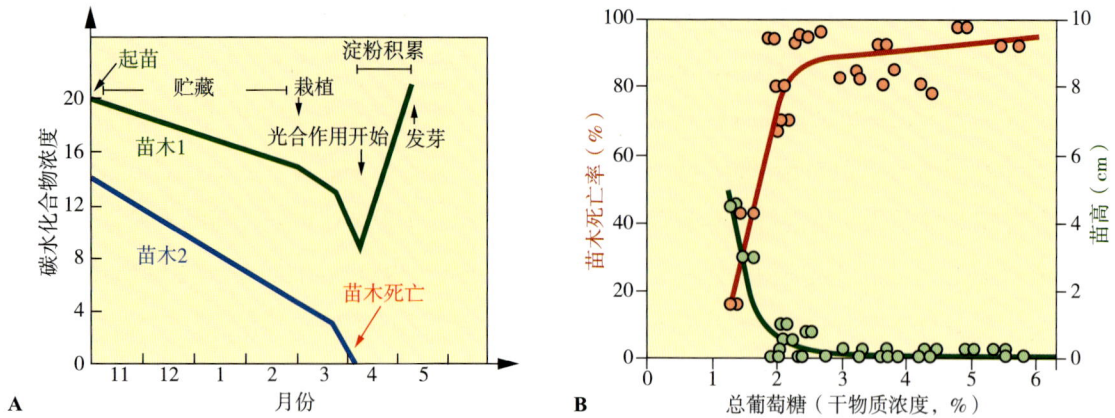

图7.2.28 苗木从收获到贮藏、栽植要消耗大量储存的碳水化合物。苗木1具有足够的储备，能保证成活，并坚持到光合作用开始补充碳水化合物。苗木2一开始储存的碳水化合物不足，栽植后很快死亡（A）。当总葡萄糖水平低于2%（B）时，欧洲赤松苗木造林死亡率增加、高生长降低（A，修改自Marshall，1983；B，修改自Puttonen，1986）。

难，碳水化合物储量无法作为一种苗木质量指标（Puttonen，1986）。

测量造林表现被认为是一种"生物测试"，它将所有苗木系统的功能综合到一个表现性变量中。尽管它们通常是造林表现潜力的可靠指标，但当造林表现不佳时，表现性并不能确定问题的所在。性能指标也很难直接快速测量，从而限制其在苗木生产者和使用者之间的使用。

7.2.5 性能指标

● 7.2.5.1 芽休眠

苗木质量与其休眠状态相关的观念强烈地根植于苗木生产者和使用者（特别是林业工作者）的头脑中。当被要求解释这种关系为什么重要、有多重要时，很少有人能够清楚地说明什么是"休眠"，以及它是如何影响苗木质量的。所以，我们的目的是讨论这个重要的概念，指出这种休眠强度因树种和生态型而异。特别是高纬度和高海拔地区植物的休眠比低纬度和低海拔地区的更强。

休眠的概念 休眠是植物科学中最古老的概念之一。苗圃工人通过反复试验了解到，植物在生长缓慢的情况下，移栽和造林容易成功。在温带地区，这种情况发生在冬季，因此苗圃通常在那时收获苗木。"起苗期"的概念是通过观察从晚秋到早春起苗造林的成活率和生长量而发展起来的（Jenkinson et al.，1993）。这些试验支持了传统的在仲冬起苗收获的做法，人们将这些结果

解释为植物在这一时期处于最"休眠"的状态。然而，正如我们将要展示的那样，这种冬眠高峰的概念是不正确的。

定义休眠 休眠可以被广义地定义为是一种最低代谢活性的状态，或任何植物组织倾向于生长但并未生长的时间（Lavender，1984）。换句话说，休眠是指植物生长细胞不发生分裂和扩大的状态。在园艺学中，休眠可以指种子休眠或植物休眠。在已发表的文献中，对植物休眠的研究远少于对种子休眠的研究，但这正是我们所关注的。

已知的有以下两种植物休眠。

外休眠 也被称为"静止"，发生在环境条件（如严重的水分胁迫）不支持生长的时候（Lavender，1984）。当这些不利条件改善时（如下雨时），表现出强制休眠的植物将恢复生长。

内休眠 也被称为"深休眠"，是一种植物在经历长时间的低温后才恢复生长的状态

（Perry，1971）。这种情况也被称为"冬眠"。在这里，我们关注的是深休眠，以及这种生理状态如何影响苗木培育和造林成功。

休眠是指组织，而不是整株植物。在日常关于苗木的话语中，我们谈论的是植物，或是苗木群体处于休眠状态。虽然这是常见的术语，但重要的是要理解植物休眠是指特定的分生组织，通常是芽（图7.2.29）。在同一植株中，芽可能处于休眠状态，而侧分生组织可能不处于休眠状态。根分生组织永远不会真正进入休眠状态，并且在环境条件，特别是温度有利的情况下，随时都会生长。由于我们关注质量检测，就需要讨论芽休眠，这在顶芽中观察得最清楚。

休眠循环 生长在温带地区的多年生植物表现出明显的季节性"休眠循环"（图7.2.30A）。在春天，随着白天延长和温度增加，植物的芽开始表现出体积的增加，反映出细胞的分裂和膨胀，换句话说，它们开始生长。茎生长从春一直持续至夏。夏天，随着昼长（光周期）开始缩短，叶中的光敏色素系统认为暗期的延长是开始准备过冬的信号。此时，枝条生长减慢，冬芽发育（Burr，1990）。初秋，一些植物形成休眠芽，并表现出其他形态变化，如叶色变化和落叶树种苗木落叶（图7.2.30A），针叶树苗木上的针叶出现蜡质（图7.2.30B），其他植物针叶呈紫色。然而，由于在同一批种子中的个体之间有相当大的差异，这些可见的变化不能作为休眠的标志（图7.2.30C）。对欧洲赤松苗木的研究发现，紫色叶与抗寒性检测结果之间没有预测关系（Toivonen et al., 1991）。

低温需求 夏末，植物芽进入强制休眠状态。秋初，休眠逐渐向深休眠的方向发展，晚秋，芽达到最大休眠（图7.2.30A）。如上所述，休眠的

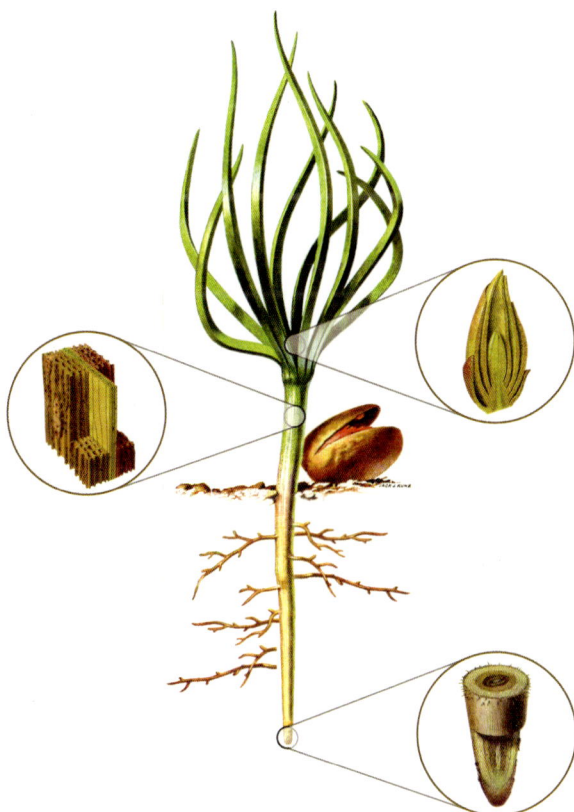

图7.2.29 休眠是指分生组织的状态，包括芽和茎中的侧分生组织和根尖等。在苗木质量正常的情况下，芽休眠是首要关注的问题。

植物休眠循环

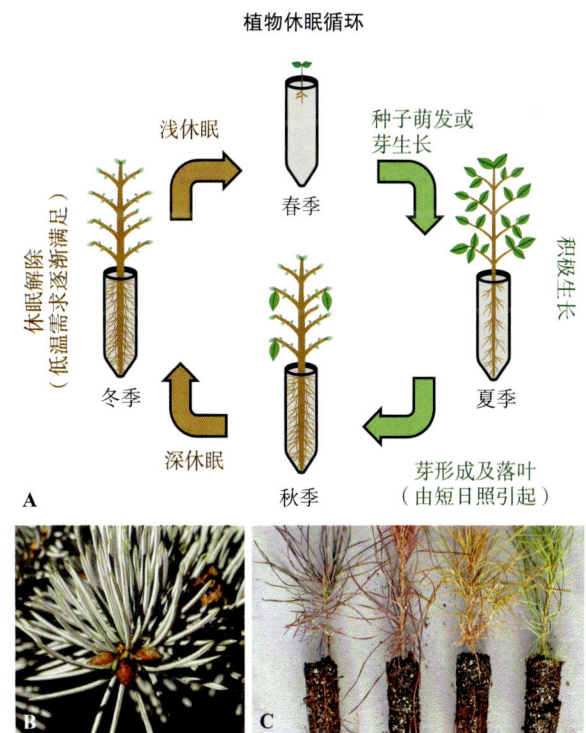

图7.2.30 温带多年生植物的芽经历了一个茎生长和休眠的季节循环。请注意，正如人们通常认为的那样，休眠高峰出现在晚秋，而不是仲冬，并且休眠是通过持续暴露在寒冷中（"低温需求"）而解除的。有些休眠植物会表现出形态上的变化：坚硬的"冬芽"和因蜡状沉积物而变蓝的针叶（B），其他树种的紫色叶（C）。

解除是植物经过长时间暴露在低温下而实现的，这被称为"低温需求"，由芽感知。这一适应性进化确保植物不会在仲冬温暖时茎恢复生长（发芽），然后被随之而来的寒冷冻死。一旦这一低温需求得到满足，春季少量增加的温度、稍微延长的光照时间，将触发和恢复芽的生长（Campbell，1978）。尽管温度在3~5℃（37~41℉）范围内能最有效地解除芽休眠（Anderson and Seeley，1993），但高于或低于此范围的温度也是有效的，只不过程度较小而已（图7.2.31）。

从事果树和园艺的专家已经开发出精细的模型来预测像桃子这样的冷敏感作物的花蕾开放日期（Richardson et al.，1974）。这些模型考虑到了低温的有效性，以及在晚秋的温暖干扰可以抵消到那时为止积累的一些低温需求。然而，在林业苗圃，通常使用一种计算低温总量或低温时间的简单方法。详情见7.2.5.2。

测量休眠　由于测量休眠对苗圃管理非常重要，许多人试图开发一种简单的测量方法。正如我们现在要讨论的那样，这个目标是难以实现的。

休眠计　在20世纪70年代，研究人员观察到植物组织电阻的变化可以作为确定组织是否受伤或死亡的方法。在此基础上，他们制作了一个休眠计（图7.2.32），目的是测量苗木秋季的休眠，并告诉苗圃管理人员何时可以安全起苗。很不幸，随后的测试表明，这些仪表不可靠（Timmis et al.，1981）。用简单的仪器进行质量测定的想法虽然仍很有吸引力，但任何设备或技术都不能立即测量芽休眠。

低温量　这是估计芽休眠程度的最简单和最实用的方法，它基于刚刚讨论的低温要求。低温量可直接应用，用来确定起苗期或监测在冬季开始减弱的芽休眠。这个概念是合乎逻辑的：植物暴露在低温下的累积时间控制着休眠的解除。因此，通过测量这种暴露的持续时间，可以间接估计休眠程度。

在实际操作中，使用了低温时间或木质化天数（degree-hardening-days，DHD）。这个过程包括每天测量温度，并计算低于特定参考温度的时间。林业苗圃有时使用的一种方法是简单地计算气温处于或低于某一温度的时数，如5℃（41℉）（Ritchie et al.，1985）。参考温度将随苗圃的位置和树种而变化，例如，南方松采用8℃（46℉）

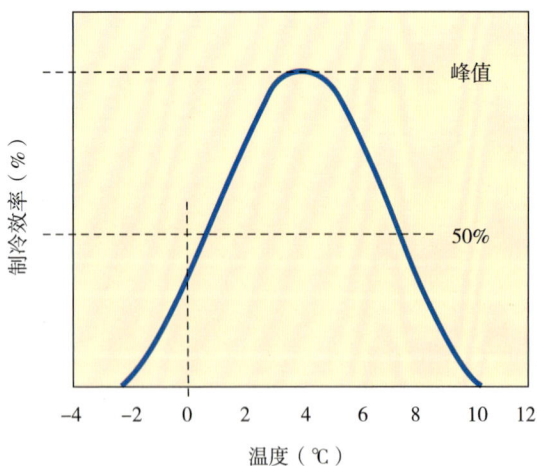

图7.2.31　低温及其打破芽休眠的效率（根据Anderson and Seeley，1993修改）。注意，冷藏温度［-1~1℃（30~33℉）］对于解除休眠非常缓慢。

图7.2.32　休眠计试图找到一种简单易行的方法来测量休眠，并确定何时可以起苗。实际测试表明这种装置不可靠。

（Grossnicle，2008）。一种快捷的方法是记录每天的最高和最低温度，算出平均值，并从基础温度中减去这个平均值。注意，在计算低温总量时，只记录低于基准温度的值（表7.2.9）。

表7.2.9 如何使用每天的温度计算低温量的例子，根据每天最高和最低温度的平均值和40℉（4.5℃）的基础温度计算

天数	基础温度（℉）	日常温度（℉）			每日增加低温	低温总量
		最大	最小	平均		
1	40	40	20	30	10	10
2	40	45	35	40	0	10
3	40	50	40	45	0	10
4	40	40	30	35	5	15

萌芽测定 在理想的生长条件下，植物休眠程度越深，顶芽恢复生长（萌芽）的速度就越慢。这种现象是测定休眠强度的唯一直接方法——萌芽测定的基础。利用温室或其他促生长的设施，可以在冬季营造理想的生长环境，在这种"温室"环境下，通过观察萌芽天数（days to bud break，DBB）可以测量苗木的休眠强度。

测定程序相对简单。将苗木培育到可出圃时的大小，在夏末，将其暴露在外界环境条件下使其木质化，达到完全休眠状态。到了秋初，苗木通常已形成休眠芽，并表现出其他形态变化，如叶色变化和落叶树苗木落叶（图7.2.30A），针叶树苗木上的蜡质增加（图7.2.30B）。在与苗高相同的高度放置温度记录仪，至少每周记录一次温度，以计算低温总量（表7.2.9）。

在测定温室中控制环境，模拟春季条件，保持白天暖、夜晚凉，用灯光延长光周期。从万圣节（11月1日）前后开始，起一些苗木作为测定样本，栽入盆中，贴上标签，摆进温室。适时浇水，计算顶芽恢复生长所需的天数，即顶芽萌发天数（DBB）。在每个重要的节日重复这个过程：感恩节（11月下旬）、圣诞节（12月下旬）、新年（1月上旬）、情人节（2月中旬）和圣帕特里克节（3月下旬）。从9月的第一个取样日期开始，记录整个测定期间温度为5℃（41℉）或更低时的低温时间总和。

完成后，将DBB值绘制在低温量总和图上。顶芽萌发所需天数是衡量休眠强度的直接指标。（注意：万圣节时的植物可能永远不会发芽）。其结果可能与图7.2.33所示类似，该图来自美国华盛顿州西部和俄勒冈州的沿海花旗松（Ritchie，1984a），与Lavender（1984）提出的一般曲线一致。随着冬季低温量的积累，萌芽的天数将大大缩短。许多树种的类似试验，包括几种硬木（桦树、山茱萸、山楂和橡树），也有相似的结果（Sorensen，1983；Lindqvist，2000）。苗圃一旦建立这一曲线，则可用于直接根据低温量估算特定树种和种子区的休眠强度。

从该试验可以清楚地看出，芽的休眠强度在秋季很高，在初冬急剧下降，这与人们普遍认为的最深休眠发生在植物最具抗逆性的仲冬不同。此外，这项试验表明，对任何树种都没有简单的"低温要求"。相反，在低温和休眠之间存在一个曲线关系，在适宜生长的条件下，经历更多低温的苗木萌芽更快。例如，只经历800h低温的花旗松幼苗最终会发芽，但不会像那些经历2000h低温的幼苗那样迅速（图7.2.33）。

计算休眠解除指数 既然某个树种的萌芽天数（DBB）可以用低温量总和来估算，那么如何使用这些信息呢？如果在一组完全解除休眠（即完全满足低温要求）的花旗松幼苗上测量DBB，则芽将在大约10d内萌发。以这个数字为

指标，可以计算出一个指数，用线性标度表示休眠强度：

休眠解除指数（dormancy release index，*DRI*）=10/*DBB*

式中：*DBB* 是上述试验中测试苗木的萌芽天数。

休眠高峰期芽的 DRI 值接近于 0（例如，DRI=10/300=0.03）；当休眠减弱时，DRI 接近 1（例如，DRI=10/15=0.67），这种关系如图 7.2.34 所示。DRI 是有用的，因为它将休眠强度和低温需求总和之间的曲线关系转换为更有用的线性形

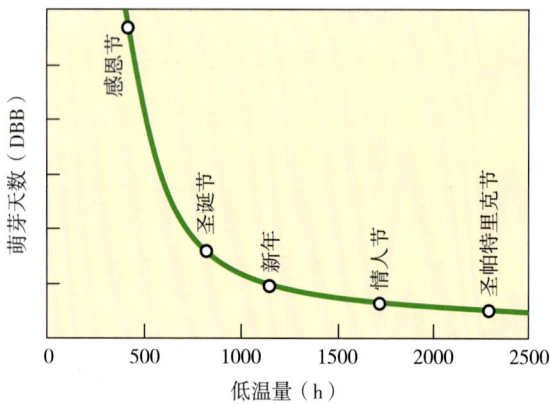

图 7.2.33　对芽休眠强度的唯一可靠测试是萌芽测定，通过在秋末和冬季定期起苗，将其放入温室进行。当萌芽时，根据每次起苗木所需的萌芽的天数（DBB）和相对应的低温量绘制曲线图。所示数据是典型的花旗松苗圃幼苗（根据 Ritchie，1984a 修改）。

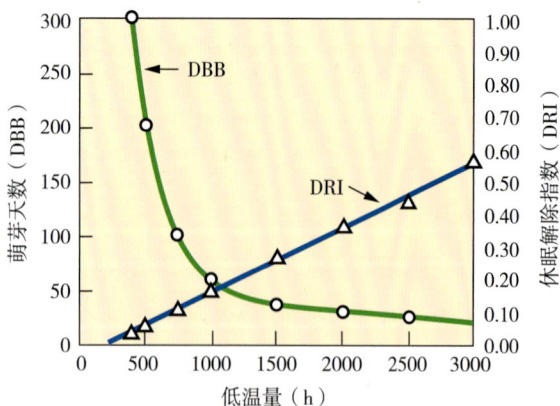

图 7.2.34　由于低温量和萌芽天数（DBB）是一个曲线关系，可将其转换为线性休眠解除指数（DRI）。在这个例子中，*DRI*=10/*DBB*，当花旗松幼苗的全部低温需求得到满足时，它们在 10d 内即可恢复生长（萌芽）（根据 Ritchie，1984a 修改）。

式。这种线性回归提供一个基准和通用尺度，用于比较相同植物不同苗批的情况。

McKay 和 Milner（2000）对此方法进行了改进，他们通过统计云杉、花旗松、日本落叶松和欧洲赤松苗木 50% 的顶芽萌发所需的天数来估算 DRI。其结果也与图 7.2.34 的结果非常相似。休眠解除指数（DRI）作为反映植物抗逆性的一个重要指标——也是关键的性能指标，尤其有用。我们将在 7.2.5.2 中讨论这种关系以及如何使用它。

测量有丝分裂指数　在我们对休眠的定义中，强调休眠仅指芽或其他植物分生组织（图 7.2.29）。实验室技术已经发展出用来测量在任何给定时间分裂的分生组织细胞的数量（图 7.2.35A）。尽管主要用于研究，但这些测量也说明了休眠模式。

以花旗松裸根苗为例，切下其顶芽和长根的尖端，在 400 倍显微镜下观察分生组织细胞，计算有丝分裂指数（O'Reilly et al.，1999）。结果表明，顶芽活动具有明显的季节性，细胞分裂在秋季逐渐减慢，在冬季完全停止。随着气温的升高和冬末春初白天的延长，细胞分裂开始迅速增加（图 7.2.35B）。这与根分生组织的活动模式形成了鲜明的对比，表明根永远不会真正休眠，只要土壤温度允许就会生长（图 7.2.35C）。尽管这项测试对研究人员很有用，但操作起来却太费时了。

芽的大小和发育　虽然芽的大小和发育本身并不代表芽休眠的强度，但传统上它们被苗圃管理者视为苗木质量的一个指标。例如，加拿大安大略省自然资源部制定了芽长度的测量方法，作为其以前的质量检测服务的一部分。这个过程包括把花蕾切成两半，数针叶的叶原基。在木质化期结束时，叶原基数量少被解释为受到胁迫，越冬受损的可能性增加；相反，具有大量针叶叶原基的种批则被评价为高质量苗木（Colombo et al.，2001）。

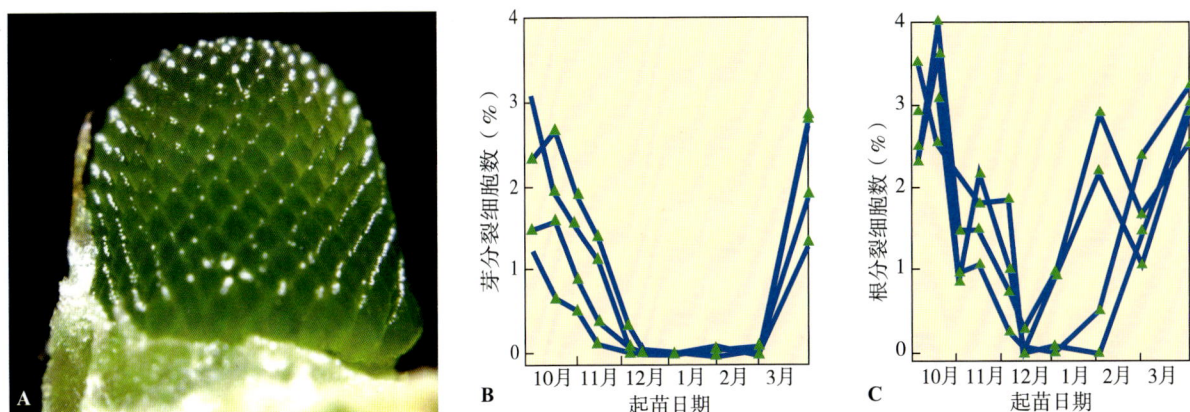

图7.2.35　测量芽中的细胞分裂速率（A）是实验室测量休眠的方法。4年以上的茎在冬季表现出一种不活跃的模式（B），但只要条件有利，根就会继续生长（C）（根据O'Reilly et al., 1999修改）。

休眠总结　尽管"苗木休眠"一词在苗圃行话中很常见，但休眠仅指茎的分生组织，包括芽和侧形成层。其中，芽休眠研究最为深入，因为这是苗木生产者和使用者最为关注的问题。

森林苗圃的苗木和所有多年生植物一样，每年都要经历一个生长期。在夏末，光照的缩短会触发植物开启芽休眠过程，并在晚秋达到高峰。这种情况被称为深度休眠，可通过暴露在低温下而解除。这一过程就是大家所知的满足低温需求，温度在3~5℃（37~41℉）范围内是最有效的。到了冬末，低温需求已经得到满足，只要温度适合，芽就会萌发。

然而，芽休眠不能方便快捷地测量。唯一可靠的方法是进行萌芽测定，在整个冬季定期将植物样本放进温室，并记录芽萌发所需的天数（DBB）。一旦在苗圃中建立了DBB与低温的关系，就可以用来建立起苗期，并预测苗木在随后冬季的休眠强度。

一个有用的休眠强度指数，被称为休眠解除指数（DRI），通过将数据转换为直线，使DBB信息更加实用。

虽然我们不能对芽休眠进行快速测定，但可以根据已知的低温需求与休眠强度之间的关系用DBB来估计。苗圃可以测量不同苗木的低温需求，并利用这些信息来监测芽休眠的解除。

● **7.2.5.2　抗逆性**

在7.2.5.1中，我们指出休眠与抗逆性（stress resistance，SR）密切相关。从可操作性角度，我们将介绍一些技术，苗圃管理人员可以使用这些技术来估计从起苗到造林过程中任何时间点苗木的相对SR。

抗逆性的概念　从苗圃起苗到造林这段期间，苗木会遭受各种各样的逆境（机械压力、根系暴露、粗暴搬运和干燥等）。苗圃管理者使用各种各样的培育技术，被统称为"木质化"，来使苗木做好承受这些逆境的准备。植物生理学家认识到SR的重要性和实用性，对SR进行了近40年的研究。

Hermann（1967）认为SR似乎主要是裸根苗根系的一个特性，Lavender（1984）表明SR随季节变化，在芽休眠强度开始下降后达到仲冬时的高峰（图7.2.36）。这一季节曲线的数据主要来自造林试验，这即是它与传统的仲冬起苗季节完全一致的原因。

显然，苗圃管理者希望将苗木的SR最大化，并保持这种状态，直到它们被运送给客户进行造林或在苗圃移植。但是，我们如何测量或估计SR，如何培养苗木达到最大抗逆性呢？

测量抗逆性　测量苗木SR的快速简便方法将是一个非常有价值的工具，已经有很多人进行了尝试，以开发一个测试来确定苗木质量的这一

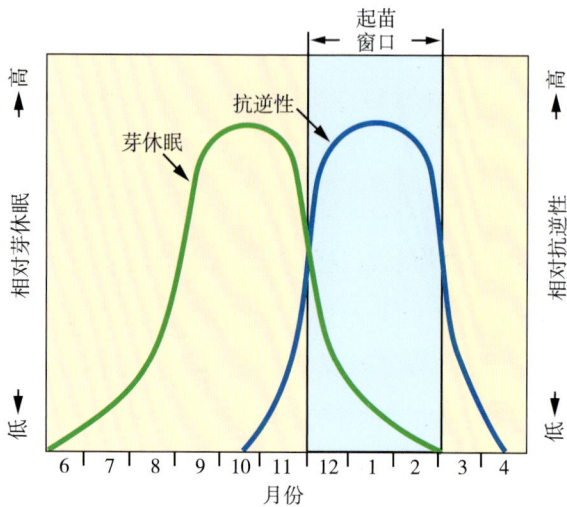

图7.2.36 该经典举例表明，芽休眠和抗逆性遵循相似的钟形轨迹，但发生时间不同。与传统的"起苗窗口"相比，抗逆性是确定起苗（起苗窗口）和贮藏时间的更好指标（根据Lavender，1984修改）。

重要方面。

胁迫测试 在20世纪70~80年代，人们曾多次尝试开发SR的快速测试。例如，美国俄勒冈州立大学（McCreary and Duryea，1984）开发了一种抗逆性测试，该测试包括起苗、盆栽，并将其暴露在胁迫条件下，主要是高温、低湿和低土壤水分。在预先确定的时间之后，苗木被移入温室，几周后评估其成活率、根系生长、萌芽情况和其他活力指标（图7.2.37）。尽管有一些令人振奋的早期结果，但事实证明，数百个这样的测试结果很难解释，也不太容易重复。因此，该质量测试被放弃。

另一种SR测量方法更精细、更耗时，但更准确，其程序与抗寒性测试类似（Ritchie，1986），由以下3个连续的步骤组成。

（1）将植物暴露在受控的胁迫处理下。最常用的胁迫方法是对根系统进行某种控制性创伤，如暴露在高温或低温下，长时间干燥；或模拟其他粗暴的装卸，如跌落或翻滚。

（2）将胁迫处理过的苗木栽植于自然环境中，苗木的生长反应可以表达其所受的处理。这里所说的"自然"，是指苗木应该生长在土壤中，

暴露在室外环境下，但它们必须在没有放牧、水分胁迫或杂草竞争的情况下能够表达生长潜力。定期浇水且无杂草的裸根苗床是比较理想的栽植地。供试苗木按重复区组的形式布置，并将来自同一种批或家系且初始大小相似而未经胁迫处理的苗木作为对照。

（3）在预先确定的时间段（通常是一个完整的生长季节）后，通过将受胁迫的苗木与未受胁迫的对照的表现进行比较，评估胁迫处理的影响。评估可以简单到测量茎生长，也可以复杂到破坏性地对整个苗木取样并测量总生物量。我们发现，切下苗茎并测定其干重是很好的比较方法。在该方法中，SR表现为受胁迫苗木和未受胁迫的对照之间的生长差异。一种量化表达这种差异的有效方法是，使用胁迫苗木（G_s）和非胁迫对照（G_c）的第1年茎生长量计算胁迫伤害指数（SⅡ）：

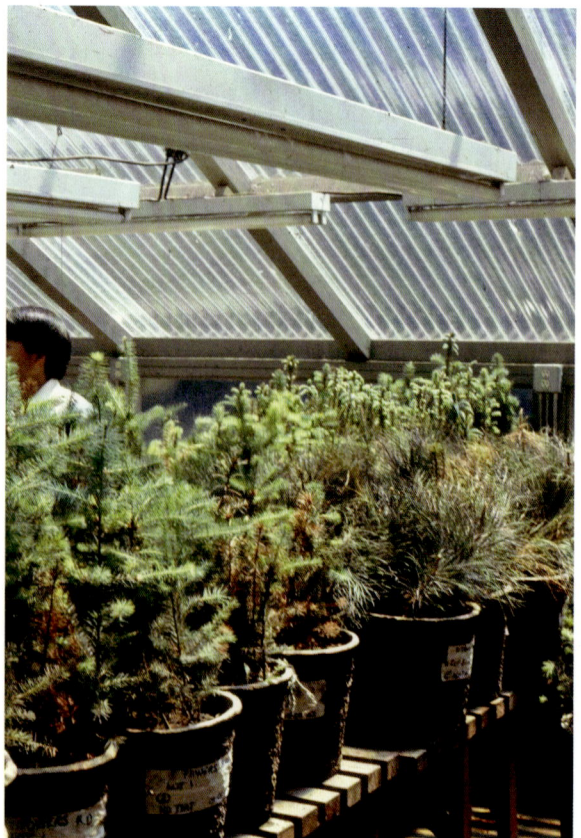

图7.2.37 胁迫测试包括起苗并将其暴露在胁迫环境中。在美国俄勒冈州立大学，胁迫环境是一个干热的温室。

S II $=100-$（$G_s/G_c \times 100$）

S II 表示由于胁迫损伤导致的顶端生长百分比减少量，因此，该值越低，所测苗木的抗逆性就越高（Ritchie et al.，1985）。

使用抗寒性测试来估计整体抗逆性 几十年的苗圃经验表明，当苗木处于最大木质化状态时，它们对起苗、搬运、贮藏、运输和造林的许多胁迫最具抗逆性。事实上，最近的遗传研究表明，一些参与冷驯化的相同（脱氢）基因复合物在耐水胁迫方面也起着关键作用（Wheeler et al.，2005）。

加拿大西部的容器苗圃用"耐贮性测试"来确定苗木在生理上是否可以起苗、包装和冷藏（Simpson，1990）。基本上，如果苗木能忍耐 $-18\,^\circ\!C$（$-0.4\,^\circ\!F$）的临界温度，那么它们就可以承受贮藏的胁迫。最近的一项改进是使用叶绿素荧光（见7.2.4.4）来确定是否发生了组织损伤，比视觉评估提前6d得出结果（L'Hirondelle et al.，2006）。因为这种方法直接测试苗木样本，它被证明是一个可靠的预测造林表现的指标（Kooistra，2003）。加拿大安大略省的容器苗圃采用一个类似的耐贮性测试，该方法基于冷冻诱导外渗液电导率测定（FIEL）（Colombo，2009）。为了在靠近温带和或沿海地区使用该方法，需要确定更高的温度阈值。

利用低温需求时间预测抗逆性（SR） 很明显，SR与休眠密切相关，这已被植物生理学研究所证实（Ritchie et al.，1985；Ritchie，1986，1989）。随着植物在冬季低温需求的满足，休眠强度减弱，SR逐渐增加到仲冬高峰。随着休眠的完全解除和春天的临近，SR迅速下降（图7.2.38）。这种关系背后的生理机制还不完全清楚，但它可以在不同的苗木类型（裸根苗和容器苗）和树种（花旗松、松树、云杉和一些硬木）以及整个苗圃（Burr et al.，1989；Cannell et al.，

1990；Ritchie et al.，1985）之间逐年重复。这意味着，如果你整个冬季跟踪一个苗木的休眠状态，这个信息可以用来估计SR，而不需要直接测量它。

如7.2.5.1所述，芽休眠在秋季达到高峰，在冬季随着植物暴露在低温下而逐渐解除，这是"低温需求"。将这种曲线关系转换为线性的休眠解除指数（DRI）使其更易于使用。秋季休眠高峰时，DRI=0；春季休眠解除时，DRI接近1。

对花旗松的研究揭示了DRI和SR之间的一定关系（Ritchie，1986）。在初冬，当DRI在0～0.25时，SR很低但在增加；当DRI处于0.26～0.40时（仲冬），SR达到季节性高点；当DRI＞0.40时（早春），SR下降，植物变得非常容易受到伤害。我们根据休眠强度和SR这些结果，划定了3个苗木质量等级（表7.2.10）。

表7.2.10　基于休眠解除指数（DRI）和抗逆性（SR）的苗木质量等级（根据Ritchie，1989修改）

质量等级	休眠解除指数（DRI）	抗逆性（SR）
2级	<0.25	苗木的SR低于峰值，但在增加
1级	0.26～0.40	苗木处于SR的峰值
3级	>0.40	苗木超过峰值，SR降低

一旦在一个特定的苗圃中确定了一个特定树种经历的低温量和DRI之间的关系，就可以

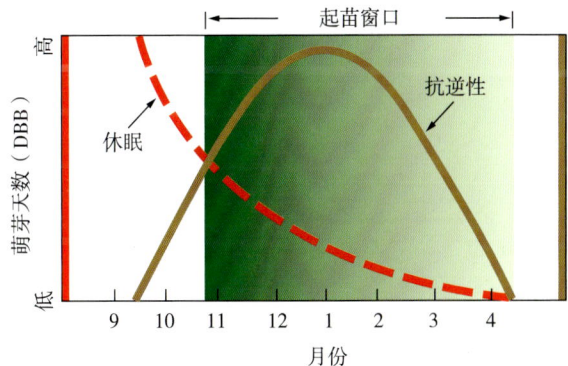

图7.2.38　以萌芽天数（DBB）测量的芽休眠和用抗寒性测试测量的抗逆性，都可用于确定收获苗木的最佳时间（起苗窗口）。由于抗寒性测试更快速、更简易，它已成为确定起苗和冷藏的标准测试。

用它来估算该苗圃冬季任何时刻苗木的SR。比如说，现在是12月下旬，你的苗圃低温时间约为1000h。使用图7.2.39，可以估计DRI接近0.2。从表7.2.10中我们可以看出，目前的苗木属于质量等级2级——尚未达到峰值，但随着低温量的增加得到提升。假设现在是2月，你的苗圃有大约2000h的低温，DRI约为0.38，表明SR处于季节性高位，但很快将开始下降。

调节冷藏的附加效果 DRI对于苗木移栽或未经冷藏或冻藏的苗木造林（称为"热植"）都非常有用。你只需看一下任何时刻的低温总量，就可估算出抗逆性。但许多苗木在移栽或造林前要冷藏几周到几个月。那么，这对SR有什么影响呢？

冷库的低温在低温需求范围内，有助于解除休眠。但温度低于最佳低温需求的温度，则解除休眠的效果不明显（Ritchie，1984a；van den

Driessche，1977）。因此，冷藏有减缓休眠解除的作用。这意味着，起苗后放入冷藏库的苗木通过SR 2级、1级和3级的速度比放在露天容器中的慢（见本卷第4章）。保存在冷冻库中的植物很少积累低温需求的温度，因为温度远低于最佳值。这些植物在贮藏之前必须已经积累了足够的低温量。

使用图表时，从X轴上选择苗圃环境的低温小时总数。在这个例子中，假设我们使用1000h，此时苗木的DRI值约为0.20，将其归入质量等级2级（表7.2.10）。现在，如果苗木被冷藏大约4周，它们将进入1级，甚至有更高的SR。然而，如果这些相同的苗木在苗圃中被保存了几个星期，直到它们累积超过1300h的低温，它们的DRI将超过0.25，进入1级并且具有最大的SR。如果把它们放在冷冻库中，则可以在DRI接近0.40及质量下降到3级之前至少保持15周（右轴）（注意：根据经验，冷藏期不应超过6周，如果需要贮藏超过6周，则应使用冻藏，见本卷第3章）。

在实际应用中，图7.2.39综合了收获日期和贮藏时间对DRI的影响，以及因此而产生对抗逆性的影响。如果已知收获时的低温积累量，就可安排贮藏时间，在苗木抗性最大时的1级运输苗木。如果知道计划造林的时间，则可预先安排起苗日期和贮藏时间，在苗木达到1级时运到造林地。这张图说明了一个非常重要的观点，即对于比较晚才能进入的造林地，采取初冬起苗、越冬冻藏的效果比晚春起苗后贮藏或不贮藏的都更好。

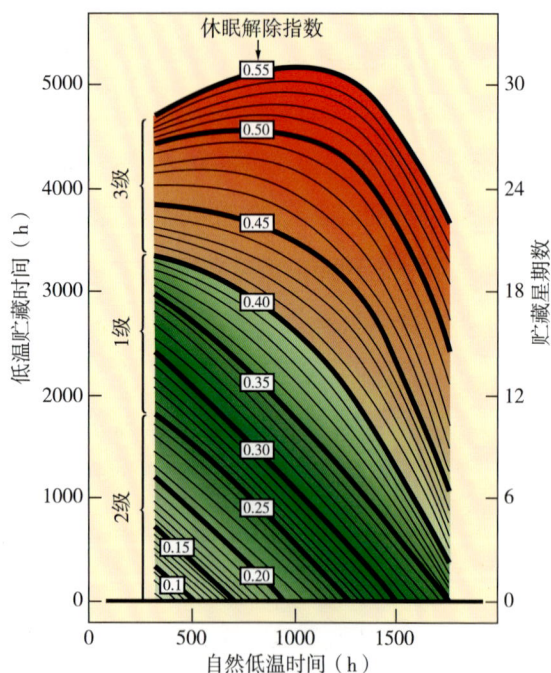

图7.2.39 该图显示了如何将起苗时的低温需求总量与冷藏或冻藏的时间相结合，可以用于预测苗木的休眠解除指数（DRI）和抗逆性（SR）（表7.2.10）。在X轴上输入的是苗木贮藏期间的低温总量。Y轴是贮藏时间。这些线相交于此时苗木的DRI值。可以从Y轴读取苗木的质量等级（根据Ritchie，1989修改）。

其他树种和地区的适用性 用于绘制图7.2.39的数据为海岸花旗松苗，来自4个不同的种批（美国华盛顿州和俄勒冈州的高海拔和低海拔种批），经2个不同的沿海苗圃育苗（美国华盛顿州和俄勒冈州）。这些结果已经用其他种批和其他生长季节的花旗松苗木进行了检验，结果一致。因此，对于培育花旗松的西海岸苗圃来说，图7.2.39是一种用低温时数估算SR的非常便捷的方法。

然而，对于内陆或北方苗圃，低温与DRI之间的关系可能有很大的不同。这是在加拿大西部的一个内陆苗圃用扭叶松和内陆云杉进行过的试验（Ritchie et al.，1985）。结果表明，秋季较早开始积累低温量可以使整个冬季积累更多的低温量。结果还表明，与海岸花旗松相比，这些树种可能需要更多的低温时数才能完全解除休眠，这与美国黄松（*Pinus ponderosa*）的结果相似（Wenny et al.，2002）。尽管如此，图7.2.39所示的总体关系（如果不是相同的数字）与花旗松相似。因此，为了用其他树种和苗圃的低温时数准确预测SR，需要建立低温时数—休眠解除指数（DRI）的校正曲线。

抗逆性总结　抗逆性（SR）是一个重要但不很确定的性能指标，它描述了植物在收获、搬运、贮藏和造林过程中承受胁迫的能力。SR呈现出季节性变化：秋季低，仲冬高，春季低。

SR的测定非常麻烦，目前还没有实用的测定方法，由于SR的季节性变化规律与抗寒性规律非常吻合，标准的抗寒性测试可以快速、有效地估计SR。

研究表明，SR与以休眠解除指数（DRI）所表达的休眠强度有关。当DRI在0～0.25时，SR较低但在增加；当DRI在0.25～0.40时，SR处于季节性高点；当DRI高于0.40时，SR在下降。最重要的是，无论植物是否被贮藏，这种关系往往是一致的。

由于冷藏和冻藏减缓了休眠的解除，延长了高抗逆期。这些关系可用于安排收获和贮藏，以便将苗木在具有很高抗逆性的时候运送到栽植地。尽管大多数抗逆研究是采用商用针叶树裸根苗进行的，但基本原则适用于其他树种的容器苗。

7.2.5.3　根生长潜力

虽然Wzakeley（1954）发表了新根生长与苗木质量关系的第一篇报道，但Stone（1955）在试验后创造了一个术语"根再生潜力"（root regenerating potential）来描述苗木生理质量的这一新指标。

在Stone的研究基础上，其他人开始研发和使用这种苗木评价方法（如Jenkinson，1975；Burdett，1979）。Ritchie和Dunlap（1980）对根生长潜力（root growth potential，RGP）的全面综述，引发了一系列新的研究，并将RGP作为第一个在森林苗圃中使用的性能质量测试。由于广泛关注，在《森林苗圃手册》（Duryea and Landis，1984）关于苗木质量评价的一章中，对RGP进行了讨论和大力支持（Ritchie，1984b）。更多的综述（Duryea，1985；Ritchie，1985；Ritchie and Tanaka，1990）使该测试成为最流行和最广泛使用的质量测试（图7.2.40A）。RGP测试已经在世界范围内广泛应用，并且成为许多讨论的主题（Binder et al.，1988；Sutton，1983；Landis and Skagel，1988），甚至是辩论的主题（Simpson and Ritchie，1997）。

RGP测试方法　RGP测试包括将随机选取的植物样本放入促进根系快速生长的环境中。7～28d后，评估植株的新根生长情况。在下面的章节中，我们将检查方法中的每个步骤。

取　样　与所有测试一样，如果采样有偏差（不是随机的），测试结果将毫无意义。在一个典型的RGP测试中使用的植物数量是相当少的，为了尽可能具有代表性，应该从大量的植物中随机选择。一份由60株苗木组成的样本是实验室测试通常要求的数量，仅为50000株苗木的中等大小种批的0.12%。一份25～30个植物样本将是评估的最低数量。

原则上，当苗木仍在容器中或放在分级台上时，随机采集样本是很简单的，然而一旦苗木打包和贮藏后，取样就变得更加困难。当冷藏时，从袋装苗木中取样在操作上是困难的，因为必须打开许多袋子，并从整个袋子中抽取样本，而不仅仅是从植物的顶层取。冻藏期间取样需要特殊的包装（Landis and Skakel，1988）。

取样时间 在收获时对植物进行测试有助于评估苗圃的培育技术，但不能反映苗木在造林时的状况。如果你对造林表现感兴趣，那么最佳取样时间应尽可能接近造林时间（Landis and Skakel，1988）。

测试环境 测试环境尤其重要，因为它必须为根生长提供接近"最佳"的条件（Landis and Skagel，1988）。温度为19～25℃（66～77℉）。生根培养基质要保持通气、浇水、光照充足、日照长。因为这些因素会影响测试结果，所以在测试期间保持一致的条件非常重要，尽管这可能有些困难。

有以下3种类型的测试环境被采用。

（1）温室盆栽。大多数质量检测设施都采用这种方法，用透水良好的人工培养基质将植物栽植在3.8～7.6L（1～2US gal；1US gal ≈ 3.8L）的容器中。测试期间容器在温室中保持良好灌溉（Ritchie，1985；Tanaka et al.，1997）（图7.2.40B）。7～28d后，冲洗干净根上的培养基质（图7.2.40C），统计新根生长量。

（2）水培。植物的根悬浮在温暖、充气的水中，如养鱼缸。这种方法已在几种落叶阔叶树种中得到应用（Wilson and Jacobs，2006）。

（3）气培。植物悬浮在一个封闭的室内，底部的温水使根系周围起雾（图7.2.40D）。美国农业部林务局苗圃采用了这项技术，效果良好（Rietveld and Tinus，1990）。该方法的好处是可以很容易地从雾室中取出苗木，观察测试期间的根系发育情况（图7.2.40E）。

评价 测试结束后，必须统计新根数量。研究人员曾试图通过摄影、染色、根体积测量和其他方法来简化这一繁琐的过程。尽管如此，可靠的"数根"技术还是具有压倒性优势的，这包括肉眼观察统计苗木超过1cm（0.4in）长的新根数量。一个有经验的技术员能在几分钟内完成这项工作。统计的数字可以作为一个原始数据（如每株苗木120根）来报告，也可以转换成一个指数，如Burdett（1979）报告的和Tanaka等（1997）修改的（表7.2.11）。根数和总根长通常有很好的相关性。

图7.2.40 由于新根与造林成功之间的关系非常重要，因此根生长潜力测试很快成为最流行和最广泛使用的苗木质量评估方法（A）。其中一个测试方法的过程包括在温室盆栽所要测试的植物（B），清洗根系（C），然后评估新根的生长量。在第二个方法中，将测试植物支撑在雾室中（D），然后测量新根的长度和数量（E）。

表7.2.11 Tanaka等（1997）制定的根生长指数（root growth index，RGI）用于量化RGP测试后的根生长情况

根生长指数（RGI）	≥1cm长的新根数量
0	0
1	少量，但无>1cm的根系
2	1～3
3	4～10
4	11～30
5	31～100
6	101～300
7	>300

RGP作为造林表现预测指标 对RGP测试结果的解释仍然具有挑战性。一个常见的错误概念是用RGP结果直接预测造林表现。换句话说，高RGP总是确保高成活率，而低RGP总是确保低成活率（图7.2.41A）。充其量，RGP与成活率的正相关只有大约75%（Ritchie and Dunlap，1980；Ritchie and Tanaka，1990）。这些相关性有时很弱，有时很强。Binder等（1988）在加拿大不列颠哥伦比亚省8600个可操作性试验中发现，RGP与造林死亡率之间没有相关性。这是因为栽植环境（通常与RGP测试环境非常不同）对成活表现具有最重要的影响（Sutton，1983；Binder et al.，1988；Landis and Skakel，1988；Simpson

and Ritchie，1997）。低RGP苗木在困难立地和高RGP在宜林立地的表现通常是可预测的。然而，低RGP苗木在宜林立地和高RGP在困难立地的表现则不同（图7.2.41B）。

从直觉上看，对于一个新造林的苗木来说，为了成活和生长，它必须迅速再生出新根，以保持足够的水分平衡。这一逻辑已经被用来解释为什么RGP可以预测成活率。然而，Simpson 和Ritchie（1997）指出，新栽植的苗木在造林后几乎无法生根，因为尽管土壤湿度可能很高，但大多数地方冬季或早春栽植季节的土壤温度远低于根系生长的临界温度（图7.2.41C）。在这些条件下，现有的根系足够给植物供水，直到土壤变暖和根系才开始生长（McKayy，1998）。因此，栽植后是否立即长出新根对造林表现的影响不大。

为什么RGP经常有效 许多针叶树幼苗，特别是花旗松，新根生长时需要刚产生的光合产物（van den Driessche，1987，1991），这一发现为解释RGP测试结果提供了理论依据。为了让植物在测试环境中长出新根，叶子必须进行光合作用（图7.2.42）。因此，气孔必须是开放的，叶片必须是健康的，光合器官必须正常运作。光合产物必须移动到根系，所以韧皮部到根系的通路必须完整，而且根系本身必须代谢正常。如果这些系统中的

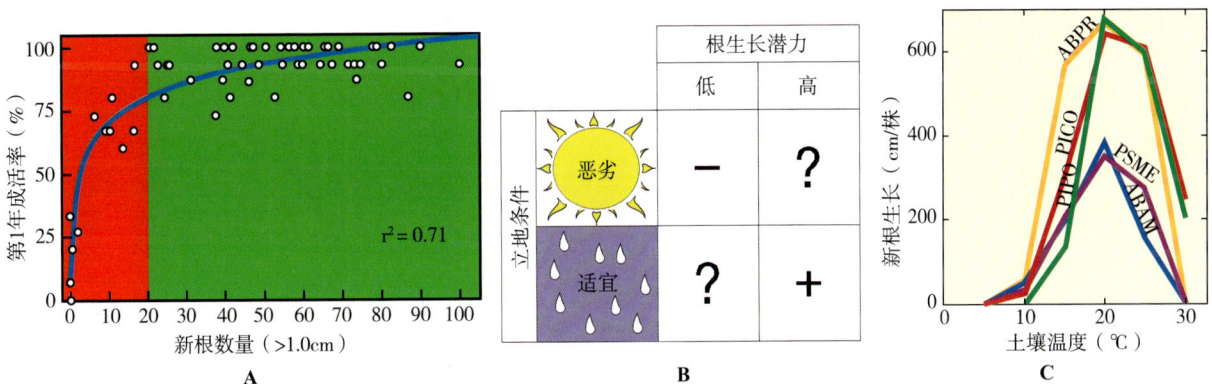

图7.2.41 虽然RGP测试值与栽植成功之间存在良好的关系（A），但栽植立地的限制因素常常干扰其预测效果。低RGP苗木在困难立地栽植的表现，或高RGP苗木在宜林地栽植的表现通常是可预测的。然而，高RGP在困难地里，低RGP值在宜林地上的表现则不易预测（B）。一个常见的问题是，造林地的土壤温度远低于测试环境中使用的理想温度（C）。（A根据Grossnickle，2000修改；C根据Lopushinsky and Max，1990修改）

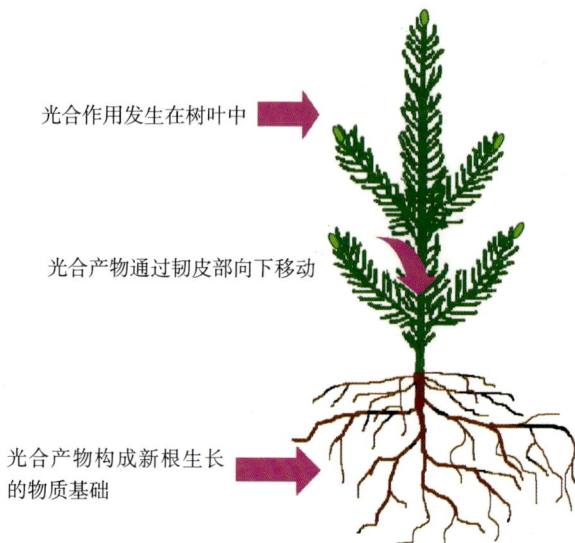

光合作用发生在树叶中

光合产物通过韧皮部向下移动

光合产物构成新根生长
的物质基础

图 7.2.42 许多针叶树的根系生长取决于茎的当前光合产物的供应（van den Driessche, 1987; 1991）。任何抑制光合作用或阻碍光合产物从叶片流向根部的因素都会导致 RGP 降低。

任何一个环节受到冷损伤、水分胁迫、疾病、光损伤或其他因素的损害，都会导致 RGP 的降低。

从这个角度来看，一个更切合实际的观点是 RGP 测试类似于种子测试，它提供了测试时种子活力的快照。没有人会指望实验室发芽率为 95% 的种子，其场圃发芽率也总是 95%。但如果测试给出的数值异常低，则表明种子活力差。在解释 RGP 测试结果时同样如此。RGP 是一个"危险信号"测试，用于识别出于无论任何原因导致的不

符合标准的苗木批次。

根生长潜力总结 RGP 仍然是最流行的质量测试，因为它直观、可靠、简单。然而，和任何测试一样，RGP 也有其局限性。RGP 测试的主要缺点是测试周期长，预测能力有限。RGP 测试只提供了一个"及时的快照"，因为苗木在栽植前，其生理质量可以一直变化。

RGP 有时能预测成活率，有时不能。这是因为与测试条件相差甚远的立地条件掩盖了苗木质量，RGP 不能预测造林后的根系生长，造林后的根系生长一般与成活率关系不大。

RGP 测试是一项有价值的活力测试，也就是说，它能判断实施测试时植物的死活以及功能是否正常。RGP 测试结果综合了植物的气孔功能、光合机制、韧皮部完整性、根系活力、幼苗营养等多种生理系统。如果这些系统中的任何一个被破坏，RGP 就会降低。

无论其预测价值如何，RGP 测试已经进行了足够长的时间，表明具有较高 RGP 值的苗木将有很大的成活和生长潜力（Maki and Colombo, 2001）。对 RGP 测试结果的解读应与种子发芽试验结果类似。这是一个"危险信号"测试，用于识别低于标准的苗批，但不一定能预测造林表现。

7.2.6 综合苗木质量测试预测造林表现

正如你现在推断的那样，苗木质量是一个复杂的问题。因此，与其试图用一个变量来预测苗木的造林表现，不如尝试用两个或多个苗木质量指标进行关联。已经有人开发了一种能够综合一系列测试的方法并进行了研究（Grossnickle et al., 1991），但尚未在实际操作中应用。加拿大不列颠哥伦比亚省的最新研究测定了针叶树幼苗的根生长潜力、叶绿素荧光和气孔导度，然后将其单独进行校正，并与造林后的成活率和生长进

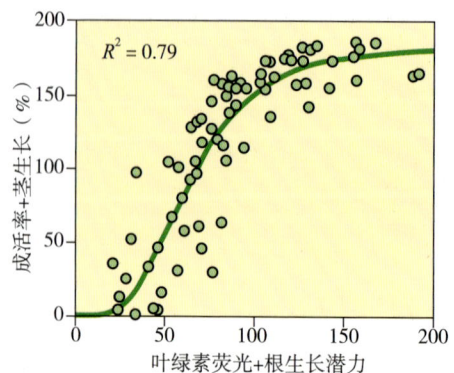

图 7.2.43 测量根生长潜力和叶绿素荧光被证明是针叶树幼苗造林表现（成活率＋茎生长）的良好预测指标（根据 L'Hirondelle et al., 2007 修改）。

行关联（L'Hirondelle et al., 2007）。他们发现，虽然成活率与根生长潜力高度相关（$R^2=0.72$），但根生长潜力和叶绿素荧光的结合是一个更好的预测成活率和茎生长（干重）的指标（图7.2.43，$R^2=0.79$）。希望在这方面有更多的研究，以进一步提高我们对苗木质量进行定量预测的能力。

7.2.7　苗木质量测定的局限性

● 7.2.7.1　时间安排

上述每一种苗木质量测试都应该在苗圃到造林整个时段的某个特定时间进行。苗木形态特征随生长而发生变化，但在起苗后保持不变。然而，生理和性能特征因测量时间的不同而变化很大。例如，植物水分胁迫具有明显的日变化规律，而抗寒性在秋季增加，在冷藏过程中会丧失（Sundheim and Kohmann, 2001）。根系外渗液电导率和叶绿素荧光主要用于检测胁迫造成的损伤。因此，应在胁迫事件发生后立即进行测量，同时牢记2个重要因素。第一，为了知道测试结果是否正常，必须提供这些变量的基础信息。这通常要求在胁迫发生前对健康苗木的这些变量进行常规监测。第二，也是非常重要的一点，植物可能需要时间来表现出胁迫症状，并且也有能力从胁迫中恢复过来。举例来说，冷冻发生后第2天测得的CF值，可能无法准确反映苗木遭受的损害或其长期反应。

苗圃管理者和苗木使用者都可以使用苗木质量测试，但会在不同的时间使用。例如，苗圃经理会利用植物水分胁迫来安排灌溉，用抗寒性测试来确定起苗期和耐贮性。然而，苗木使用者可以使用植物水分胁迫来确保苗木在造林前未受水分胁迫，而抗寒性测试则可以在造林前指示苗木的整体抗逆性（图7.2.44）。

● 7.2.7.2　取　样

合理取样是苗木质量检测的关键。如果样本有偏差，测定结果将因为偏差而毫无价值。人们不禁要问，有多少未能预测造林表现的质量测定是在不能充分反映所抽取群体的样本上进行的。重要的是抽样应遵循"3R"原则：随机（random）、重复（replicated）、有代表性（representative）。从整批苗木中随机采集多个样本将产生最有用的数据。许多种植者不愿意花时间或金钱以这种方式来收集和测定样本。然而，仔细想想，在一个单一、有偏差的测定上花费相对较少的时间和金钱，只会是浪费时间和金钱来生成毫无意义的数据。而使用"3R"抽样原则，花费稍微多一点的时间和金钱则会生成有价值的数据，这些数据可以帮助管理决策。

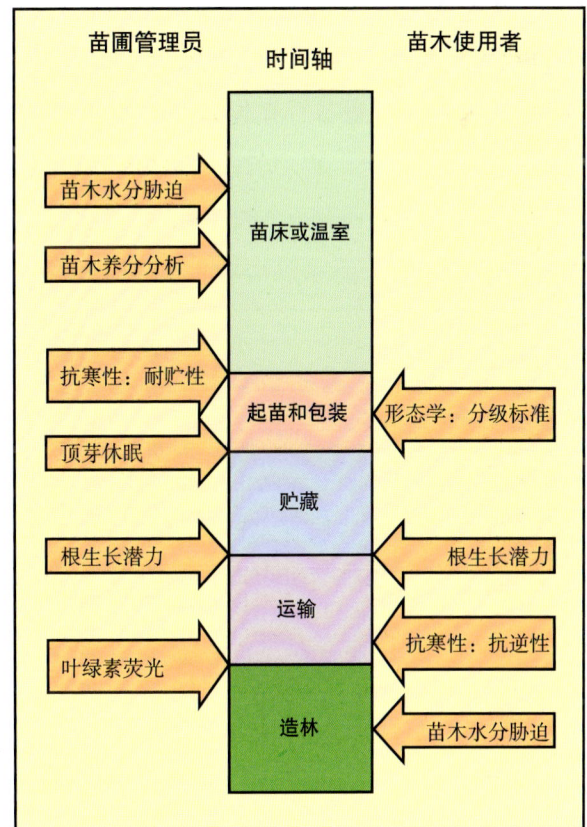

图7.2.44　苗圃管理员和苗木使用者都可以进行苗木质量测定。测定时间因需求不同而变化。

● 7.2.7.3 不合理预期

对苗木生产商和用户而言，重要的是在正确的时间进行正确的测定，并知道不对测试结果进行过度解读。Simpson 和 Ritchie（1997）对这一主题进行了讨论，他们提出了以下造林表现概念模型：

造林表现 $=f$（SC，PM，SR，PV）

其中：

SC=立地条件（site condition）（栽植期间和栽植后立地的所有物理、化学和生物特性）；

PM=苗木形态指标（plant morphological attributes）（地径、苗高、茎根比、根系质量等）；

SR=抗逆性（stress resistance）（忍耐起苗、贮藏、搬运和栽植过程中有关胁迫的能力）；

PV=苗木活力（plant viability）（无病害、机械伤害或胁迫引起的紊乱）；植物的"功能完整性"（Grossnickle and Folk，1993）能很好表达这一方面。

很明显，质量测定并不能提供SC方面的信息，但它可以提供PM方面的详细信息，并且可以通过监测抗寒性和休眠强度来反映SR。利用根生长潜力、叶绿素荧光、根系外渗液电导率、植物水分胁迫等可对PV进行估计。

有了这套可用的质量测定和原则，苗圃经理有足够的工具，可以在任何时间对任一苗批的质量做出有根据的估计。但是应该记住，质量必须在无法完全预测的立地条件背景下进行观察。

7.2.8 商业化植物质量测定实验室

以上列举的几种检测可以在苗圃地进行（如根系外渗液电导率、根生长潜力、低温量积累等）。然而，某些测定（如抗寒性和叶绿素荧光）需要精密而昂贵的设备。苗木质量实验室通常使用气候箱，以便产生更均匀、可复制的测试条件。使用测试服务还有一个额外的好处，就是可以提供苗木质量的独立评估。随着时间的推移，这些评估可以在数据库中组织起来，以揭示可能不明显的规律（Colombo，2009）。

在撰写本书时（2009年），我们了解到北美洲有4个实验室提供质量检测服务（表7.2.12）。

表7.2.12　苗木质量检测设施及其程序

公司	地址	提供的测试类型			
		形态	根生长潜力	抗寒性	其他
苗圃科技合作社 Nursery Technology Cooperative	俄勒冈州立大学林学系 Oregon State University Dept. of Forest Science Richardson Hall 321 Corvallis, OR 97331; TEL: 541.737.6576; FAX: 541.737.1393; http://ntc.forestry.oregonstate.edu/sqes	√		√	
KBM 林业咨询公司 KBM Forestry Consultants	SQA 协调员 SQA Coordinator 349 Mooney Avenue Thunder Bay, ON P7B 5L5; TEL: 807.345.5445 ext. 34; FAX: 807.345.3440; E-mail: sgellert@kbm.on.ca	√	√	√	√
森林土壤及环境质量实验室 Laboratory for Forest Soils and Environmental Quality	特威代尔工业森林研究中心 Tweeddale Centre for Industrial Forest Research 1350 Regent Street Fredericton, NB E3C 2G6; TEL: 506.458.7817; FAX: 506.453.3574; E-mail: jestey@unb.ca	√	√	√	√
富兰克林 H·皮特金苗圃 Franklin H. Pitkin Nursery	爱达荷大学自然资源学院森林苗木研究中心 Center for Forest Nursery and Seedling Research College of Natural Resources University of Idaho Moscow, ID 83844–1137; TEL: 208.885.7023; FAX: 208.885.6226; E-mail: seedlings@uidaho.edu	√	√	√	√

7.2.9 总结和结论

苗木质量有三大类指标：形态、生理和性能。形态指标易于观察和测量，并且在苗木收获和贮藏后不会轻易改变。容器大小和苗木密度对形态的影响最为显著。虽然可以测量许多特征（如苗高、茎粗、生物量），并且可以计算这些特性的比率（如茎根比），但苗高和茎粗是最经常测量的形态特征和最常用的分级标准。初始苗高往往与造林后的高生长相关，初始茎粗与成活率的相关性更好。

生理指标不易观察，需要用专门的设备和测试来确定。植物水分胁迫、抗寒性、根系外渗液电导率和叶绿素荧光的评价最为常见。

植物通过蒸腾作用失去水分的速度比从土壤中吸收水分的速度快，从而使植物处于"植物水分胁迫"（PMS）之下。这种胁迫水平可以通过使用压力室来量化。尽管PMS和任何经典的苗木质量指标之间缺乏直接的相关性，苗圃管理者还是可以通过测量黎明前的PMS来合理安排木质化、收获和造林期间的灌溉和监测胁迫情况。

苗木抗寒性的发展是由夏末光周期的变化引起的，从夏末到冬初，随着温度的降低，抗寒性迅速增加。温带植物的抗寒高峰出现在1月，随着光周期的延长和温度的升高，抗寒性很快消失。植物的不同部位可能具有不同的抗寒性水平；芽通常最抗寒，而根最不抗寒。抗寒性水平可以通过全株植物冷冻试验、冷冻诱导外渗液电导率（FIEL）或遗传指标分析来确定。测试结果可供苗圃管理人员用于确定苗木收获的安全期，提供必要的防冻保护，并作为评估整体抗逆能力的替代方法。

评估根系外渗液电导率（REL）与FIEL类似，但更宽泛，因为这项测试着眼于许多因素导致的根系活力的潜在损失，如疾病、粗暴处理、

干燥，而不仅仅是低温造成的损害。将REL与植物成活联系起来比较难，因为除了根系损伤之外，许多其他因素都会影响REL。

叶绿素荧光提供了一种测定植物有效光合作用能力的方法。胁迫，无论是短期的、长期的、微弱的，还是严重的，都会损害这个重要的生理过程。这种测量可以确定何时对光合系统产生了严重的损害以及植物的性能可能受到的损害。在这项测试成为可操作性的质量测试之前，还需要做更多的工作。

性能指标综合了形态指标和生理指标。尽管测试性能指标有很大的价值，但是这些测试很费力且很昂贵。休眠、抗逆性和根生长潜力（RGP）是常用的测试方法。

尽管苗圃管理者在说休眠植物，但休眠只能指分生组织，只有芽休眠被广泛研究。随着不利环境条件的增加，枝条可能会停止伸长并形成芽（进入休眠），或者是由于秋天光周期的缩短，休眠加深（深度休眠）。一旦进入深度休眠状态，芽就需要一段特定的时间暴露在低温（寒冷）下，才能恢复生长。低温需求是指芽在温度允许的情况下再次休眠并准备恢复生长之前，暴露在低温下的时间长度。预估芽休眠强度的唯一可靠方法，是测量芽暴露在低温下的时数，然后记录这些芽在良好生长条件下恢复生长所需的天数（萌芽天数：DBB）。低温需求与DBB之间的关系是曲线形的，但可以使用简单的休眠解除指数（DRI）将数据转换为直线，使其更易于使用，例如，在确定收获期和估算次年冬季苗木的休眠强度时很有用。

测量抗逆性（SR）是一个非常费力的过程，但很重要，因为它描述了苗木承受从起苗至造林过程中相关胁迫的能力。由于SR的季节变化

规律与抗寒性的变化规律密切相关，标准抗寒性测试可以快速、有效地评价SR，而且SR与以休眠解除指数（DRI）表示的休眠强度有关。由于冷藏减缓了芽休眠的解除，从而延长了芽的高抗逆期。

根生长潜力（RGP）是最常用的性能测试方法。该测试反映了植物当时的整体活力状况，因为植物中的许多综合的生理过程负责新根的生长。这项测试只提供了对植物的实时评估；重要的是记住生理质量直到苗木造林前都一直在变化。RGP与成活率的相关性或高、或低，因为立地条件也可以影响苗木质量，但对于RGP较低的植物，应结合潜在立地条件进行进一步评估。

一般来说，形态指标因为其在起苗至造林过程中很少改变，所以可以随时测量。生理指标则可随时改变，测试只提供了对植物质量的一个瞬间分析。在起苗到造林过程的不同阶段测试植物的水分胁迫，可以确保植物胁迫最小化。叶绿素荧光和根系外渗液电导率测试可在意外胁迫事件发生后立即使用，以确定损害程度，或从这些事件中恢复的情况。抗寒性测试可用于确定合适的收获期，也可在造林前进行，以确保苗木抗逆性仍然很高。诸如抗逆性等的性能指标可以在从起苗到造林过程中的任何时候测量，但根生长潜力最好在造林之前测试，以确保苗木整体活力。

除非对苗木群体进行随机和全面抽样，否则这些苗木质量测试没有太大意义。苗木生产商和用户必须认识到每项测试反映了苗木质量的什么情况，必须注意测试结果一定要在预期的背景条件下来考虑，但却无法完全预期立地条件。

7.2.10 引用文献

ADAMS G T, PERKINS T D, KLEIN R M, 1991. Anatomical studies on first-year winter injured red spruce foliage[J]. American journal of botany. 78:1199-1206.

ANDERSON J L, SEELEY S D, 1993. Bloom delay in deciduous fruits[M]. Horticultural Reviews. J. Janick, John Wiley and Sons: 97-144.

ARNOTT J T, BEDDOWS D, 1982. Influence of Stryroblock™ container size on field performance of Douglas-fir, western hemlock and Sitka spruce[J]. Tree Planters' Notes, Summer 1982: 31-34.

BALK PA, BRONNUM P, PERKS M, et al., 2007. Innovative Cold Tolerance Test for Conifer Seedlings[M]// RILEY L E, DUMROESE R K, LANDIS T D. National Proceedings: Forest and Conservation Nursery Associations—2006. Fort Collins, CO: U.S. Department of Agriculture, Forest Service, Rocky Mountain Research Station. Proceedings, RMRS-P-50: 9-12.

BALK P A, HAASE D L, VAN WORDRAGEN M F, 2008. Gene activity test determines cold tolerance in Douglas-fir seedlings[M]// Dumroese R K, Riley L E. National Proceedings: Forest and Conservation Nursery Associations—2007. Proceedings RMRS-P-57. Fort Collins, CO: USDA Forest Service, Rocky Mountain

Research Station: 140-148.

BECWAR M R, RAJASHEKAR C, BRISTOW K J, et al., 1981. Deep undercooling of tissue water and winter hardiness limitations in timberline flora[J]. Plant Physiol. 68:111-114.

BIGRAS F J, 2005. Photosynthetic response of white spruce families to drought stress[J]. New Forests 29:135-148.

BIGRAS F J, RYYPPO A, LINDSTROM A, et al., 2001. Cold acclimation and deacclimation of shoots and roots of conifer seedlings[M]// BIGRAS F J, COLOMBO S J. Conifer Cold Hardiness. Netherlands: Kluwer Academic Publishers: 57-88.

BINDER W D, SKAGEL R K , KRUMLIK G K, 1988. Root growth potential: facts, myths, value?[M]// LANDIS T D. Proceedings, Combined Meeting of the Western Forest Nursery Associations. Vernon, BC. Ft. Collins, CO: Rocky Mountain Forest and Range Experiment Station. General Technical Report RM-167: 111-118.

BINDER W D, FIELDER P, MOHAMMED G H, et al., 1997. Applications of chlorophyll fluorescence for stock quality assessment with different types of fluorometers[J]. New Forests 13:63-89.

BURDETT A N, 1979. New methods for measuring root

growth capacity: their value in assessing lodgepole pine stock quality[J]. Canadian Journal of Forest Research 9:63-67.

BURDETT A N, SIMPSON D G, 1984. Lifting, grading, packaging and storing. Pp. In: Forest Nursery Manual: Production of bareroot seedlings[M]// DURYEA M L, LANDIS T D, PERRY C R. Corvallis: Martinus Nijhoff/ Dr.W. Junk, Publishers. For Oregon State University: 227-234

BURR K E, 1990. The target seedling concepts: bud dormancy and cold hardiness[M]// ROSE R, CAMPBELL S J, LANDIS T D. Target seedling symposium: proceedings, combined meeting of the Western Forest Nursery Associations. USDA Forest Service, Rocky Mountain Forest and Range Experiment Station, General Technical Report RM-200: 79-90.

BURR K, TINUS R W, WALLNER S J, et al., 1989. Relationships among cold hardiness, root growth potential and bud dormancy in three conifers[J]. Tree Physiology 5:291-306.

BURR K, TINUS R W, WALLNER S J, et al., 1990. Comparison of three cold hardiness tests for conifer seedlings[J]. Tree Physiol. 6:351-369.

BURR K E, HAWKINS C D B, L'HIRONDELLE S J, et al., 2001. Methods for measuring cold hardiness of conifers[M]// Bigras F J, Colombo S J. Conifer Hardiness. Netherlands: Kluwer Academic Press: 369-401.

CAMPBELL R K, 1978. Regulation of bud burst timing by temperature and photoperiod regime during dormancy[M]// HOLLIS C A, SQUILLACE A E. Proceedings of Fifth North American Forest Biology Workshop. Southeastern Forest Experiment Station, USDA Forest Service: 19-34.

CANNELL M G R, SHEPPARD L J, 1982. Seasonal changes in the frost hardiness of provenances of *Picea sitchensis* in Scotland[J]. Forestry 55:137-153.

CANNELL M G R, TABBUSH P M, DEANS J D, et al., 1990. Sitka spruce and Douglas-fir seedlings in the nursery and in cold storage: root growth potential, carbohydrate content, dormancy, frost hardiness and mitotic index[J]. Forestry 63:9-27.

CHIATANTE D, IORIO A DI, SARNATARO M, et al., 2002. Improving vigour assessment of pine (*Pinus nigra* Arnold) seedlings before their use in reforestation[J]. Plant Biosystems 136:209-216.

COLOMBO S J, 2005. The thin green line: a symposium on the state-of-the-art in reforestation, proceedings[J]. Ontario Ministry of Natural Resources, Forest Research Information Paper 160.

COLOMBO S J, ZHAO S, BLUMWALD E, 1995. Frost hardiness gradients in shoots and roots of Picea mariana seedlings[J]. Scand. J. For. Res. 9:1-5.

COLOMBO S J, SAMPSON P H, TEMPLETON C W G, et al., 2001. Assessment of nursery stock quality in Ontario[M]// WAGNER R G, COLOMBO S J. Regenerating the Canadian forest: principles and practice for Ontario. Ontario Ministry of Natural Resources and Fitzhenry & Whiteside Ltd: 307-323.

COURSOLLE C, BIGRAS F J, MARGOLIS H A, 2000. Assessment of root freezing damage of two-year-old white spruce, black spruce and jack pine seedlings[J]. Scandinavian Journal of Forest Research 15:343-353.

DEMIG-ADAMS B, ADAMS III W W, 1992. Photoprotection and other responses of plants to high light stress[J]. Annual Review of Plant Physiology and Plant Molecular Biology (43): 599-626.

DEXTER S T, TOTTINGHAM W E, GRABER L F, 1932. Investigations of the hardiness of plants by measurement of electrical conductivity[J]. Plant Physiol (7): 63-78.

DIXON H H, 1914. Transpiration and the ascent of sap in plants[M]. New York:.MacMillan.

DOMINGUEZ-LERENA S, SIERRA N H, MANZANO I C, et al., 2006. Container characteristics influence Pinus pinea seedling development in the nursery and field[J]. Forest Ecology and Management 221(1-3): 63-71.

DURYEA M L, 1985. Evaluating Seedling Quality: principles, procedures and predictive abilities of major tests[M]. Corvallis: Forest Research Laboratory, Oregon State University.

DURYEA M L, LANDIS T D, 1984. Forest nursery manual: production of bareroot seedlings[M]. Corvallis: Martinus Nijhoff/Dr W. Junk Publishers, The Hague/Boston/ Lancaster, for Forest Research Laboratory, Oregon State University.

FOLK R S, GROSSNICKLE S C, AXELROD P, et al., 1999. Seed lot, nursery, and bud dormancy effects on root electrolyte leakage of Douglas-fir (*Pseudotsuga menziesii*) seedlings[J]. Canadian Journal of Forest Research 29:1269-1281.

FRAMPTON L, ISIK K, GOLDFAR B, 2002. Effects of nursery characteristics on field survival and growth of loblolly pine rooted cuttings[J]. Southern Journal of Applied Forestry. 26:207-213.

GENTY B, BRIANTAIS, J M, BAKER N R, 1989. The relationship between the quantum yield of photosynthetic electron transport and quenching of chlorophyll fluorescence[J]. Biochemica et Byophysica Acta 990: 97-92.

GEORGE M F, BURKE M J, PELLETT H M, et al.,

1974. Low temperature exotherms and woody plant distribution[J]. HortScience 9: 519-522.

GLERUM C, 1976. Frost hardiness of forest trees[M]// CANNELL M G R, LAST F T. Tree Physiology and Yield Improvement. New York: Academic Press: 403-420.

GOVERNMENT OF QUEBEC, 2007. Field guide: grading of containerized conifer stock[R]. [Guide terrain : Inventaire de qualification des plants résineux cultivés en récipient.] Québec, QC, Canada: Ministère des Ressources Naturelles et de la Faune, Direction de la production des semences et des plants.

GOVINDJE, 1995. Sixty-three years since Kautsky: Chlorophylla fluorescence[J]. Australian Journal of Plant Physiol 22: 131-160.

GREER D H, LEINONEN I, REPO T, 2001. Modelling cold hardiness development and loss in conifers. [M]// BIGRAS F J, COLOMBO S J. Conifer Cold Hardiness. The Netherlands: Kluwer Academic Publishers: 437-460

GROSSNICKLE S C, 2000. Ecophysiology of Northern Spruce Species: The Performance of Planted Seedlings[M]. Ottawa, Canada: NRC Research Press and National Research Council of Canada.

GROSSNICKLE S C, 2005. Seedling size and reforestation success. How big is big enough? [C]// COLOMBO S J. Proceedings, the thin green line: a symposium on the state of the art in reforestation. Forest Research Information Paper 160. Sault Saint Marie, ON, Canada: Ministry of Natural Resources, Ontario Forest Research Institute: 144-149.

GROSSNICKLE S C, 2008. Personal communication[EB]. Brentwood Bay, British Columbia, Canada: CellFor, Inc.

GROSSNICKLE S C, FOLK R S, 1993. Stock quality assessment: forecasting survival or performance on a reforestation site[J]. Tree Planters Notes 44: 113-121.

GROSSNICKLE S C, MAJOR J E, ARNOTT J T, et al., 1991. Stock quality assessment through an integrated approach[J]. New Forests 5(2): 77-91.

HAASE D L, 2008. Understanding forest seedling quality: measurements and interpretation[J]. Tree Planters' Notes 52(2): 24-30.

HAASE D L, ROSE R, 1995. Vector analysis and its use for interpreting plant nutrient shifts in response to silvicultural treatments[J]. Forest Science 41(1): 54-66.

HARPER C P, O'REILLY C O, 2000. Effect of warm storage and date of lifting on the quality of Douglas-fir seedlings[J]. New Forests 20: 1-13.

HARRINGTON J T, MEXAL J D, FISHER J T, 1994. Volume displacement method provides a quick and accurate way to quantify new root production[J]. Tree Planters' Notes 45:121-124.

HELENIUS P, LUORANEN J, RIKALA R, 2005. Physiological and morphological responses of dormant and growing Norway spruce container seedlings to drought after planting[J]. Annals of Forest Science 62:201-207.

HERMANN R K, 1967. Seasonal variation in sensitivity of Douglas-fir seedlings to exposure of roots[J]. Forest Science 13: 140-149.

HINES F D, LONG J N, 1986. First and second-year survival of containerized Engelmann spruce in relation to initial seedling size[J]. Canadian Journal of Forest Research 16: 668-670.

HOWELL K D, HARRINGTON T B, 2004. Nursery practices influence seedling morphology, field perform-ance, and cots efficiency of containerized cherrybark oak[J]. Southern Journal of Applied Forestry 28: 152-162.

J H Stone Nursery, 1996. Nursery handbook: folder 6075 quality monitoring[Z]. Central Point, OR: USDA Forest Service, J.H. Stone Nursery.

JENKINSON J L, 1975. Seasonal patterns of root growth capacity in western yellow pines[C]// Proceedings, convention of the Society of American Foresters, Washington, D.C., 75th National Convention: 445-453.

JENKINSON J L, NELSON J A, HUDDLESTON M E, 1993. Improving planting stock quality: the Humboldt experience[M]. Gen. Tech. Rep. PSW-143. Berkeley, CA: USDA Forest Service, Pacific Southwest Research Station.

JOBIDON R, CHARETTE L, BERNIER P Y, 1998. Initial size and competing vegetation effects on water stress and growth of Picea mariana (Mill.) seedlings planted in three different environments[J]. Forest Ecology and Management 103: 293-305.

JONES G E, CREGG B M, 2006. Budbreak and winter injury in exotic firs[J]. HortScience 41(1): 143-148.

KOOISTRA C M, 2003. Seedling storage and handling in western Canada[J]// RILEY L E, DUMROESE R K, LANDIS T D. National Proceedings: Forest and Conservation Nursery Associations—2003. Proceedings RMRS-P-33. Ogden, UT: USDA Forest Service, Rocky Mountain Research Station: 15-21.

KRAUSE G H, WEIS E, 1991. Chlorophyll fluorescence and photosynthesis: the basics[J]. Annual Review of Plant Physiology and Plant Molecular Biology 42: 313-349.

LANDIS T D, 1985. Mineral nutrition as an index of seedling quality[C]// DURAYEA M L. Evaluating seedling quality: principles, procedures, and predictive abilities of major tests: proceedings of a workshop. Oregon State University, Forest Research Lab: 29-48.

LANDIS T D, 2007. Miniplug transplants: Producing Large Plants Quickly[C]// RILEY L E, DUMROESE

R K, LANDIS T D. National Proceedings: Forest and Conservation Nursery Associations—2006. Proceedings RMRS-P-50. Ogden, UT: USDA Forest Service, Rocky Mountain Research Station: 46-53.

LANDIS T D, SKAKEL R G, 1988. Root growth potential as an indicator of outplanting performance: problems and perspectives[C]// LANDIS T D. Proceedings, combined meeting of the Western Forest Nursery Associations. Gen. Tech. Rep. RM-167. Fort Collins, CO: USDA Forest Service, Rocky Mountain Forest and Range Experiment Station: 106-110.

LANDIS T D, HAASE D L, DUMROESE R K, 2005. Plant nutrient testing and analysis in forest and conservation nurseries[M]// National proceedings, Forest and Conservation Nursery Associations, 2004. Ft. Collins, CO: USDA Forest Service, Rocky Mountain Research Station, Proceedings RMRS-P-35: 76-84.

LANDIS T D, TINUS R W, MCDONALD S E, et al., 1989. Seedling Nutrition and Irrigation, Vol. 4, The Container Tree Nursery Manual[M]. Agric. Handbk. 674. Washington, DC: USDA Forest Service.

LAVENDER D P, 1984. Bud dormancy[C]// DURYEA M L. Evaluating seedling quality: principles, procedures, and predictive abilities of major tests. Corvallis, OR: Oregon State University, Forest Research Laboratory: 7-15.

L'HIRONDELLE S J, SIMPSON D G, BINDER W D, 2007. Chlorophyll fluorescence, root growth potential, and stomatal conductance as estimates of field perform-ance potential in conifer seedlings[J]. New Forests 34: 235-251.

LINDQVIST H, 2000. Plant vitality in deciduous ornamental plants affected by lifting date and cold storage[D]. Alnarp, Sweden: Swedish University of Agricultural Sciences.

LINDSTRÖM A, MATTSON A, 1989. Equipment for freezing roots and its use to test cold resistance of young and mature roots of Norway spruce seedlings[J]. Scandinavian Journal of Forest Research 4: 59-66.

LOPUSHINSKY W, 1990. Seedling moisture status[C]// ROSE R, CAMPBELL S J, LANDIS T D. Proceedings, target seedling symposium, combined meeting of Western Forest Nursery Associations. Gen. Tech. Rep. RM-200. Fort Collins, CO: USDA Forest Service: Rocky Mountain Forest and Range Experiment Station: 123-138.

LOPUSHINSKY W, MAX T A, 1990. Effect of soil temperature on root and shoot growth and on budburst timing in conifer seedling transplants[J]. New Forests 4(2): 107-124.

MAKI D S, COLOMBO S J, 2001. Early detection of the effects of warm storage on conifer seedlings using physiological tests[J]. Forest Ecology and Management 154(1-2): 237-249.

MARSHALL J D, 1983. Carbohydrate status as a measure of seedling quality[C]// DURYEA M L. Evaluating seedling quality: principles, procedures, and predictive abilities of major tests: proceedings of a workshop. Corvallis, OR: Oregon State University, Forest Research Laboratory: 49-58.

MCCREARY D, DURYEA M L, 1984. OSU vigor tests: principles, procedures and predictive ability[C]// DURYEA M L. Evaluating seedling quality: principles, procedures, and predictive abilities of major tests: proceedings of a workshop. Corvallis, OR: Oregon State University, Forest Research Laboratory: 85-92.

MCDONALD S E, RUNNING S W, 1979. Monitoring irrigation in western forest tree nurseries[C]. Gen. Tech. Rep. RM-61. Fort Collins, CO: USDA Forest Service, Rocky Mountain Forest and Range Experiment Station.

MCKAY H H, 1992. Electrolyte leakage from fine roots of conifer seedlings: a rapid index of plant vitality following cold storage[J]. Canadian Journal of Forest Research 22: 1371-1377.

MCKAY H H, 1998. Root electrolyte leakage and root growth potential as indicators of spruce and larch establishment[J]. Silva Fennica 32: 241-252.

MCKAY H H, MASON W L, 1991. Physiological indi-cators of tolerance to cold storage in Sitka spruce and Douglas-fir seedlings[J]. Canadian Journal of Forest Research 21: 890-901.

MCKAY H H, MILNER A D, 2000. Species and seasonal variability in the sensitivity of seedling conifer roots to drying and rough handling[J]. Forestry 73: 259-270.

MCKAY H H, MORGAN J L, 2001. The physiological basis for the establishment of bare-root larch seedlings[J]. Forest Ecology and Management 142: 1-18.

MCKAY H H, WHITE M S, 1997. Fine root elec-trolyte leakage and moisture content: indices of Sitka spruce and Douglas-fir seedling performance after des-iccation[J]. New Forests 13: 139-162.

MCMINN R G, 1982. Size of container-grown seedlings should be matched to site conditions[C]// SCARRATT J B, GLERUM C, PAXMAN C A. Proceedings, Canadian containerized tree seedling symposium, Toronto, Ontario. COJFRC symposium proceedings O-P-10. Sault Saint Marie, ON, Canada: Canadian Forestry Service, Great Lakes Forestry Center: 307-312.

MENA-PETITE A, ESTAVILLO J M, DUÑABEITIA M, et al., 2004. Effect of storage conditions on post planting water status and performance of *Pinus radiata* D. Don stock-types[J]. Annals of Forest Science 61: 695-704.

MENA-PETITE A, ORTEGA-LASUEN U, GONZÁLEZMORO M B, et al., 2001. Storage duration and temperature effect on the functional integrity of container and bare-root *Pinus radiata* D. Don seedlings[J]. Trees 15: 289-296.

MENA-PETITE A, ROBRETO A, ALCALDE S, et al., 2003. Gas exchange and chlorophyll fluores-cence responses of *Pinus radiata* D. Don seedlings during and after several storae regimes and their effects on post-planting survival[J]. Trees 17: 133-143.

MEXAL J G, LANDIS T D, 1990. Target seedling concepts: height and diameter[C]// ROSE R, CAMPBELL S J, LANDIS T D. Proceedings, target seedling symposium, combined meeting of Western Forest Nursery Associations. Gen. Tech. Rep. RM-200. Fort Collins, CO: USDA Forest Service, Forest and Range Experiment Station: 17-35.

MOHAMMED G H, BINDER W D, GILLIES S L, 1995. Chlorophyll fluorescence: a review of its practical forestry applications and instrumentation[J]. Scandinavian Journal of Forest Research. 10: 383-410.

ÖQUIST G, GARDESTRÖM P, HUNER N P A, 2001. Metabolic changes during cold acclimation and subsequent freezing and thawing[C]// BIGRAS F J, COLOMBO S J. Conifer cold hardiness. Dordrecht, The Netherlands: Kluwer Academic Publishers: 137-163.

O'REILLY C, MCCARTHY N, KEANE M, et al., 1999. The physiological status of Douglas fir seedlings and the field performance of freshly lifted and cold stored stock[J]. Annals of Forest Science 56: 297-306.

PALTA J P, LEVITT J, STADLEMANN E J, 1977. Freezing injury in onion bulb cells. I. Evaluation of the conductivity method and analysis of ion and sugar efflux from injured cells[J]. Plant Physiology 60: 393-397.

PEGUREO-PINA J J, MORALES F, GIL-PELEGRIN E, 2008. Frost damage in *Pinus sylvestris* L. stems assessed by chlorophyll fluorescence in cortical bark chlorenchyma[J]. Annals of Forest Science 65(813): 6.

PERKS M P, MONAGHAN S, O'REILLY C et al., 2001. Chlorophyll fluorescence characteristics, performance and survival of freshly lifted and cold stored Douglas-fir seedlings[J]. Annals of Forest Science 58: 225-235.

PERRY K, 1998. Basics of frost and freeze protection for horticultural crops[J]. HortTechnology 8: 10-15.

PERRY T O, 1971. Dormancy of trees in winter[J]. Science 171: 29-36.

PUTTONEN P, 1986. Carbohydrate reserves in Pinus sylvestris seedling needles as an attribute of seedling vigor[J]. Scandinavian Journal of Forest Research 1(2): 181-193.

QUAMME H A, 1985. Avoidance of freezing injury in woody plants by deep supercooling[J]. Acta Horticultura, 168: 11.

RICHARDSON E A, SEELEY S D, WALKER D R, 1974. A model for estimating the completion of rest for "Redhaven" and "Elberta" peach trees[J]. HortScience 9: 331-332.

RIETVELD W J, TINUS R W, 1990. An integrated technique for evaluating root growth potential of tree seedlings[M]. Research Note RM-497. Fort Collins, CO: USDA Forest Service, Rocky Mountain Forest and Range Experiment Station.

RITCHIE G A, 1984a. Effect of freezer storage on bud dormancy release in Douglas-fir seedlings[J]. Canadian Journal of Forest Research 14: 186-190.

RITCHIE G A, 1984b. Assessing seedling quality[M]// DURYEA M A, LANDIS T D. Forest nursery manual: production of bare-root seedlings. The Hague/Boston/Lancaster: Martinus Nijhoff/Dr W. Junk Publishers: 243-259.

RITCHIE G A, 1985. Root growth potential: principles, pro-cedures and predictive ability[C]// DURYEA M L. Evaluating seedling quality: principles, procedures, and predictive abilities of major tests. Corvallis, OR: Oregon State University, Forest Research Laboratory: 93-104

RITCHIE G A, 1986. Relationships among bud dormancy status, cold hardiness, and stress resistance in 2+0 Douglas-fir[J]. New Forests 1: 29-42.

RITCHIE G A, 1989. Integrated growing schedules for achieving physiological uniformity in coniferous planting stock[J]. Forestry (Suppl.) 62: 213-226.

RITCHIE G A, 1991. Measuring cold hardiness[M]// LASSOIE J P, HINCKLEY T M. Techniques and approaches in forest tree ecophysiology. Boca Raton, FL: CRC Press: 557-582.

RITCHIE G A, 2000. The informed buyer: understanding seedling quality[C]// ROSE R, HAASE D L. Conference proceedings, advances and challenges in forest regeneration, Nursery Technology Cooperative, Oregon State University and Western Forestry and Conservation Association: 51-56.

RITCHIE G A, DUNLAP J R, 1980. Root growth poten-tial: its development and expression in forest tree seedlings[J]. New Zealand Journal of Forest Science 10: 218-248.

RITCHIE G A, HINCKLEY T M, 1975. The pressure chamber as an instrument for ecological research[J]. Advances in Ecological Research 9:165-254.

RITCHIE G A, R G SHULA, 1984. Seasonal changes of tissuewater relations in shoots and root systems of Douglas-fir seedlings[J]. Forest Science 30: 538-458.

RITCHIE G A, TANAKA Y, 1990. Root growth potential and the target seedling[C]// ROSE R, CAMPBELL S J, LANDIS T D. Proceedings, target seedling symposium, combined meeting of Western Forest Nursery Associations. Gen. Tech. Rep. RM-200. Fort Collins, CO: USDA Forest Service, Rocky Mountain Forest and Range Experiment Station: 37-51.

RITCHIE G A, RODEN J R, KLEYN N, 1985. Physiological quality of lodgepole pine and interior spruce seedlings: effects of lift date and duration of freezer storage[J]. Canadian Journal of Forest Research 15: 636-645.

RONCO F, 1973. Food reserves of Engelmann spruce planting stock[J]. Forest Science 19: 213-219.

ROSE R, HAASE D L, 2002. Chlorophyll fluorescence and variations in tissue cold hardiness in response to freezing stress in Douglas-fir seedlings[J]. New Forests 2381-96.

ROSE R, HAASE D L, KROIHER F, et al., 1997. Root volume and growth of ponderosa pine and Douglas-fir seedlings: A summary of eight growing seasons[J]. Western Journal of Applied Forestry. 12: 69-73.

SAKAI A, WEISER C J, 1973. Freezing resistance of trees in North America with reference to tree regions[J]. Ecology 54: 118-126.

SCHOLANDER P F, HAMMEL H T, BRADSTREET E D, et al., 1965. Sap pressure in vascular plants[J]. Science 148: 339-346.

SCHREIBER U, BILGER W, NEUBAUER C, 1995. Chlorophyll fluorescence as a nonintrusive indicator of rapid assessment of in vivo photosynthesis[M]// SCHULTZE E O, CALDWELL M M. Ecophysiology of Photosynthesis. Berlin, Heidelberg, New York: SpringerVerlag: 48-70.

SIMPSON D G, 1990. Frost hardiness, root growth capacity, and field performance relationships in interior spruce, lodgepole pine, Douglas-fir, and western hemlock seedlings[J]. Canadian Journal of Forest Research 20: 566-572.

SIMPSON D G, RITCHIE G A, 1997. Does RGP predict field performance? A Debate[J]. New Forests 13: 253-277.

SLATYER R O, 1967. Plant water relationships[J]. London and New York: Academic Press.

SORENSEN F C, 1983. Relationship between logarithms of chilling period and germination or bud flush rate is lin-ear for many tree species[J]. Forest Science 29: 237-240.

SOUTH D B, MITCHELL R G, 2006. A root-bound index for evaluating planting stock quality of container-grown pines[J]. Southern African Forestry Journal 207: 47-54.

STATTIN E, HELLQVIST C, LINDSTRÖM A, 2000. Storability and root freezing tolerance of Norway spruce (*Picea abies*) seedlings[J]. Canadian Journal of Forest Research 30: 964-970.

STONE E C, 1955. Poor survival and the physiological condition of planting stock[J]. Forest Science 1: 90-94.

SUNDHEIM I, KOHMANN K, 2001. Effects of thawing procedure on frost hardiness, carbohydrate content and timing of bud break in *Picea abies*[J]. Scandinavian Journal of Forest Research 16:30-36.

SUTINEN M L, ARORA R, WISNIEWSKI M, et al., 2001. Mechanisms of frost survival and freeze-damage in nature[J]. BIGRAS F J, COLOMBO S J. Conifer cold hardiness. Dordrecht, The Netherlands: Kluwer Academic Publishers: 89- 120.

SUTTON R F, 1983. Root growth capacity: relationship with field root growth and performance in outplanted jack pine and black spruce[J]. Plant and Soil 71: 111-122.

TANAKA Y, BROTHERTON P, HOSTETTER S, et al., 1997. The operational planting stock quality testing program at Weyerhaeuser[J]. New Forests 13: 423-437.

THIFFAULT N, 2004. Stock type in intensive silviculture: a (short) discussion about roots and size[J]. Forestry Chronicle 80(4): 463-468.

THOMPSON B E, 1985. Seedling morphological evaluation: what you can tell by looking[C]// DURYEA M L. Evaluating seedling quality: principles, procedures, and predictive abilities of major tests. Corvallis, OR: Oregon State University, Forest Research Laboratory: 59-71.

TIMMER V R, 1997. Exponential nutrient loading: a new fertilization technique to improved seedling perform-ance on competitive sites[J]. New Forests 13: 279-299.

TIMMIS K A, FUCHIGAMI L H, TIMMIS R, 1981. Measuring dormancy: the rise and fall of square waves[J]. HortScience 16: 200-202.

TIMMIS R, 1976. Methods of screening tree seedlings for frost hardiness[J]// CANNELL M G R, LAST F T. Tree physiology and yield improvement: 421-435.

TIMMIS R, TANAKA Y, 1976. Effects of container density and plant water stress on growth and cold hardiness of Douglas-fir seedlings[J]. Forest Science 22(2): 167-172.

TIMMIS R, WORRALL J, 1975. Environmental control of cold acclimation in Douglas-fir during germination, active growth and rest[J]. Canadian Journal of Forest Research 5: 464-477.

TOIVONEN A, RIKALA R, REPO P, et al., 1991. Autumn colouration of first year *Pinus sylvestris* seedlings during frost hardening[J]. Scandinavian Journal of Forest Research 6(1): 31-39.

VAN DEN DRIESSCHE R, 1977. Survival of coastal and interi-or Douglas-fir seedlings after storage at different tem-peratures, and effectiveness of cold storage in satisfying chilling requirements[J]. Canadian Journal of Forest Research 7: 125-131.

VAN DEN DRIESSCHE R, 1984. Relationship between spac-ing and nitrogen fertilization of seedlings in the nursery, seedling mineral nutrition, and outplanting performance[J]. Canadian Journal of Forest Research 14: 431-436.

VAN DEN DRIESSCHE R, 1987. Importance of current photosynthate to new root growth in planted conifer seedlings[J]. Canadian Journal of Forest Research 17 :776-782.

VAN DEN DRIESSCHE R, 1991. New root growth of Douglas-fir seedlings at low carbon dioxide concentration[J]. Tree Physiology 8: 289-295.

VIDAVER W, TOIVONEN P, LISTER G, et al., 1988. Variable chlorophyll-A fluorescence and its potential use in tree seedling production and forest regeneration[C]// LANDIS T D. Proceedings, combined meeting of the western forest nursery associations; 1988 August 8-11; Vernon, British Columbia. Gen. Tech. Rep. RM-167. Fort Collins, CO: USDA, Forest Service, Rocky Mountain Forest and Range Experiment Station: 127-132.

VIDAVER W E, LISTER G R, BROOKE R C, et al., 1991. A manual for the use of variable chlorophyll flu-orescence in the assessment of the ecophysiology of conifer seedlings[Z]. FRDA Report 163, British Columbia, Canada

WAKELEY P C, 1949. Physiological grades of southern pine nursery stock[C]// Shirley H L. Proceedings, Society of American Foresters Annual Meeting: 311-321.

WAKELEY P C, 1954. Planting the Southern Pines[M]. Agricultural Monograph No. 18. Washington, DC: USDA Forest Service

WAREING R H, CLEARY B D, 1967. Plant moisture stress: evaluation by pressure bomb[J]. Science 155: 1248-1254.

WEISER C J, 1970. Cold resistance and injury in woody plants[J]. Science 169: 1269-1278.

WENNY D L, SWANSON D J, DUMROESE R K, 2002. The chill-ing optimum of Idaho and Arizona ponderosa pine buds[J]. Western Journal of Applied Forestry 17: 117–121.

WHEELER N C, JERMSTAD K D, KRUTOVSKY K, et al., 2005. Mapping of quantitative trait loci controlling adaptive traits in coastal Douglas-fir. IV. Cold-hardiness QTL verification and candidate gene mapping[J]. Molecular Breeding 15: 145-156.

WILNER J, 1955. Results of laboratory tests for winter hardiness of woody plants by electrolyte methods[J]. Proceedings of the American Horticultural Society 66: 93-99.

WILNER J, 1960. Relative and absolute electrolyte conductance tests for frost hardiness of apple varieties[J]. Canadian Journal of Plant Science 40: 630-637.

WILSON B C, JACOBS D F, 2006. Quality assessment of temperate and deciduous hardwood seedlings[J]. New Forests 31:417-433.

第3章
收　获

7.3.1 引 言

容器苗苗圃管理人员认为苗木直到起苗、分级和贮藏时才能达到其最大价值。因此，合理规划苗木的最佳收获时间显得尤为重要。因为在苗木质量最佳时，其木质化程度最高，能够抵抗随后包装、贮藏、运输和造林过程中的逆境。

"起苗"（lifting）一词来源于裸根苗收获，意思是将苗木从土壤中挖出；这一词同样适用于容器苗的收获起苗。"起苗与包装"（lift and pack）是裸根苗的另一个词语，同样被应用于容器苗，指苗木收获的操作过程。

当计划收获时间时，最重要的是考虑苗木出圃后是立即造林还是在苗木休眠期起苗，经过贮藏后再进行运输和造林。

在北美洲，收获容器苗的方法根据苗圃规模和地点、苗木种类、研究投入和习惯而定。美国西部和加拿大的很多大型苗圃都是将苗木从容器中取出后再进行包装（lift and pack 或 pull and wrap）。他们一般采用冷藏的方式将大批量需要同时处理的苗木贮藏起来。在太平洋西北地区大都是这样处理，这些地方冬季气温多变，无雪或者间歇性有雪（例如，Kooistra，2004）。然而，在加拿大东部，气温较低，允许容器苗贮藏在室外，或者一些苗圃使用制雪机来补充积雪（White，2004）。其他一些乡土树种的收获和贮藏与商用针叶树种的有些不同。因为品种繁多，容器种类多样，并且对其在休眠或者抗寒性的相关研究较少，乡土树种可能需要特殊的收获和贮藏方法（Burr，2005）。

● 7.3.1.1 生长季造林

生长季造林（hot-planting）在夏季或者秋季进行，此时，苗木还没有完全休眠或者木质化，在造林过程中要小心对待幼苗。也就是说幼苗起苗后，只在冷藏或者非冷藏条件下搁置很短的时

间，一两周之内完成造林。用于生长季造林的温室苗起苗（hot-lifting）后，在造林前通常置于遮阳棚或露天条件下几周时间，以促进幼苗木质化（图7.3.1）。一些苗圃也会采取水分胁迫或缩短日照时间（短日照，"blackout"）来加速幼苗木质化进程。（更多关于幼苗木质化信息参考第6卷6.4.4和第3卷3.3.4.6。）

时间是生长季造林成功的关键因素，尽量缩短从起苗到造林的时间至关重要。时间紧迫和幼苗缺乏充分木质化的情况意味着大部分的生长季造林地必须靠近苗圃。

当购苗客户通知苗圃造林地准备就绪，苗圃就应将苗木按规格分级并统计最终可交付的数量。苗木应直立放入包装箱以便空气流通和方便在造林地进行浇水。箱内不能用塑料膜做内衬，否则会阻碍空气流通，导致苗木因呼吸作用产生的热量无法散出。包装好的苗木需立即存放于约4.4℃（40℉）的冷库中（Fredrickson，2003）。

对于较大造林项目的订单，短时间内可将苗木存放在冷藏运输车中，等所有苗木起苗结束后

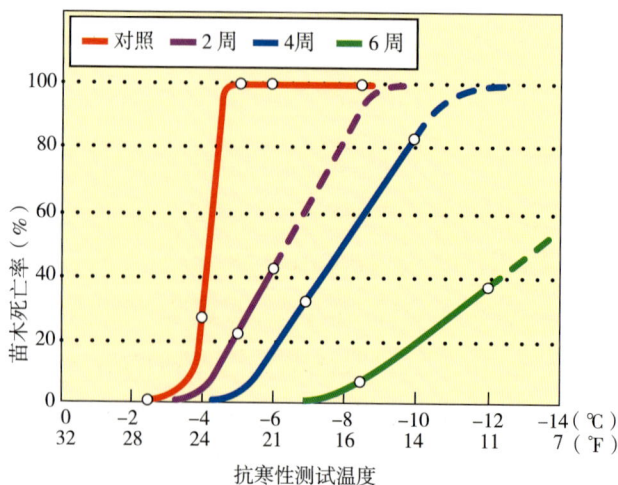

图7.3.1 所有苗木在造林前必须达到适当的木质化程度，尤其是进行生长季造林的苗木。在炼苗场经历木质化时间越长的火炬松，其抗性越强（根据Mexal et al.，1979修改）。

一起运输。南方松夏季造林的苗木收获后，可贮藏在4～21℃（40～70℉）的环境中1周或更短的时间（Dumroese and Barnett，2004）（关于夏季造林和秋季造林时间参考7.1.2.5）。

● **7.3.1.2 休眠苗木**

大部分容器苗都是在冬季休眠季节收获，贮藏至造林运输。贮藏方法在本卷第4章中详述。采取何种收获方法关键要考虑幼苗是贮藏在露天、遮阳还是冷藏条件下。贮藏方式不仅取决于收获时间，也取决于包装方法。在露天或者遮阳条件下，幼苗应保留于容器中；若在冷藏条件下，幼苗需要去掉容器，分级、包装并放在硬质箱子中。

7.3.2 安排冬季收获时间

苗圃管理人员需要在苗木质量最佳时收获幼苗，并且知道如何保持苗木最佳状态，直到交付给客户。这就意味着需要在苗木完全休眠，能够抵抗收获、贮藏、运输和栽植胁迫状态时收获。这个时间段可以称为"起苗期"或者"收获期"。

林业工作人员和苗圃客户发现，在冬季休眠期收获的苗木，其成活和生长状况比提前或推迟几个月收获的苗木更好。诸多室内研究和室外试验已经验证了这些观察结果。尽管此类研究大部分是在裸根苗上进行，但同样也适用于容器苗。对裸根苗而言，在其休眠峰值期收获，常常受到土壤泥泞或者冻土的限制，然而，容器苗可以在整个冬季休眠期进行收获。鉴于容器苗收获季节更长，我们来讨论一下种植者如何确定合适的起苗期。

● **7.3.2.1 日历和视觉线索**

使用日历和视觉线索是人们安排收获时间最传统的技术，再结合苗圃工作人员的综合经验，可以非常有效。这个过程很简单，如果收获苗木要4周，那么，在苗木完全休眠期的基础上减去4周，就可安排收获时间，或者根据计划运输到栽植地的时间来定。决定收获时间的日历法称为"霜期"，即以早霜的平均日期为基础而得出。收

获时间可以在此日期后30～45d开始（Mathers，2000）。

经验丰富的种植者也用几种形态指标来帮助确定植物何时休眠、木质化和收获。

叶片特征 确定落叶树种何时起苗相对容易，因为它们的树叶会变色，最后会落叶。即使是常绿树种，当其开始休眠时也会出现叶片变化迹象。例如，叶的角质层或针叶变厚和蜡质化，这样植物就能忍耐冬季干燥。当植物木质化时，有经验的种植者会发现叶片纹理和硬度发生一些变化，一些树种的针叶会在颜色上呈现变化。例如，生长时的恩格曼式云杉（*Picea engelmanii*）叶子是亮绿色，而休眠时叶色更蓝一些，因为叶表面形成了蜡质（图7.3.2 A）。

芽（出现、大小、叶原基数量） 具有固定生长模式的植物，如松树和云杉，在生长季结束时形成一个芽。在温带，多数人用带有稳固鳞片的大芽来指示芽休眠和苗木质量。其他植物，如刺柏和雪松，无固定生长模式，不形成顶芽。一些亚热带松树，如美国南部的长叶松（*Pinus palustris*），在苗圃也不形成顶芽（Jackson et al.，2007）。（更多关于固定和不固定生长模式信息见第6卷6.1。）

芽的大小和长度通常被认为是确定何时收获苗木的较好指标。在加拿大东部，计数芽原基数

量是苗圃确定收获苗木时间的一种方式（图7.3.2 B和C）。在加拿大安大略省雷湾（Thunder Bay）的私人苗木检测实验室，KBM林业顾问提供收费的芽解剖业务（Colombo et al., 2001）。

白根尖的存在 一些种植者认为有或者没有白根尖是苗木休眠与否的标志。然而，根系永远不会真正休眠，一旦有适宜的温度就会生长。因此，白根尖的存在对预测苗木休眠或抗寒性没有什么价值，但大量生长的白根尖表明苗木处于10℃以上环境（见图7.2.41C）。

所以，虽然这不是很科学，但如果根据特定树种、具体苗圃和田间表现，结合日历或者形态指标计划起苗期是有效的。

图7.3.2 植物休眠和抗寒视觉线索，如叶片上蓝色蜡质沉积物质（A）。芽的大小和发育也是植物质量和休眠的标志；含有许多叶片原基的大芽（B）优于较小、发育不良的芽（C）（B和C，由Steve Colombo提供）。

● 7.3.2.2 造林试验

另一个决定何时安全起苗的传统方法是看造林效果。一段时间内，苗圃管理人通过观察造林后苗木成活和生长情况来决定起苗期。这项技术已运用于裸根苗，而容器苗方面发表的文章很少。在一项关于加利福尼亚北部4种针叶裸根苗的综合研究中，对起苗造林前的苗木每个月进行取样，并调查造林后第一年成活率（Jenkinson et al., 1993）。结果表明，起苗期在种间和同一个种的种批间存在显著差异（图7.3.3）。造林试验是确定起苗期的有效方法，但缺点是一般需要5～10年积累的数据才足以说明季节性天气变化。另外，需要根据来自不同气候区的客户需求做单独试验。

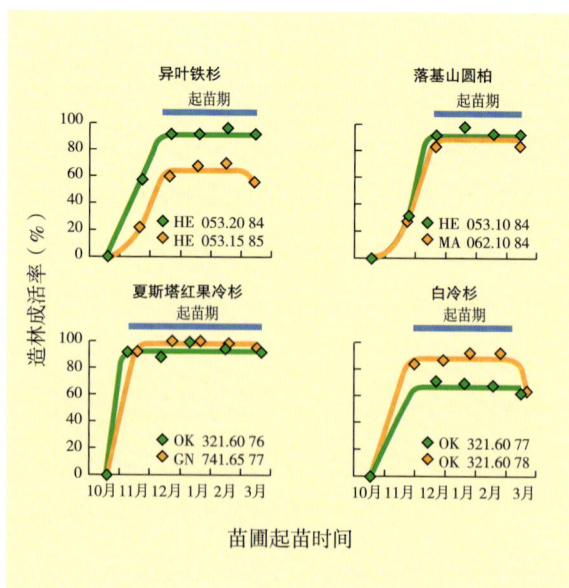

图7.3.3 造林试验是一种有效但是耗费时间的确定起苗期的方法，该方法在整个收获季节按不同时间起苗，造林后监测造林效果。结果显示，4种针叶树种的起苗期为11月至翌年2月底。像红果冷杉（*Abies magnifica*）这种高海拔树种的苗木，由于较早进入休眠，其起苗期要比低海拔树种的长。

● 7.3.2.3 苗木质量检测

在本卷第2章中，详细论述了苗木质量检测，以及用多种方法来检测确定容器苗收获出圃时间。根生长潜力（RGP）广泛用于苗木质量检测，很多试验都试图建立根生长潜力与起苗期的关系。虽然这一检测结果表明了苗木活力与相对活力，但根生长潜力值在年际之间变化很大。

低温量估算芽休眠　种植者都知道应当在苗木休眠时进行收获。不幸的是，种植者缺乏快速且简单的测试方法来确定休眠状态，而目前的检测只是测量芽休眠。因此，最简单实用的估算芽休眠程度的方法是基于低温需求。这个概念是合理的，因为植物暴露在低温下的时间控制着休眠的解除。因此，通过测定暴露在低温下的时间可以间接估算休眠程度。

这一方法被称为低温量，或木质化程度天数。这个过程包括测量一天中的温度和计算低于某一温度的持续时间。低温量可以用几个不同的公式来计算，环境监测设备可自动计算低温量（详见7.2.5.1）。

抗寒性试验　现有知识认为，苗木应该充分木质化才能承受在收获、贮存、运输和造林过程中的胁迫。虽然苗木有许多抗性特征，但抗寒性已被证明是判断何时起苗最容易测量和最佳的预测指标。加拿大容器苗种植者用抗寒性测试来确定起苗期和评估贮藏性已经20多年。他们试验的临界点是，将苗木置于低温环境，叶片低于25%的冻伤（Burdett and Simpson，1984）。对于露天贮藏，苗木需要能够抵抗-15℃环境下连

续2次的抗寒性测试（Colombo et al., 2001; White, 2004），然而对于长期冷藏，需要经过2次连续-15℃抗寒性测试，或一次-40℃抗寒性测试才行（Colombo and Gellert，2002）。

采用生长箱测定花旗松和西黄松容器苗的抗寒性是通过气象数据建立模型，以推测起苗期（Tinus，1996）。冷冻诱导外渗液电导率实验证明，起苗期的年度变化是可以预测的。比较4年模型发现，起苗期的起始时间、结束时间和持续时间显著不同（图7.3.4）。

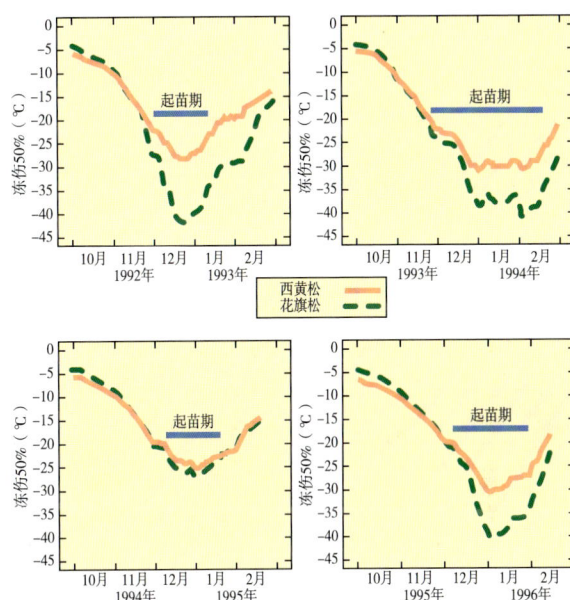

图7.3.4　用抗寒性（以冷冻诱导的外渗液电导率测定中冻伤50%为指标进行测定）在1992—1996年的4个冬天，针对2个西南针叶树种数据建立的起苗期模型（引用并改绘自Tinus，1996）。

7.3.3　苗木贮藏前杀菌处理

在越冬贮藏期间，霉菌是一个严重的问题，尤其是常见于下部衰老叶片上的灰霉菌（*Botrytis cinerea*）（图7.3.5A）。因此，在冷藏包装之前，一些苗圃会对苗木进行叶片杀菌。

不幸的是，苗圃工人和植树工人抱怨，在接触杀菌处理过的苗木时，会出现皮疹和其他过敏

症状。杀菌药效和农药残留的综合研究仅在加拿大不列颠哥伦比亚省的容器苗圃进行过（Trotter et al., 1992）。使用两种杀菌剂，苯菌灵（Benlate 50WP）和克菌丹（Captan 50WP），一种处理是在冷藏之前通过喷灌设施对针叶苗木进行杀菌，另一种处理是通过背式喷雾器喷施。他们发现，

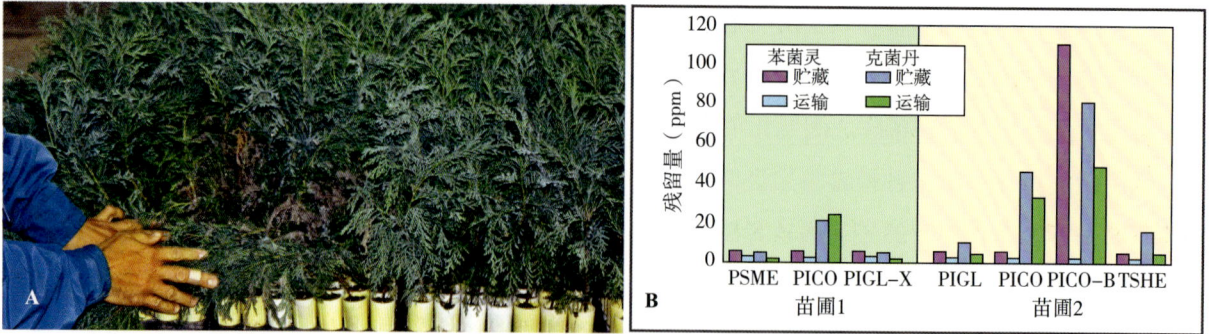

图 7.3.5　高密度苗木通常容易在下部衰老叶片发生灰霉菌（A）；贮藏苗木叶片农药残留量因苗圃和打药方法不同而异。温室内所有处理均通过喷灌设施喷洒杀菌剂，只有苗圃 2 使用背式喷雾器喷洒 PICO-B 处理（B，树种代码：PSME = 花旗松 *Pseudotsuga menziesii*, PICO = 扭叶松 *Pinus contorta*, PIGL = 白云杉 *Picea glauca*, PIGL-X = 白云杉 x 恩格曼云杉 *Picea glauca* × *engelmannii*, TSHE = 异叶铁杉 *Tsuga heterophylla*）（根据 Trotter et al., 1992 修改）。

两种杀菌剂对于灰霉菌均有效。在贮藏前后选取苗木样品测定农药残留量，结果发现，克菌丹的残留量高于苯菌灵，且背式喷雾器处理的存留量明显更高（图 7.3.5B）。这种短期残留效应表明杀菌剂仅在喷施后短时间有效，而且如果在贮藏期间或贮藏后存在易感条件，高度敏感的种批仍然可能受到感染（Trotter et al., 1992）。

因此，决定是否使用保护性杀菌剂来控制贮藏时的霉菌，应该从栽培和安全的角度考虑。在收获前已经被感染的树种和种批可能会受益于保护性杀菌剂的使用，但已严重感染或受胁迫的苗木在贮藏期间或贮藏后仍然可能出现霉菌问题。（更多关于霉菌和其他贮藏问题的讨论见第 5 卷 5.1.6.2。）

7.3.4　按订单包装运输

容器苗的处理方式取决于销售和运输方式。

● 7.3.4.1　小额订单

一些州政府和私人苗圃，为上千的客户提供种类繁多但每种数量又较少的苗木。许多苗木是为完成这些订单而专门培育的，苗圃在整个冬季和春季运输季节接收订单。为了方便填写和处理订单，苗木通常被收获、分级、包装成不同数量（例如，以 5 株或者 25 株作为可以订购的最小数量），然后放入散装箱，存放在冷藏室中。随着订单下达，工人们从散装箱中取出苗木，按订单组合不同种类苗木，通常采用邮寄或者包裹服务发送。

● 7.3.4.2　大额订单

许多联邦政府和林业产业全部或者大部分苗圃是按照合同培育容器苗，然后按照客户要求统一进行分级、包装（通常 100～500 株 / 箱）、贮藏。根据客户喜好和贮藏时间，这些苗木可能会放在冷藏室或者冷冻室中。

7.3.5　分级和包装

不管是夏季造林的容器苗还是休眠栽植的苗木，都是按照标准根据大小和外观进行分级，

至于订单苗木，则按客户要求分级（见第 1 卷，147～149 页）。"不合格苗"（culls）是指不符合

分级标准的苗木。有时，这些指标在分级过程中要根据其他不合格苗情况和运输因素而进行调整。典型分级指标包括苗高、地径和根团完整性（图7.3.6）。另外，苗木要进行物理损伤或者病害检查，尤其是贮藏过程中可能传染的灰霉病（*Botrytis cinerea*）。

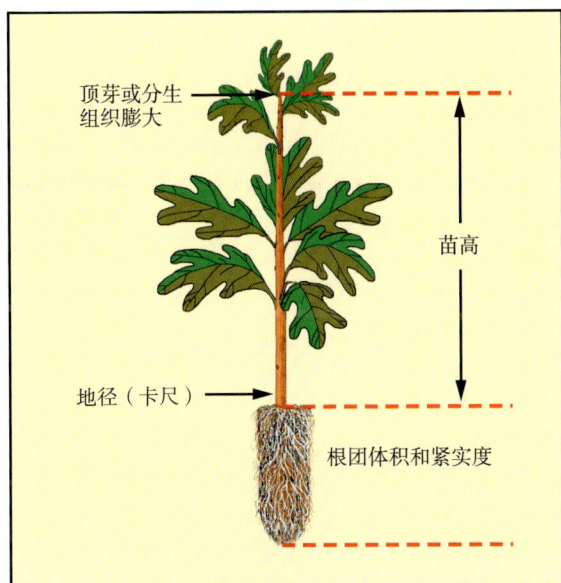

图7.3.6 分级标准包括苗高、地径和根团完整性

分级时间根据收获方法而定。为了减小贮藏时的体积和病害，大多数容器苗圃都将分级作为收获过程的一部分。而有些苗圃将苗木贮藏在露天，将未分级苗木运输到造林地，在造林之前迅速对苗木进行分级（Dionne，2006）。

容器规格、包装和贮藏方式决定了最佳处理系统。对于小体积容器，苗木处理方式分为两种：①带容器分级、贮藏和运输苗木；②从容器中取出（拔出或者起出）苗木，随后进行分级、包装和贮藏并运输（Landis and McDonald，1981）。由于大容器苗较大、较重，应单独分级和处理。

● 7.3.5.1 带容器贮藏和运输

带容器贮藏和运输方式一般局限于硬塑料架上的单杯软塑料容器。应用最广的容器类型是Ray Leach "Cone-tainers" ™和Deepots™（图7.3.7A）。收获过程包括从架子上取出容器，苗木分级和挑选，将合格容器苗放入可运输架子，不合格苗放入另一个架子（图7.3.7B）。在运到造林地前，可运输架子贮藏在室外遮阳棚或者白色塑料板下（见本卷第4章）。时间允许时清空不合格容器苗架子。由于塑料架子易碎，在处理或者运输过程中易损坏（图7.3.7C），有的苗圃用橡皮筋成束捆扎容器，或放在塑料袋中（图7.3.7D），然后放在硬纸箱中冷藏。

有的苗圃用容器块育苗，同样也带着容器分级、贮藏和运输到造林地。这种方式更适合于耐久性更强的硬塑料容器，如Hiko™容器、IPL Rigi-Pots™容器和Ropak Multi-Pots™容器。有的苗圃在分级过程中，从容器中取出不合格苗木。但是，有的不分级，将苗木全部运输到造林地，栽植者根据苗木质量，最终决定是否使用（Dionne，2006）。

图7.3.7 带容器收获一般适用于可从架子上取出的单杯软塑料容器（A），分级、合并后，分别放在合格苗或不合格苗的架子上（B）。运到造林地的容器必须再返还苗圃，运输过程中可能会有损坏（C），因此，有的苗圃用塑料袋包装单杯容器苗（D），然后放入硬纸箱。

● 7.3.5.2 取出苗木

像前面提到的，贮藏在冷藏室的容器苗通常会从容器中取出，但是，生长季造林的苗木也从容器中取出。"取出包装"方法一般用于大的块状容器，如Styroblock™，因为取出苗木可以减少贮藏和运输时空间体积。收获后，休眠期苗木可以贮藏6个月，因此取出苗木可以将容器清洗干净、杀菌，用于下一季育苗。

在小苗圃，取出、分级、打包苗木的过程通常在个人工作台完成。每个工作台都配备架子或者钳子来固定容器块或者托盘，以便工人取出苗木并分级（图7.3.8A）。然而，在大苗圃，这一系列工作都是在分级打包生产线上完成。不同工人，由传输带连接（图7.3.8B），各自负责取出、分级和打包工作。

为减少劳力成本和工伤事故发生，分级和打包变得越来越机械化。许多森林和保护地植物的苗木根系发达，在生长周期结束时形成一个紧实的根团。一些树种的根系甚至长进了容器壁的小孔中，尤其是Styrofoam™容器块，使人工取苗变得困难。在打包生产线上工作的苗圃工人通常会有肌腱炎和其他手腕慢性疾病、小臂受伤等。为方便取苗，一些苗圃使用机械"击打器"，用一个振动机械来松动容器根团（图7.3.8C）。

取苗难的另一个原因是，苗木根系从容器排水孔中穿出形成根垫（图7.3.8D）。为方便取苗，有的苗圃将容器块放在一个旋刀上来切断根系垫（图7.3.8E）。相比较而言，通过设计温室育苗架，促进空气修根来解决取苗难的问题更容易一些。

图7.3.8 每个分级台在进行"取出包装"操作时，都有一个架子固定容器（A）。在大型苗圃，分级台是分级和打包生产线的一部分，能够提高效率（B）。由于苗木较难从容器中取出，如Styroblock™，先要使用"击打器"来松动根团（C）。如果根系在排水孔形成垫状（D），必须将其切断以便取出苗木（E）。

包装生产线机械化程度因苗圃规模和复杂程度而异。大型苗圃用针状或者棒状取苗器同时将一排苗木推出容器至传送带上，并在传送带上进行分级（图7.3.9A）。不合格苗木扔到地上，而合格苗5～25株成一捆。在传送带最后端，另一个工人收集苗木并包装。

图7.3.9 在机械化程度高的苗圃，通常是通过针状取苗器同时从容器中推出一排苗木（A）；分级后，用保鲜膜将苗木按一定数量捆扎起来（B）或者用塑料袋装起来（C）；最后，成捆的苗木装入硬纸箱或者塑料箱，以便在贮藏和运输过程中保护苗木（D）。

● 7.3.5.3　包装苗木

乡土树种容器苗的包装一般有3种系统。

苗木卷　在第一种包装系统中，成束的苗木被卷成像果冻一样的苗木卷（jelly rolling），根系用保护性材料紧紧包裹住（图7.3.10A）。然后，将苗木卷放入硬纸箱中，便于贮藏和运输到造林地（图7.3.10B）。苗木卷用于保护裸根苗细根免于干旱胁迫已有数十年了（Dahlgreen，1976），研究表明，针叶树种苗木卷受到的水分胁迫较低（图7.3.10C）。常用的包装材料是湿的粗麻布和湿纸巾，但乡土树种常用保鲜膜以防形成紧实的根团。白花豚草（*Ambrosia dumosa*）田间试验表明，

苗木卷改善了苗木运输和造林时容器中的水分状况，栽植成活率和生长表现与带容器运输的苗木相当（Fidelibus and Bainbridge，1994）。其最显著的优点是在栽植过程中容器不受损伤或者丢失。对于塑料袋包裹的森林土壤中生长的苗木，抖掉根系上的土，将根系在吸水剂泥浆中蘸一下，卷成苗木卷可减苗木的体积和质量。另外，这些土壤可以消毒再利用，节约购买育苗基质的成本，减小对森林环境的影响（Mexal et al.，1996）。

最近有将冷冻苗木直接运输到造林地的做法，单株苗木的苗木卷可防止苗木冻在一起。

装袋装箱　在第二种包装系统中，自动包装

图7.3.10 苗木卷的制作：用布、纸或者保鲜膜整齐包裹根部，然后卷起苗木成一捆（A）。研究表明，除了在贮藏、运输和造林时保护根团外（B），苗木卷能够降低水分胁迫（C）（C，根据Lopushinsky，1986修改）。

机产生一股气流将塑料袋撑开，使苗木更容易插入（图7.3.9C）。一般情况下，装袋后的苗木放入内衬塑料薄膜的箱子中贮藏时，像一般订购的苗木一样，袋子应该足够深以便包裹根系，方便搬运。当成束苗木贮藏于盛放散装物品的箱子中（图7.3.11A），袋子应该大些，以便能够包裹整株苗木，防止干燥，尤其是常绿植物（图7.3.11B）。

装箱 第三种包装系统常在美国南部使用。

在第三种包装系统中，夏季造林的容器苗取出后直接装进运输箱子中，不包裹塑料袋（Dumroese and Barnett，2004）。这些被起出的苗木，在冷藏室中短时间贮藏，应在蒸腾失水造成根团水分降到影响苗木成活前进行栽植。

分级和包装过程的最后一步是将成捆的苗木放进贮藏室或者运输箱（图7.3.9D），标记树种、种批、苗木数量及其他重要信息。

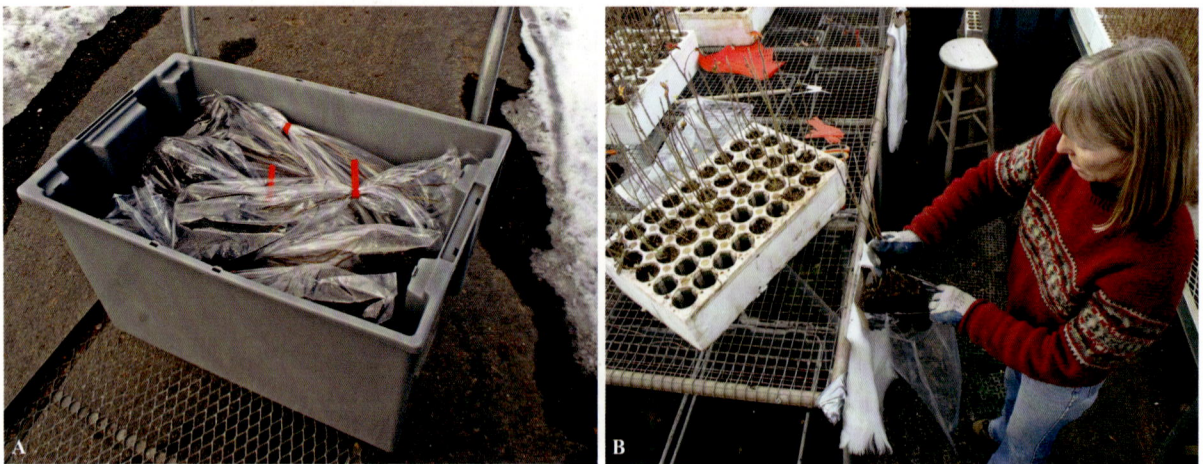

图7.3.11 苗木如需放在散装箱贮藏后再进行包装运输（A），就应将其完全装入较深的塑料袋中减少失水（B）。

● 7.3.5.4 大规格容器苗处理

由于规格较大、质量较重，大规格容器苗一次只能处理一株，然后存放在遮阳棚或者露天，直到运走（图7.3.12A）。尽管大型园林苗圃

一般在冷库中贮藏苗木，但在林业和乡土树种苗圃则不多见。方形容器，如Treepots™，分级和贮藏在特殊的金属托盘架或者塑料板条箱上（图7.3.12B），直到造林时运出。

图7.3.12 大容器苗通常在遮阳棚下分级（A），运输前贮藏在架子上（B）。

7.3.6 贮藏和运输的包装

典型的贮藏箱是波状硬纸箱，内衬塑料或者涂蜡处理，可防水（图7.3.13A）。有的苗圃用波纹状塑料箱，尽管贵一些，但可循环利用（图7.3.13B）。有的苗圃甚至将带容器的苗木直接装在纸箱中运输到造林地，防止机械损伤。箱子是标准的冷藏箱，一般是将苗木从容器中取出后放入箱子。但是，因为箱子不防水，需要内衬一层薄的（0.0254～0.0508 mm）塑料袋（图7.3.13B）。冷藏箱的内层塑料袋可防止由于冷藏设备持续去除冷库中多余水分而引起的苗木失水损伤（图7.3.13C）。

图7.3.13 涂蜡硬纸箱使搬运苗木更容易，且贮藏效果更好（A）。内衬塑料袋（B）对长期冷藏苗木是必须的，因为苗木蒸腾和呼吸所产生的水分可在容器壁上凝结（C）。

7.3.7 不合格苗木的处理

在每个分级点，不合格苗木被扔在地上或者垃圾桶里。如果有市场，这些规格虽小但健康的苗木可以移栽到大容器中，用于更大地理范围的造林。然而，很多造林用苗要求来自特定的种子区，所以苗木只能在有限区域栽植。另外，大多数林业和乡土植物项目要在一个季节种植所有苗木，因此贮藏苗木没有市场。

大多数苗圃将不合格苗木粉碎后制作堆肥，作为土壤添加物循环利用。由于木质的茎和根系需多年才分解，不合格苗木会被放进击打研磨机或者桶状粉碎机进一步粉碎，以加速分解和加快

堆肥过程（图7.3.14）。

图7.3.14 不合格苗木装入桶状粉碎机粉碎，然后制作堆肥。

7.3.8 总结和结论

苗木收获、分级、包装、贮藏的方式因造林时间、育苗容器类型以及通过研究或者经验形成的特定地区育苗惯例而异。在生长季收获的苗木几乎没有休眠期，在或不在冷藏室贮存几天后便进行造林，这就是通常所说的生长季造林（hot-planting）。但更多的是苗木在休眠期收获，在冷藏室内贮藏几周至几个月。苗圃管理者可根据日历、苗木形态特征、造林试验结果、苗木质量检测等确定苗木是否休眠。计算一个树种苗木的低温需求量并与苗木质量检测关联起来，可能是苗圃管理者在收获前确定苗木休眠程度的最佳方法。

影响苗木收获过程的因素有许多，包括苗圃大小、机械化程度、客户基础、容器类型、苗木

生长形式、苗木是否取出放进袋子或者卷成苗木卷、贮藏环境以及从研究或者经验中获得的本地成功做法。例如，州或私人苗圃通常按订单育苗，这些苗木从容器中取出，根据最小订单打包成捆，贮藏在冷藏室，收到订单后包装运输。相反，大型森林苗圃通常根据合同育苗，从容器中取出苗木，在造林前贮藏在冷藏室或者冷冻室内，但在加拿大滨海地区的苗圃，苗木保留在容器中直接贮藏在室外。很多本土苗圃苗木在容器中进行分级和运输，尤其是那些根系不发达树种。显然，收获过程由很多因素决定，但是收获的目的总是一致的，即从苗圃起苗到野外造林过程中不降低苗木质量。

7.3.9 引用文献

BURDETT A N, SIMPSON D G, 1984. Lifting, grading, packaging and storing[Z]// DURYEA M L, LANDIS T D.

Forest nursery manual: production of bareroot seedlings. The Hague, The Netherlands: Martinus Nijhoff Publishers:

227-234.

BURR K E, 2005. Personal communication[EB]// Coeur d' Alene. ID: USDA Forest Service, Coeur d' Alene nursery.

COLOMBO S J, GELLERT S, 2002. Frost hardiness testing: an Ontario update[Z]// For. Res. Note No. 62. Sault Saint Marie, ON, Canada: Ontario Forest Research Institute.

COLOMBO S J, SAMPSON P H, TEMPLETON C W G, et al., 2001. Assessment of nursery stock quality in Ontario[Z]. WAGNER R G, COLOMBO S J. Regenerating the Canadian forest: principles and practice for Ontario. Markham, ON, Canada: Fitzhenry and Whiteside: 307-323.

DAHLGREEN A K, 1976. Care of forest tree seedlings from nursery to planting hole[J]. BAUMGARTNER D M, BOYD R J. Tree planting in the Inland Northwest. Pullman, WA: Washington State University, Cooperative Extension Service: 205-238.

DIONNE M, 2006. Personal communication[M]// JUNIPER NB, JD LRVING, LTD. Juniper Tree Nursery.

DUMROESE R K, BARNETT J P, 2004. Container seedling handling and storage in the Southeastern States[C]// RILEY L E, DUMROESE R K, LANDIS T D. National Proceedings: Forest and Conservation Nursery Associations—2003. Proceedings RMRS-P-33. Ogden, UT: USDA Forest Service, Rocky Mountain Research Station: 22-25.

FIDELIBUS M W, BAINBRIDGE D A, 1994. The effect of containerless transport on desert shrubs[J]. Tree Planters' Notes 45(3): 82-85.

FREDRICKSON E, 2003. Fall planting in northern California[C]// RILEY L E, DUMROESE R K, LANDIS T D. National Proceedings: Forest and Conservation Nursery Associations—2002. Proceedings RMRS-P-28. Ogden, UT: USDA Forest Service, Rocky Mountain Research Station: 159-161.

JACKSON D P, DUMROESE R K, BARNETT J P, et al., 2007. Container longleaf pine seedling morphology in response to varying rates of nitrogen fertilization in the nursery and subsequent growth after outplanting[C]// RILEY L E, DUMROESE R K, LANDIS T D. National Proceedings: Forest and Conservation Nursery Associations —2006. PROCEEDINGS RMRS-P-50. USDA Forest Service, Rocky Mountain Research Station: 114-119.

JENKINSON J L, NELSON J A, HUDDLESTON M E, 1993. Improving planting stock quality—the Humboldt experience[M]// Gen. Tech. Rep. PSW-143. USDA Forest Service, Pacific Southwest Research Station. 219 p.

KOOISTRA C M, 2004. Seedling storage and handling in western Canada[C]. RILEY L E, DUMROESE R K, LANDIS T D. National Proceedings: Forest and Conservation Nursery Associations—2003. Proceedings RMRS-P-33. Fort Collins, CO: USDA Forest Service, Rocky Mountain Research Station: 15-21.

LANDIS T D, MCDONALD S E, 1981. The processing, storage and shipping of container seedlings in the Western United States[C]. GULDIN R W, BARNETT J P. Proceedings of the southern containerized forest tree seedling conference. Gen. Tech. Rep. SO-37. New Orleans, LA: USDA Forest Service, Southern Forest Experiment Station: 111-113.

LOPUSHINSKY W, 1986. Effect of jellyrolling and acclimatization on survival and height growth of conifer seedlings[J]. Res. Note PNW-438. Portland, OR: USDA Forest Service, Pacific Northwest Forest and Range Experiment Station. 14 p.

MATHERS H M, 2000. Overwintering container nursery stock, part 1: acclimation and covering[J/OL]. Columbus, OH: Ohio State University, Department of Horticulture, Basic Green. http://hcs.osu.edu:16080/basicgreen (accessed 4 July 2005).

MEXAL J G, TIMMIS R, MORRIS W G, 1979. Coldhardiness of containerized loblolly pine seedlings: its effect on field survival and growth[J]. Southern Journal of Applied Forestry 3(1): 15-19.

MEXAL J G, PHILLIPS R, LANDIS T D, 1996. "Jellyrolling" may reduce media use and ransportation costs of polybaggrown seedlings[J]. Tree Planters' Notes 47(3): 105-109.

TINUS R W, 1996. Cold hardiness testing to time lifting and packing of container stock: a case history[J]. Tree Planters' Notes 47(2): 62-67.

TROTTER D, SHRIMPTON G, DENNIS J, et al., 1992. Gray mould (*Botrytis cinerea*) on stored conifer seedlings: efficacy and residue levels of prestorage fungicide sprays[C]// DONNELLY F P, LUSSENBURG H W. Proceedings: Forest Nursery Association of British Columbia meeting, 1991: 72-76.

WHITE B, 2004. Container handling and storage in Eastern Canada[C]// RILEY L E, DUMROESE R K, LANDIS T D. tech. coords. National Proceedings: Forest and Conservation Nursery Associations—2003. Proceedings RMRS-P-33. Fort Collins, CO:USDA Forest Service, Rocky Mountain Research Station: 10-14.

第4章
贮 藏

7.4.1 引　言

有些农产品即使经过长时间贮藏也不会降低产品质量，但容器苗是活的产品，保质期有限。因此，乡土植物苗圃需要精心设计苗木贮藏设施。

过去，苗圃靠近造林地，不需要过多考虑苗木贮藏问题，苗圃起苗后第2天便进行造林。那时，运输速度慢，苗木处理和包装也相当简单（图7.4.1）。回想过去，再看看我们现在对植物生理学的研究，令人惊讶的是，许多早期的人工林表现得却非常好。

重要的是要认识到苗木贮藏在实践中是必要的，而并非满足苗木的生理需求（Landis，2000）。其原因有以下4个方面。

图7.4.1　早期苗圃不需要贮藏设备，因为苗木当天即可运输到造林地。图为工人坐在苗木包装箱上。

7.4.1.1　苗圃和造林地之间的距离

如今，绝大多数苗圃距离他们客户的造林地比较远，通常是数百甚至数千英里[①]。容器苗苗圃更是如此。因为只要有合适的种子，即使距离很远，在具有良好生长环境的温室中也可以培育高质量苗木。然而，苗圃和造林地的距离越远，苗木越是需要贮藏。

7.4.1.2　苗圃起苗期和造林期之间的差异

前面提到，容器苗苗圃通常坐落在与客户造林地气候不同的地方，尤其是山区，苗圃通常位于低海拔山谷，这就使得苗圃气候和高海拔造林地的气候差异很大。起苗期和造林期之间的差异也会因造林季节而异。如果客户需要夏季或者秋季造林，那么幼苗只需短期贮藏。然而，造林最佳时间通常是来年春天，因此，在整个越冬季都需要保护好苗木。

7.4.1.3　方便收获和运输

现代苗圃生产了大量苗木，这就意味着苗木不可能在短时间内进行起苗、分级、处理和运输。因此，贮藏设备的主要作用是延长收获时间和运输过程。

7.4.1.4　冷冻贮藏可以作为一种培育方法

许多种植者不赞成冷冻贮藏可调节不同树种的生理特性这一观点。冷藏温度可以满足休

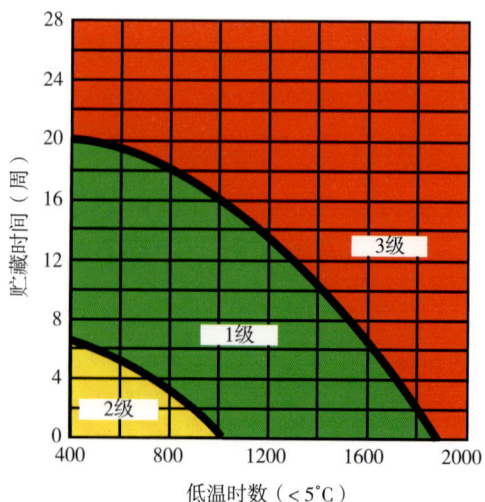

图7.4.2　冷冻贮藏可以满足休眠苗木的部分低温需求。以花旗松为例，冻藏将苗木质量从黄色区域提高到绿色区域（根据Ritchie，1989修改）。

[①] 1mile（英里）≈ 1.61km。以下同。

眠苗木的部分低温需求，而冻藏甚至可以提高苗木质量（Ritchie，1989）。冻藏的2级花旗松（*Pseudotsuga menziesii*）苗在冻藏过程中逐渐提高到1级苗（图7.4.2）。另一方面，具有非典型性休眠模式的苗木可能不会从冻藏中受益。冷藏的黑栎（*Quercus nigra*）没有延长休眠时间、提高抗逆性或者造林效果（Goodman et al.，2009）。关于休眠和苗木质量的深入讨论见本卷第2章。

7.4.2 夏季或者秋季造林——生长季造林的短期贮藏

需要夏季或者秋季造林的容器苗没有经过休眠，抗逆性差，应注意。"生长季造林"（hot-planting）一词是指没有经过冷冻贮藏的苗木直接进行造林。苗木在运走前通常存放在炼苗场中，炼苗场一般是遮阳棚或露天场地（图7.4.3A）。在美国南部，生长季造林的容器苗贮藏在4～21℃（40～70℉）冷藏箱或者冷藏车中，时间不超过1周（Dumroese and Barnett，2004）。

最新研究表明，未休眠苗木生长季造林的效果较好（Helenius et al.，2005）。快速生长中和冷藏后的挪威云杉（*Picea abies*）容器苗造林后，均受到越来越多的水分胁迫。未休眠容器苗生长季造林后，其根系生长在造林2周后显著优于冷藏的苗木（图7.4.3B）。

当造林地条件适合造林时，夏季和秋季的生长季造林均容易获得成功。因为苗木可以根据需求贮藏在苗圃或者运走，这种供给弹性比较大。在造林地，苗木需要直立贮藏并且放在遮阳处。用白色箱子可反光，同时保持箱内较低温度（Kiiskila，1999）。生长季造林需要苗圃和客户之间密切协调，因此，造林地通常靠近苗圃且规模相对较小。

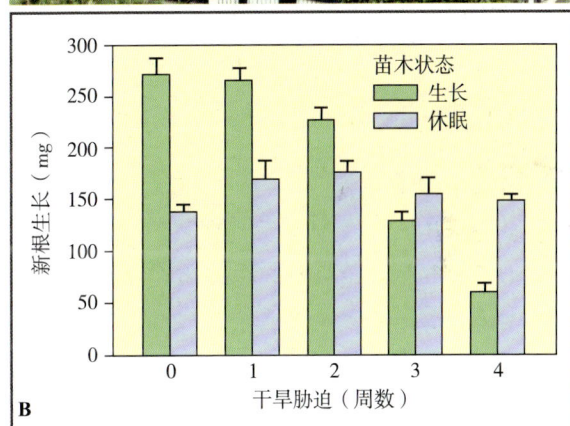

图7.4.3 由于未休眠、抗逆性弱，生长季造林的苗木运输前放在炼苗场（A）。试验中，和冷藏苗木相比，生长季造林的云杉苗木造林2周后有更多的新根从容器苗的根团长出（B）（B，根据Helenius et al.，2005修改）。

7.4.3 越冬贮藏

正确贮藏越冬苗木的重要性常常被缺乏经验的苗圃管理者忽略，因为他们把主要精力放在了苗木生长上。由于计划不周或管理不当，越冬贮藏经常造成苗木损伤甚至死亡（图7.4.4A）。虽然苗木死亡引人关注，但危害更隐蔽的是诸如根系严重受损等非致命性损伤（图7.4.4B）。不幸的是，非致命性损伤的苗木在苗圃良好条件中通常不会表现出受损症状，相反，这种损伤苗木往

图7.4.4 贮藏不当时，未木质化的苗木经历突如其来的冰点以下温度后全部死亡（A）。非致命性损伤，如根系冻害受损（B），应该更加注意，因为在没有胁迫的条件下叶片症状出现得较慢。

往在造林后成活率低和生长差。越冬损伤的风险在很大程度上由贮藏苗木的生理状态和贮藏技术与条件所决定（讨论见本卷第3章）。

● 贮藏设备的设计和选点

首先，在苗圃规划阶段就应该考虑苗木贮藏设施，但现实中，通常做不到这一点。苗木贮藏系统的设计和选点依据以下4点。

苗圃气候 大多数人认为越往北或者海拔越高越冬贮藏越难，但情况并非总是如此。由于冬季极端天气的波动性，美国中西部或者南部大平原的苗圃通常最具挑战性（Davis，1994）。一个极端的例子，喀斯喀特山脉或者落基山山脉的东坡，24h内温度变化幅度大于22℃（40℉），冬季和早春常风大、干燥。在阿尔伯塔省（Alberta）的一个苗圃，有一项关于室外贮藏苗木质量的5年研究，记录了冬末由于晚霜和异常暖温导致的反复损伤和死亡情况（Dymock，1988）。美国西南部也很难贮藏容器苗，这里的冬季天气晴朗、阳光明媚。因此，每一个苗圃必须建立适合当地气候的贮藏系统。

苗木特征 苗木的耐藏性差异较大，因此贮藏系统必须符合树种特性。越冬性好的树种可以达到深度休眠，并且能耐低温或者忍耐波动大的温度。落叶树种有一定优势，由于在贮藏期间没有叶片，可降低冬季干燥影响。常绿树种有受冻和水分损失的可能，尤其常绿阔叶树种更为严重。沿海地区的树种和生态型从不受冻害影响，其抗寒性往往不如内陆地区的树种。用海拔变化范围较大的不同种源的种子育苗时，对苗圃是一个挑战。例如，沿海花旗松种源苗木生长期长，其抗寒性比高海拔的差。在热带和亚热带气候区，苗木从来不会经历真正的休眠，且在一年中任何时候都可以造林。

所有温带和北极地区的植物都要经历生长和休眠的年度循环（见本卷第2章）。在苗圃，苗木要经过一个快速生长期，在造林前停止生长，这便是木质化期。在第6卷，我们讨论了如何促进苗木木质化并做好贮藏准备。苗木完全休眠并且木质化是越冬贮藏的理想生理状态。休眠且抗寒的植物被人们认为处于"暂停生长"的状态。但它们仍然在呼吸，根和茎仍然进行细胞分裂（见本卷第2章中的图7.2.35）；常绿植物甚至可以在冬季的有利时期进行光合作用。苗圃管理人员面临的挑战是设计和管理一个贮藏系统，使贮藏的植物处于休眠状态，同时免受胁迫。

造林地距离 靠近造林地的苗圃可以经短期贮藏或未贮藏的情况下进行生长季造林。然而，随着距离增加，贮藏设备就显得很有必要了。因苗圃气候和造林地气候不同，就需要更为复杂和更高成本的苗木贮藏系统。由于培育的苗木用于不同海拔和不同造林时间，美国俄勒冈州和华盛顿州的惠好（Weyerhaeuser）苗圃使用冷冻贮藏技术，苗木可以存放长达6个月（Hee，1987）。美国俄勒冈州南部林务局的J.H. 斯通苗圃培育的商业性针叶树苗木覆盖了美国西北部客户，但来自美国爱达荷州高海拔地区的苗木需要特殊处

理。因此，苗木成本比提供给本地客户的更高。另外，美国俄勒冈州沿海的客户可以在冬季造林，他们可以采用短期贮藏的苗木。

苗木贮藏的数量和规格 前面已经提到，在处理苗木过程中大型苗圃面临着更大挑战，贮藏系统在此便起到了缓冲作用。另外，大规格容器苗需要特殊的贮藏环境。例如，冷藏库贮存大量66cm³的苗木（4in³）相对容易。但相同数量328cm³的苗木（20in³）则需要4倍的贮存空间。大规格苗木，如20L（5US gal）的容器苗，就需要非常大的冷藏空间，因此要采用其他方法贮藏。

7.4.4 非冷冻贮藏系统

个别乡土树种的越冬贮藏有特殊要求，加之当地气候独特，在森林苗圃有4种常用越冬贮藏苗木的方法。大多数苗圃采用多种贮藏方式，其中的3种避免了冷冻贮藏，本节将对此进行讨论。第4种贮藏方法在7.4.5讨论。

● 7.4.4.1 露天贮藏

露天贮藏最便宜，但在冬季温度达冰点以下地区，也是风险最高的一种贮藏方式。露天贮藏尤其对小规格苗木风险很高，因其根团基质少而不能保护根系免受冻害。相对而言，大规格容器苗的基质较多，还因其含水量较高可以抵御越冬干旱。因此，容器苗越小，损伤风险越高。

在苗圃中，露天贮藏的最佳位置是能够免受风吹、排水通畅、无冷气汇聚之地。地面铺上碎石或者排水瓦片可以提高贮藏点雨水或春季雪溶水的自然排水能力。在地面上将容器紧密地捆在一起，并用稻草包或锯末围成的护堤与周围隔开，利用贮存在地下的热量来保护苗木根部（图

7.4.5A）。瑞典的一项研究表明，露天贮藏，将容器苗捆在一起并直接放在地上很重要（Lindstrom，1986）。容器外围的温度一般都比内部的温度低3℃（5.4℉），且波动较大。越冬结束时，将苗木放在生长室内，观察它们的生长状况。那些直接放在地上贮藏的苗木，其地上部分和地下部分生长量比在离地10cm（4in）穴盘上贮藏苗木的高（图7.4.5B）。为了防止苗木根系长进地里，可以用厚聚酯板或者铜处理过的无纺布将苗木垫起，起到化学修根的作用（图7.4.5C）。

露天贮藏在森林覆盖的北部气候区最成功，在此条件下，紧挨着的树木可以相互遮阴和挡风，还可以预期有持续的雪覆盖。如果没有树木遮挡，可以将苗木贮藏在狭窄的东西走向的垂直雪栅之间（图7.4.5D）。对越冬容器苗来说，雪是一种理想的天然保护层，但完全或者持续的雪覆盖并不是随时都有。一些北部的苗圃已经成功地用造雪机生产了覆盖雪层（Davis，1994）（图7.4.5E）。

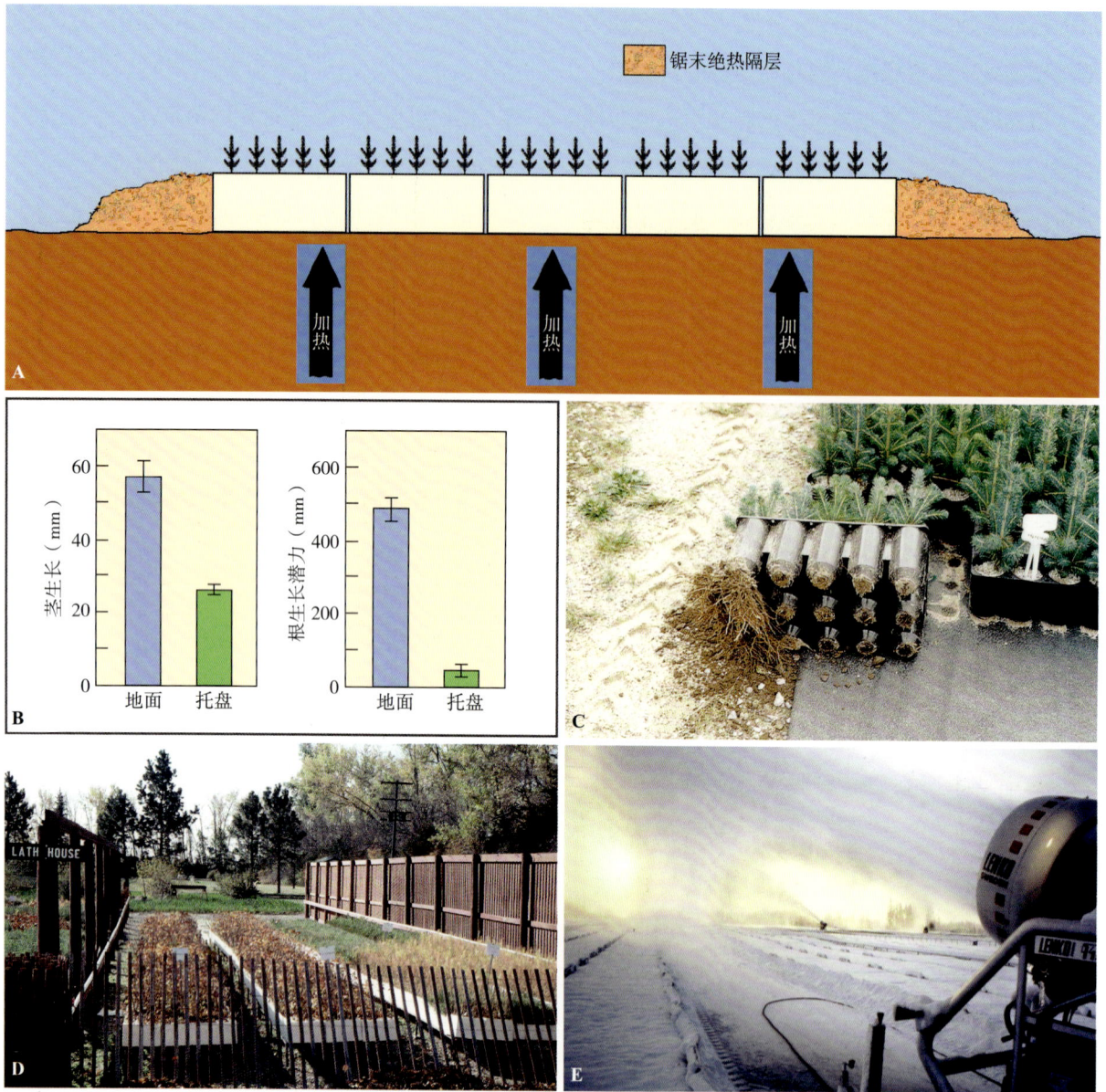

图7.4.5 将苗木在地上码放整齐并用保温材料围挡的露天贮藏很有效（A）。直接放在地上的越冬苗木的地上部分生长和根生长潜力高于贮藏在托盘上的苗木（B）。铜处理过的无纺布，如Tex-R®（C），非常适合地面贮藏，因为化学处理可以防止根系长到地里。露天贮藏苗木应该避免阳光直晒和天然或者人造雪栅所带来的风（D）。雪是一种绝佳的绝缘体，北部的苗圃用造雪设备增加了降雪（E）（B，根据Lindstrom，1986修改；C，由Stuewe & Sons股份有限公司提供；E，由Maurice Dionne提供）。

● 7.4.4.2 无设施贮藏

仅次于露天贮藏，无设施贮藏是贮藏容器苗最简单和最便宜的方式。"无设施"指苗木包裹在一层保护性的覆盖物中，没有实质性机械支撑。可作遮盖物的材料很多，但基本原则就是为贮藏苗木提供保护。透明塑料布不能作为遮盖物，因为透光导致贮藏区温度过高，容易伤害苗木或抑制苗木休眠。所有塑料遮盖物都是可以光降解的，因此不用时应该贮藏在干燥避光处（Green and Fuchigami，1985）。任何无设施贮藏都只能用于充分木质化的苗木，最重要的是要在春季苗木休眠结束前移走。

白色塑料布 单层膜，如4mm厚白色塑料布，是无设施贮藏中常见的遮盖物。选择白色是因为它反射阳光，能保持遮盖物下温度不会升高。有的将容器苗码放在一起，根系朝里，再用白色塑料布遮挡（图7.4.6）。然而，这种方式比把容器苗直接码放在地上利用土壤保温的效果要差（图7.4.5A）。

图7.4.6　白色塑料反射暖色光线，但是它自身没有保温性，因此最好是将容器直接放在地上

白色聚苯乙烯泡沫板　Microfoam®是一种透气的、类似聚苯乙烯泡沫的材料，质量轻，可重复使用，容易拆卸和保存。有不同宽度、长度和厚度的卷或者布可用（图7.4.7A）。遮盖布可以直接盖在苗木上（图7.4.7B）或者用木桩或电线支撑。因为泡沫板很轻，需要固定好以免被风吹断或者吹弯，通常用混凝土块、木板、砂石堤挡在泡沫板四周起固定作用。在加拿大安大略省的一个综合试验中，泡沫毯保护针叶苗木不受−30℃（−22°F）低温的影响，与冷冻贮藏相比，大大地节省了成本（7.4.7C）。笔者建议在天气温暖时拿掉覆盖物，散出冷凝水，防止离地面最近的苗木过热。之后的造林试验，两种贮藏方式在成活率和生长方面都得到了相同的结果（图7.4.7D）（Whaley and Buse，1994）。然而，另一个试验中，在美国明尼苏达州和北达科他州北部恶劣气候下，由于缺少雪层覆盖，一层泡沫板不能充分保护苗木（Mathers，2004）。与所有的新技术一样，苗圃考虑使用绝缘覆盖物前，应该进行一些小试验。

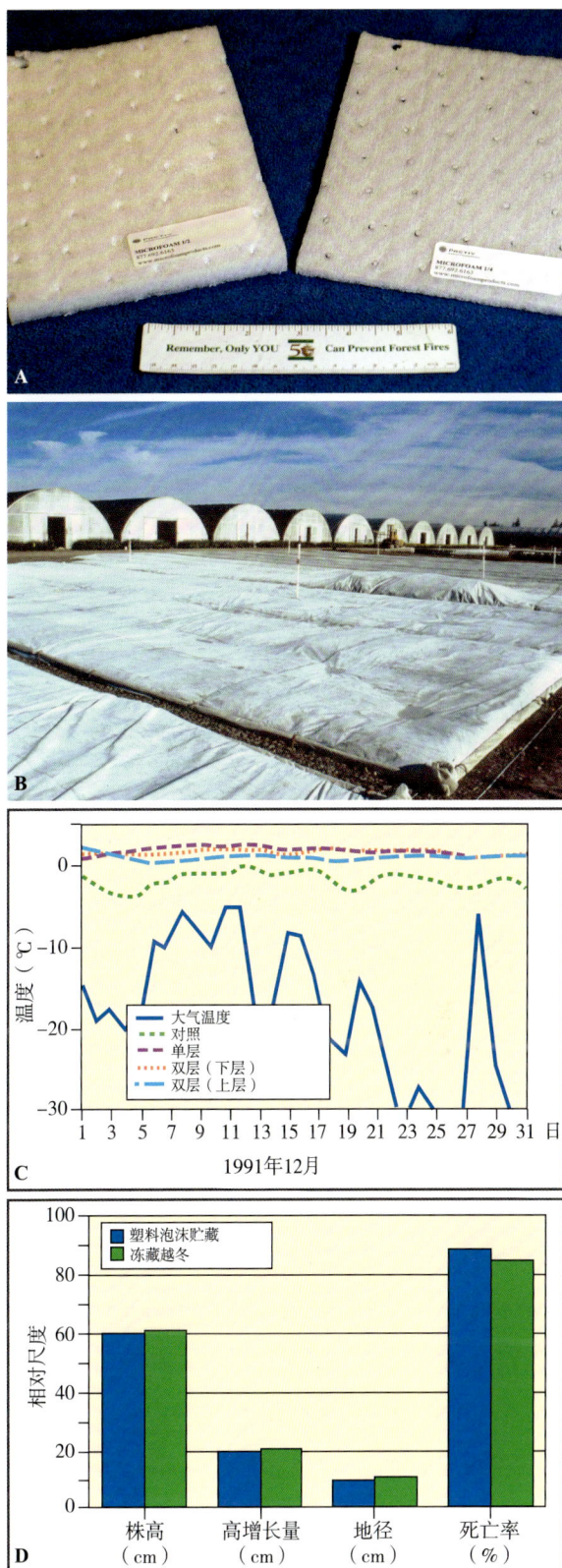

图7.4.7　Microfoam®塑料泡沫板是极好的越冬覆盖物（A）。许多园艺苗圃在地上把容器苗码放在一起并用塑料泡沫布Microfoam®盖住（B）。采用适当的设计和实施，Styrofoam™塑料泡沫毯和冷冻藏库一样，可以较好地保护针叶树容器苗（C和D）。（B，由Richard Regan提供；C和D根据Whaley and Buse，1994修改）。

塑料气泡膜 这种材料比普通塑料布具有更好的绝缘性能，比Microfoam®塑料泡沫板更便宜、更耐用（Barnes，1990）。然而，由于透光，在光照较好的天气，热量的升高仍然是个问题。

结霜布 无纺布及其织物已被广泛用于无设施贮藏。白色结霜布反射阳光，而雨水或融雪可以渗入，贮藏的植物还可以"呼吸"。园艺供应商提供一系列不同质量和厚度的结霜布，可以隔热2～4.5℃（4～8℉）。Arbor Pro®是一种与结霜布类似的材料，已成功地应用于加拿大东部针叶树苗木贮藏（White，2004）。

绝缘夹层塑料膜 在气候恶劣的北部地区，没有雪覆盖，一些苗圃在两层透明塑料布之间夹稻草或其他绝缘物质，形成像"三明治"一样的材料盖住容器苗。由于透明塑料和稻草在晴朗、寒冷的天气下可以吸收太阳的热量，且稻草在夜间具有保温功能，这种分层结构与其他无设施系统相比，为苗木提供了更好的越冬保护（Mathers，2003）。虽然层状覆盖物提供了较好的绝缘，但在阳光充足温暖的冬季，不能打开通风（Iles et al.，1993）。

对于考虑用覆盖物或塑料大棚越冬的苗圃，Green和Fuchigami（1985）为各种系统提供了建设成本。

● 7.4.4.3 设施贮藏

设施贮藏的复杂性和成本会上一个层次，它包括从传统的日光罩到完全控制条件的设施。

日光罩 术语"日光罩"是一个传统的名称，是指只能通过吸收阳光维持热量的繁殖设施。然而，通过遮阳和隔热后，日光罩可以是一种低成本的越冬贮藏方式。在加拿大阿尔伯塔省北部和美国阿拉斯加州，日光罩用的材料是木质橱柜内衬，顶部是塑料泡沫板，现已证明其对针叶树幼苗的越冬保护是有效的（图7.4.8A）。加拿大阿尔伯塔省的威德华（Weldwood）苗圃，使用这种

绝缘的日光罩，显著提高了苗木存活率（Matwie，1991）。加拿大东部的一个苗圃，由水泥块支撑的木制托盘和白色塑料薄膜覆盖的日光罩，被认为是便宜有效的针叶树幼苗越冬系统（White，2004）。

日光罩利用了地热，可减缓热量损失。更重要的是，可以防止冬季干燥。最有效的方法是，在植物木质化后且地面结冰之前，就将其放在日光罩中。在冬季天气变暖或阳光充足时，热量积聚仍然是一个问题。在这种情况下，顶部的隔热板可以移开，以便通风和灌溉（图7.4.8B）。在春天，一旦天气条件允许，日光罩顶部应拆除，以防止热量积聚和随后打破芽休眠。

加拿大新布伦瑞克省的杜松树苗圃使用大型、复杂的日光罩来贮藏越冬苗木（图7.4.8C）。这种手风琴状的覆盖物可以伸长，保护植物免受低温或干燥风吹的侵袭（图7.4.8D），或在大雪时打开（图7.4.8E）。虽然建造成本高，但比冷藏库要便宜得多（Brown，2007）。

塑料布和聚乙烯塑料棚 这两种贮藏设施除了长度不同外，其他方面是相似的。塑料布棚更短，工人不能进入，而聚乙烯塑料棚通常在两端有门。两者的特点是木制或钢管框架，覆盖白色塑料布（图7.4.9A），或两层塑料布之间夹塑料泡沫板（图7.4.9B）。在阳光充足、温暖的冬季，棚两端可打开降温（图7.4.9C）。虽然在较温和的气候条件下，单层白色聚乙烯塑料布足以保温，但在较冷的环境下，小风扇充气的双层白色塑料布可以提供更好的隔热效果。在−18℃（0℉）以下的严寒地区，在塑料棚中越冬的植物需要额外的白色复合膜或塑料泡沫毯保护（Perry，1990）。在较温和的气候条件下，棚里的热量刚好能将温度保持在略高于冰点，这种方法已被证明对保护美国科罗拉多州的多种本土植物越冬有效（Mandel，2004）。

塑料布或者聚乙烯塑料棚应该南北朝向，尽量减少并平衡阳光加热。在东西朝向的棚中，南

面的植物比北面的吸收更多的光和热，可能需要冬季灌溉。贮藏在封闭棚中的苗木，在整个冬季都需要进行仔细监测，以确定在晚冬和早春的晴天是否需要通风（图7.4.9C）。

打开两端的门可以通风，或在一端安装一个恒温控制风扇，另一端安装进气百叶窗。为了防止干燥，在棚顶部安装风扇和百叶窗，棚顶最容易积累热量。

图7.4.8 北方气候条件下，木材和硬质塑料泡沫板等绝缘材料搭建的日光罩，已被广泛用于容器苗的越冬贮藏（A）。当天气条件允许时，可以移除顶层的绝缘层，灌溉苗木（B）。日光罩具有可伸展性(C)和自动化的特点，在0℃以下温度能保护植物免受冻害(D)，或在大雪期间收起（E）（A和B，由Larry Matwie提供；C，D和E，由J. D. Irving 有限公司提供）。

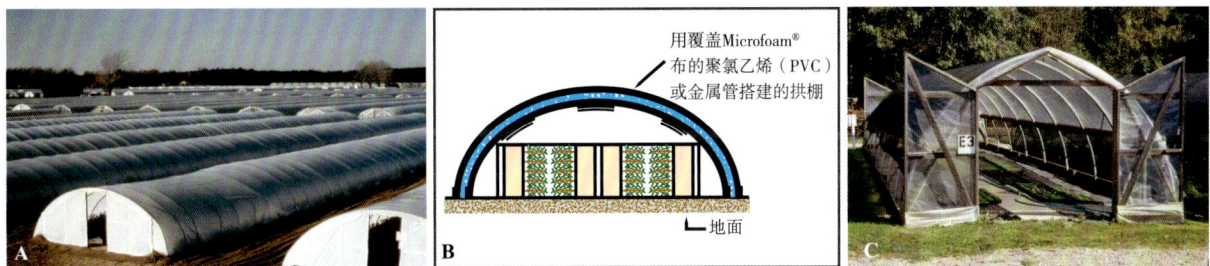

图7.4.9 塑料布和聚乙烯塑料棚是用白色塑料（A）或Microfoam®布（B）盖起来的简单越冬棚。在温暖和阳光充足的冬天，打开两端或者侧面进行通风（C）。

遮阳房 遮阳房是一种传统的钢铁架结构，也用来越冬贮藏不同规格容器苗（图7.4.10A）。这种遮阳房尤其适用于需要占用很大冷藏空间的大规格容器苗。高容器，像Treepots™，需要支撑，因此苗圃开发了牢固的线架系统。有的苗圃使用水泥块来支撑预制的苗木架，这可以从牧场或农场用品商店购买（图7.4.10B）。

遮阳房的设计应根据苗圃地气候和位置而

定。在低温持续时间不长的地区，植物可以在遮光布或遮光板下越冬。在湿润的气候条件下，防水屋顶是理想的越冬贮藏方式，可以防止养分从容器过多淋溶。在有大量湿雪的地区，越冬贮藏的遮阳房必须比临时贮藏设施坚固。另一种选择是在冬天去掉遮阳板，让雪落下来覆盖苗木。质量轻的干雪不会对植物造成伤害，实际上还能起到很好的绝缘作用。

典型的越冬贮藏遮阳房在屋顶和两侧都有遮光物，保护植物免受不利天气的影响，如大风、暴雨、冰雹和大雪。通过减少30%～50%的光照，遮阳房可使幼苗的温度低于阳光直射的温度。减小光照和风速可显著降低蒸腾失水，防止出现冬季干旱。为了保护脆弱的根系，可将苗木聚集在一起，周围用锯末或聚苯乙烯泡沫塑料等绝缘材料覆盖（图7.4.10C）。

温室 非常敏感的植物，如新生根的插穗，可在温室中越冬，用最低档的加温，保持空气温度高于零度即可。然而，要强调的是，不应将温室作为常规的越冬贮藏室，特别是在冬季阳光充足的地区（图7.4.11A）。大棚在阳光充足的天气里快速升温，导致植物迅速解除休眠（图7.4.11B）。即使温室通风，在寒冷的天气里也会有相当大的温差。在多雪的气候中，必须给温室加热以预防湿沉的大雪堆积而造成建筑物损坏（图7.4.11C）。可伸缩屋顶温室（图7.4.11D）是极好的越冬贮藏室，因为屋顶可以在阳光明媚的天气打开，让热量散失，保持苗木休眠；在下雪的时候，屋顶可以敞开，让植物覆盖一层雪。

图7.4.10 遮阳房是促进容器苗木质化和越冬贮藏的传统设施（A）。它们对于必须用重型铁架支撑的大规格苗木特别适用（B）。在出现冰冻温度之前，应把这些容器聚集地放在地面上，外围用绝缘材料包围，以保护根部（C）。

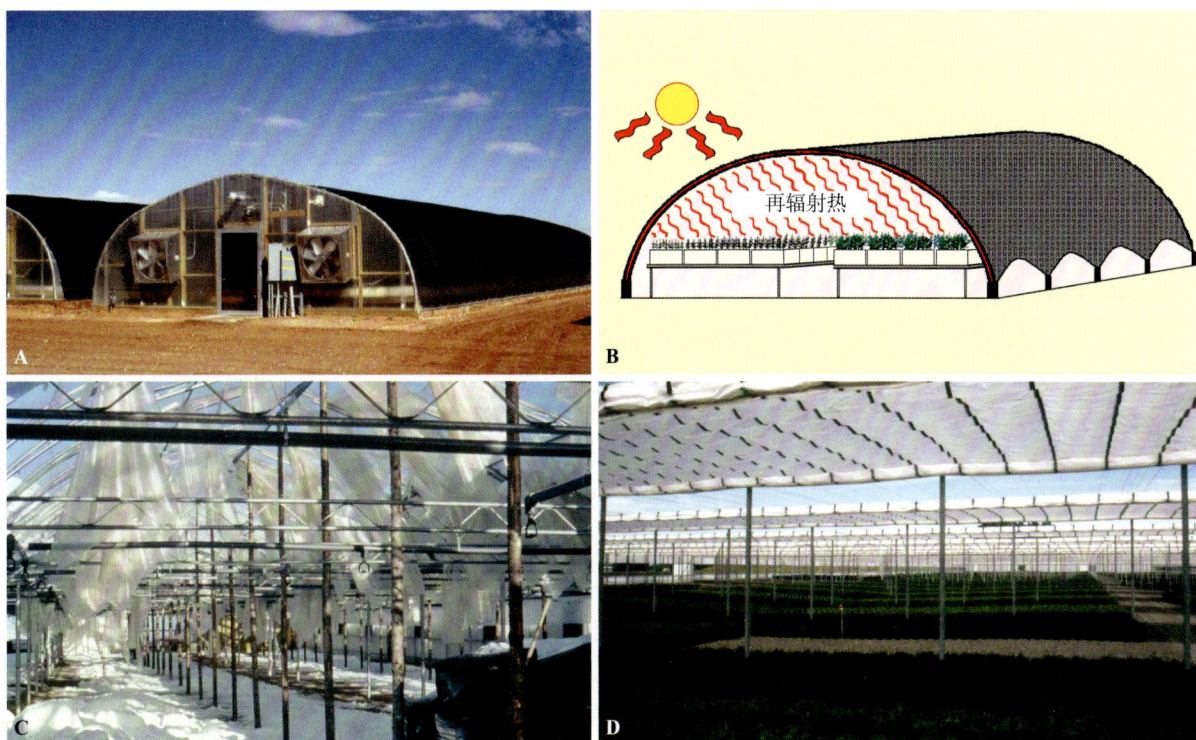

图7.4.11 完全封闭的温室不适合越冬贮藏，尤其是在冬天阳光明媚的地方（A和B）。在寒冷的气候中，除雪是必要的（C）。可伸缩屋顶的温室(D)更适宜越冬贮藏，因为它们可以打开散热，并让雪覆盖苗木。

7.4.5 冷藏

冷藏的基本概念和冷库的设计已包含在第1卷1.3.5.4中，因此，这一节将重点关注其在森林和乡土植物苗木中的实际应用。冷藏已成为许多现代林业苗圃的标配，特别是在太平洋西北地区，也成为多数苗木贮藏研究的重点。

乡土植物苗圃中使用的两种不同类型的冷藏，分别是冷藏（cooler storage）和冻藏（freezer storage），其区别在于贮藏温度（图7.4.12A）和贮藏时间（表7.4.1）。对冷藏和冻藏苗木造林后的光合恢复能力测定发现，两种贮存方式之间差异很小（图7.4.12B）。一篇关于苗圃研究和生产经验的综述表明，冷藏的贮藏期最好为2个月或更短，而冻藏的贮藏期则建议更长。当整个冬季都需要用苗木造林时，最好采用冷藏。例如，在南部各州，冷藏的贮藏期从夏末或秋季的1周或更短到长达3个月不等（Dumroese and Barnett，2004）。虽然没有关于这方面的研究发表，但实际经验表明，许多阔叶树和灌木在冷藏库中贮藏得更好（Davis，1994）（图7.4.12B），许多其他乡土植物也可用这种方式贮藏（表7.4.2）。一些树种，如黑胡桃（*Juglans nigra*）和山茱萸（*Cornus* spp.），冷藏会有严重的根腐病问题。然而，树种之间差异很大，没有什么可以替代实践经验。

表7.4.1 冷库类型对比

贮藏类型	容器内温度	推荐贮藏时间	最佳包装方式
冷藏	1～2℃（33～36℉）	2周至2个月	牛皮纸胶袋或带塑料袋衬垫的纸板箱
冻藏	−2～−4℃（30～25℉）	2～8个月	带塑料袋衬垫的纸板箱

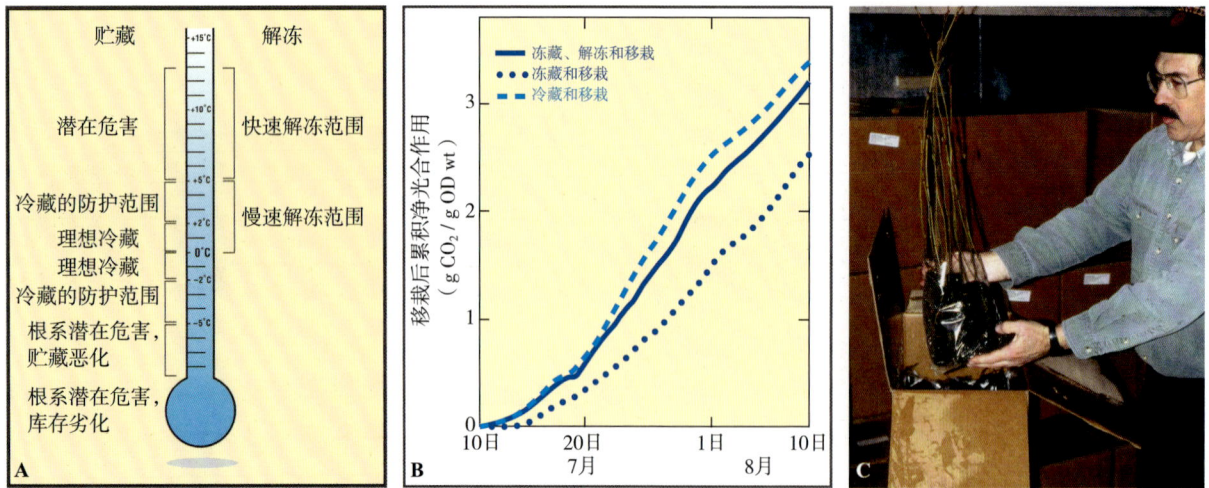

图7.4.12　冷藏与冻藏之间的实际温度差很小（A），研究表明，造林后的光合恢复能力差异不大（B）。然而，树种之间存在差异，而且实际经验表明，一些阔叶树和灌木在冷藏条件下表现更好（C）（A根据 Paterson et al.，2001修改；B根据 Mattsson and Troeng，1986修改）。

表7.4.2　非木材乡土植物在科埃林（Coeur d'Alene）苗圃的贮藏因树种和造林时间而异（Burr，2004）

名称	常用名	包装	贮藏类型	造林期
Alnus rubra	红桤木（Red alder）	拔出、装袋、装盒	冻藏	春季造林
Alnus sinuate	裂叶桤木（Sitka alder）	拔出、装袋、装盒	冻藏	春季造林
Amelanchier alnifolia	圆叶唐棣（Serviceberry）	拔出、装袋、装盒	冻藏	春季造林
Arctostaphylos uva-ursi	熊果（Kinnikinnick）	拔出、装袋、装盒	冷藏	春季造林
Arctostaphylos uva-ursi	熊果（Kinnikinnick）	温室越冬	冷藏	春季生长，夏季或秋季造林
Ceanothus velutinus	毡毛美洲茶（Snowbrush）	温室越冬	冷藏	春季生长，夏季或秋季造林
Menziesia ferruginea	锈叶仿杜鹃（Fool's huckleberry）	温室越冬	冷藏	春季生长，夏季或秋季造林
Rosa woodsii	伍兹蔷薇（Woods' rose）	拔出、装袋、装盒	冻藏	春季造林
Rosa woodsii	伍兹蔷薇（Woods' rose）	拔出、装袋、装盒	冷藏	春季造林
Rosa woodsii	伍兹蔷薇（Woods' rose）	温室越冬	冷藏	春季生长，夏季或秋季造林
Salix spp.	柳树（Willows）	拔出、装袋、装盒	冻藏	春季造林
Spirea betulifolia	白绣线菊（White spirea）	拔出、装袋、装盒	冷藏	春季造林
Spirea douglasii	红绣线菊（Rose spirea）	拔出、装袋、装盒	冷藏	春季造林
Symphoricarpos albus	白雪果（Snowberry）	拔出、装袋、装盒	冻藏	春季造林
Xerophyllum tenax	旱叶草（Beargrass）	温室越冬	冷藏	春季生长，夏季或秋季造林

冻藏已成为许多商业性针叶树苗圃的标准操作程序（Hee，1987；Kooistra，2004），但对其他乡土植物的耐受性却知之甚少。由于冷藏期间植物碳水化合物储量减少，建议冻藏时间大于2个月；即便如此，6～8个月似乎是冻藏时间的实际极限（Ritchie，2004）。虽然碳水化合物的储量在冻藏中保存得更好，但选择冻藏的主要原因却是减少了霉菌的发生。由于冰冻会将贮藏容器中的所有游离水转化为冰，因此会阻碍灰霉病（*Botrytis cinerea*）等病原真菌的生长（Trotter et al.，1992）。包装完毕后，应尽快将植物冻起来，以减少碳水化合物的损失，降低发霉的可能性（Kooistra，2004）。

为了保证贮藏空间内良好的空气循环，将保鲜箱装入托盘，然后堆放在架子上（图7.4.13A），以改善空气流动，防止热量积聚。冷藏车有时用于临时贮藏（图7.4.13B），但容易发

图7.4.13 为了保证整个冷藏设备的温度一致，必须将盒子放置在架子上，以保证良好的空气流通（A）。便携式冷藏车（B）只应用于短期冷藏。

生故障，因此不能替代设计良好的制冷设备。

● 7.4.5.1 冷藏植物生理

虽然冷藏是贮藏苗木最贵的方法，但它比其他方法具有显著的生理优势。如前所述（图7.4.2），冷藏甚至可以提高贮藏植物的质量。Camm等（1994）对这一主题进行了出色的概述，尽管作者并不总是区分裸根苗和容器苗贮存。Ritchie（1987）也提供了丰富的信息。有关苗木质量各方面的资料，请参阅本卷第2章。

休眠 大多数研究都是关于芽休眠的，其强度是用萌芽天数来衡量（DBB）。冷藏温度可以部分满足休眠苗木的低温需求（Burr and Tinus，1988），并将休眠的解除延长至晚春（Dunsworth，1988）。有几项研究已经证明，在解除休眠方面，冻藏与冷藏一样有效（图7.4.14A），前提是苗木在贮藏前已经达到一定的抗寒性。在白云杉（*Picea glauca*）（Harper et al., 1989）的一项研究中，休眠解除在冻藏库延长达6个月之久。冷藏和冻藏保持休眠的能力基本相同，造林后的植株表现相似。例如，在造林后的第1个季节，对冷藏或冻藏的欧洲赤松（*Pinus sylvestris*）幼苗的光合特性恢复状况进行测定，结果表明，造林效果差异不大（Mattsson and Troeng，1986）。

抗寒性 显然，苗木必须具有抗寒性，以忍耐越冬贮藏，但抗寒性的重要性实际在于其与整体抗逆性的关系。抗寒性测试通常被用作可贮藏性指标（见本卷第2章）。确切地说，冷藏如何影响抗寒性的发展或保持是一个重要的问题，然而，有关容器苗的相关文章很少。在一项试验中，室内云杉幼苗在冻藏初期获得了更多的抗寒性，但在贮藏期结束时，抗寒性下降了一半（图7.4.14B）。

抗逆性 这一质量特征反映植物在收获、贮藏、运输和造林过程中对许多物理和生理胁迫的整体耐受性。同样，对容器苗的研究很少，但冷藏的花旗松幼苗显示出对低温、根系干燥和搬运胁迫有更好的耐受性（Ritchie，1986）。

根生长潜力（RGP） 大多数关于冷藏条件下植物新根生长的研究结果是多变的，没有明显的趋势。例如，在整个冬季，每隔一段时间从冻藏库中取出白云杉幼苗盆栽，观察新根的生长，发现RGP在3～4个月时先增加后减少（图7.4.14C）（Harper et al., 1989）。这与Mattsson和Lasheikki（1998）的研究结果一致，他们发现西伯利亚落叶松（*Larix sibirica*）容器苗的RGP在经过大约4个月的冷藏后有所下降。

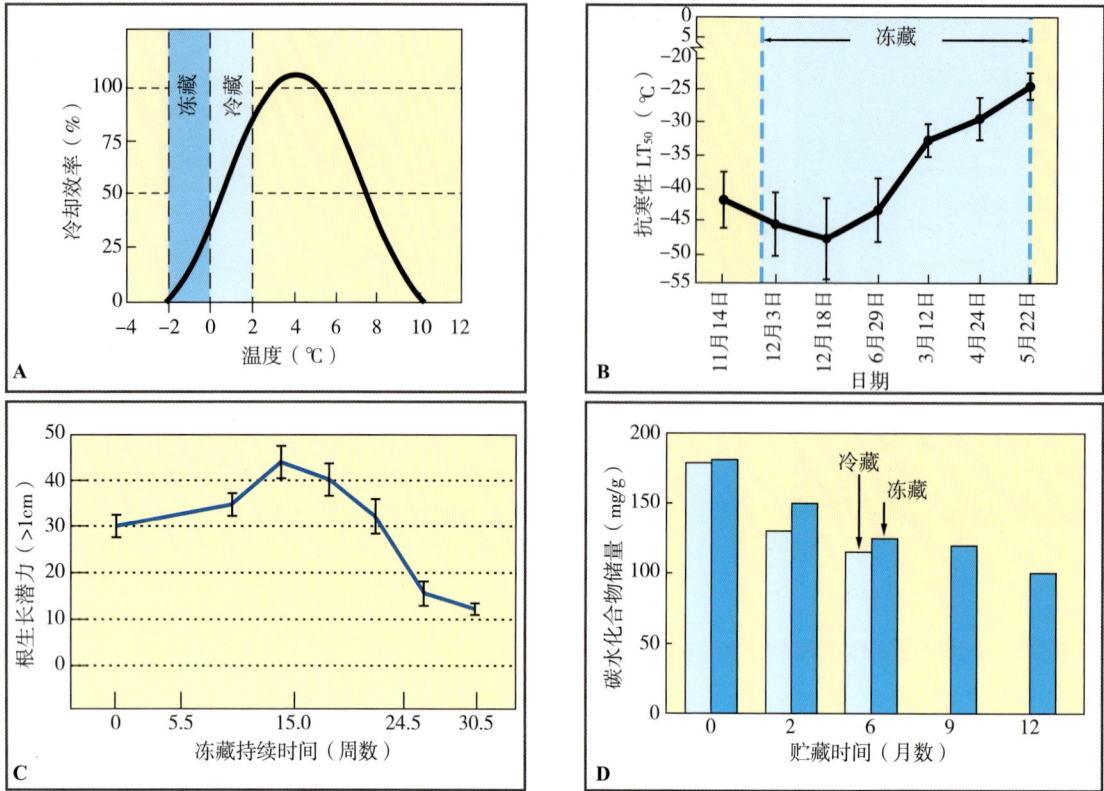

图7.4.14　在植物达到一定的抗寒性（A）和其他生理变化后，冷藏和冻藏都可有效地满足植物的低温需求。与室外贮藏相比，针叶树幼苗在冻藏条件下的抗寒性较好（B）。根生长潜力增加约4个月，然后下降（C）。冻藏比冷藏更能减缓贮藏碳水化合物的减少，因此更适合长期贮藏（D）。（A，引自Ritchie，2004；B，引自Grossnickle et al.，1994；C根据Harper et al.，1989修改；D根据Ritchie，1982修改）。

储存的碳水化合物　当植物被收获并放入黑暗的冷藏库后，就开始使用储存的碳水化合物，即使是在冻藏库中也是如此（图7.4.14D）。碳水化合物储量是以总非结构性碳水化合物（total nonstructural carbohydrates，TNC）来衡量的，而结构性碳水化合物不能用于提供能量。Ritchie（2004）估计，针叶树幼苗在收获时含有15%～20%的TNC干重，在冷藏过程中逐渐减少。显然，植物在冷藏条件下保存的时间越长，它们在造林后赖以生存和生长的能量储备就越少。由于种间差异和造林立地条件差异较大，TNC的下限存在较大差异，沿海地区花旗松幼苗达到总干重的10%～12%时是一个临界值（Ritchie，2004）。

● 7.4.5.2　冻藏苗的搬运、解冻、造林

对于许多苗圃客户来说，冻藏是一种相对较

新的做法，一些客户对冻藏苗能否安全运输表示担忧。商用针叶树的经验表明，冻藏苗可以在运输过程中不受严重伤害（Kiiskila，1999），但是，像所有苗木一样，搬运冻藏苗时应该始终小心。

冻藏苗解冻的速度也是许多苗圃客户关注的。最初认为，缓慢解冻是最好的，但现在迅速解冻得到了证据支持。迄今最全面的试验中，Camm等（1995）研究了解冻方式对云杉容器苗生理的影响，发现快速解冻［15℃（60℉）条件下1～2d］和缓慢解冻［5℃（41℉）条件下17d］之间没有显著差异。例如，在快速解冻过程中，幼苗水分胁迫仅4～5h就得以恢复（图7.4.15A）。这些积极的结果在加拿大不列颠哥伦比亚省（Silim and Guy，1998）得到了验证，研究表明，冻藏苗［15℃（60℉）条件下1～2d］

迅速解冻，减少了碳水化合物的损失，造林效果更好（图7.4.15B）。美国俄勒冈州立大学的苗圃技术协作组也做了类似研究，发现在缓慢或快速解冻之间，或快速解冻后放在冷库中，没有显著差异（Rose and Haase，1997）。在一项精心设计的长期研究中，冻藏的挪威云杉容器苗在纸板箱39℉或54℉（4℃或12℃）中解冻16d后造林，测量3年以后的成活率，最佳解冻温度为12℃（54℉）4~8d，这也阻止了霉菌的生长（Helenius et al.，2005）。据此研究，建议冻藏苗在10~15℃（50~60℉）条件下快速解冻数日即可。

显然，常识是对的，解冻应该在阳光直射下进行，且解冻越快越好。由于真菌在冷藏中生长缓慢，贮藏霉菌的影响不是问题。

不断变化的天气可能会中断造林环节，这就提出了如何处理这些已解冻植物的问题。目前还没有关于这个问题的研究发表，但是，Ritchie（2004）建议，如果延迟的时间只有几天，应冷藏，如果延迟的时间长达几周，就应冻藏。最新的研究涉及直接栽植仍然冰冻的苗木。造林试验表明，栽植冰冻容器苗，解冻较快，对苗木生长无明显影响（Kooistra and Bakker，2002；Islam et al.，2008）。然而，这可能会带来操作上的问题，因为冻藏通常会导致植物冻结在一起形成一个大的团块。因此，除非能够很容易地将苗木分开，否则就无法完成冻藏苗的直接造林。

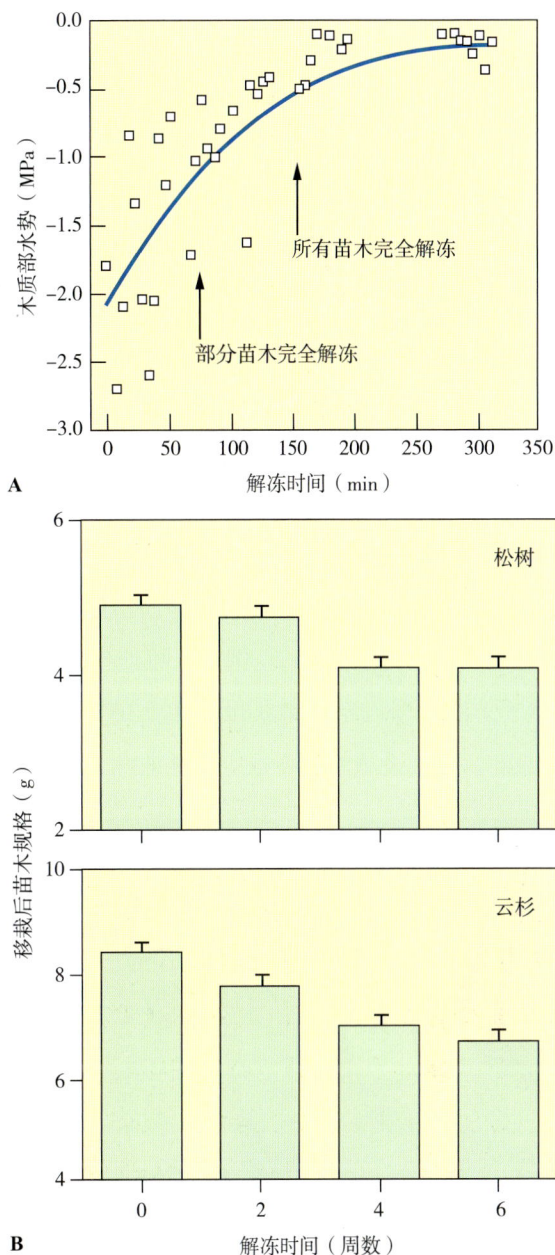

图7.4.15 虽然冻苗的缓慢解冻最初受到青睐，但快速解冻已被证明在植物水分胁迫（A）或其他生理特性方面没有不良影响。造林试验表明，快速解冻实际上有利于苗木的生长（B）（A根据Camm et al., 1995修改；B根据Silim and Guy, 1998修改）。

7.4.6 贮藏期苗木质量监测

在越冬贮藏期间，植物处于"休眠"状态，但它是活着的，其生理功能已经放缓到最低限度。在贮藏过程中保持休眠的关键限制因素是温度。因此，在越冬贮藏期间应严格监测温度（Kooistra，2004）。带有长探头的电子温度计对贮藏容器的温度监测非常有用（图7.4.16A）。小型和廉价的数据记录器是自动记录设备，可监控导致植物胁迫的温度、湿度和其他天气变化（图7.4.16B）。像Hobo®这样的新型号足够小，可以放在贮藏包中，监测出现的情况和持续时间

（McCraw，1999）。Thermochron iButtons®更小，不易毁坏（Gasvoda et al.，2003）。两者都可以监测温度的变化，数据可以下载到计算机上（图7.4.16C）。温度计或温度记录装置必须每年进行校正，以确保准确无误；一种简单的方法是把温度探头放在冰和水的混合物中，温度应该精确在0℃（32℉）（图7.4.16D）。

测量贮藏容器和库房的温度很重要，因为这两个位置显示不同的情况。由于贮藏的植物在呼吸，它们会产生少量热量，这意味着袋内或箱内的温度总是比周围环境高几度。因此，贮藏环境的温度设定值应该总是比容器中所需的温度低1~2℃（Kooistra，2004）。例如，可能要以−2℃（28℉）的库温设定值来获得−1℃（30℉）的箱内温度。贮藏设施的温度也应该被监测，因为它能指示压缩机是否正常工作、冷空气是否分布良好（Landis，2000）。

除温度外，监测的另一个最关键因素是湿度。即使是抗寒、休眠的植物，在越冬贮藏期间也会干枯。这对常绿植物来说是一个更大的问题，因为当它们暴露在热和光中时，就会开始蒸腾。如前所述，在冷库中，干燥是一个持续的威胁，特别是在冻藏库中，即使是落叶植物也可能受到破坏，因此在贮藏期间偶尔检查植物并在必要时进行补水是很重要的。由于水很重，称量贮藏箱是监测贮藏过程中水分流失最准确的方法。许多苗圃在收获前和收获期间用压力室测量植物水分胁迫（见本卷第2章）；该设备还提供了一种快速、准确的方法来监测植物在贮藏过程中的失水程度（Landis，2000）。

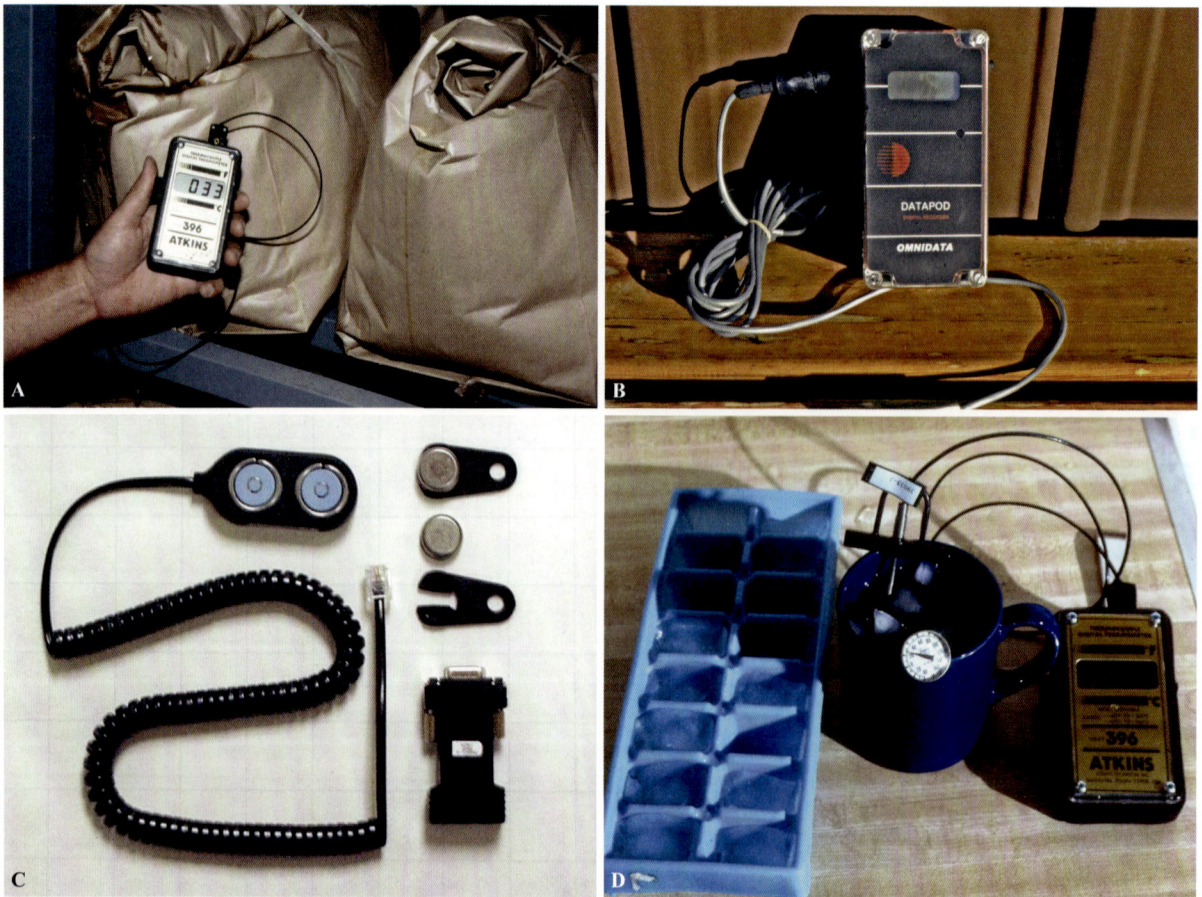

图7.4.16　可用长柄电子温度计监测温度（A）。像Datapod®这样的小型温湿度仪可以同时监测温度和相对湿度（B）。更小的iButton®可以监测数周或数月的温度，数据可以下载到计算机上（C）。在水和冰的混合物中校准温度计，确保其准确（D）。

7.4.7 造成越冬损害的原因

越冬贮藏对植物有许多潜在的危害（表7.4.3），种植者应定期监测，以发现下列危害。

● 7.4.7.1 冻 害

冻害可由一次霜冻或在长时间寒冷的天气中发展而来，常出现在晚秋或早春，当植物进入休眠或解除休眠时受害。冻害与植物的休眠或抗寒性有直接关系。充分木质化的乡土植物的茎可以承受其原种源地区预期的极低温，但冬季过后，抗寒性和休眠性都消失了。根颈处的侧分生组织和芽都可能受到霜冻的伤害（图7.4.17A）。如果不破坏性取样，这种类型的损伤很难诊断，因为症状可能要到春天晚些时候才会显现出来。

根系需要特殊的保护，因为它们和茎相比，即使高得多的温度下也会受害。此外，新生的须根比老的木质根更不抗寒，在较高的温度下会受到伤害。根插条特别容易受到伤害，因为它们的根还没有形成保护层。幼根通常长在容器的外面，是最先受到低温伤害的（图7.4.17B）。在冰冻温度发生的地方，根系的冻伤是最常见的越冬损伤类型。由于茎没有立即表现出症状，根的损伤往往不被注意，在移栽后损伤才明显显现。因此，种植者应该设计他们的越冬贮藏系统，以保护所有根系在越冬期间免受极端温度的伤害。

● 7.4.7.2 干燥损伤

冬季干燥实际上是干燥损伤，当植物暴露在极端的水分胁迫下，特别是风和/或直接阳光下时，就会发生干燥损伤（图7.4.17C）。当生长介质和根系长时间处于冰冻状态，而茎暴露在阳光和风下时，伤害最严重。如果没有适当的包装，植物甚至可以在无霜的冷藏条件下干燥。冬季干燥与植物的休眠或抗寒性没有直接关系，即使是休眠程度最深、最抗寒的植物也会受到伤害。在露天或有遮蔽的贮藏地附近的植物是最容易受到伤害的（图7.4.17D），但是即使是被雪覆盖的植物，如果它们的顶部暴露出来，也会受到伤害。如果在冬季贮藏期间可以灌溉露天的或棚架贮藏的作物，并且使用有效的外围绝缘材料，就可以防止这种干燥。

表7.4.3 植物在越冬贮藏过程中会受到的几种胁迫类型

胁迫类型	原因	贮藏类型的预防措施		
		开放	遮盖	冰冻
冻害 （图7.4.17A～B）	温度低于植物抗寒性；根系比茎易受伤害	适当地增加植物木质化程度，以承受预期的最低温		
干燥损伤 （冬季干燥） （图7.4.17C～D）	在强烈阳光下暴晒和风干	贮藏前使基质水分达到饱和		
		遮盖苗木避免风吹	用保水薄膜遮盖苗木	用保水材料包装
失眠 （图7.4.17E）	温度高于5℃（40℉）	没有问题	监测，根据需要通风	保持箱内低温
贮藏霉菌 （图7.4.17F）	温暖温度；灰霉病潜在感染	防止苗木组织伤害；清除受害植物		
		保持叶片低温干燥	保持叶片低温干燥	如果贮藏超过2个月，采用冷冻贮藏
动物伤害 （图7.4.17G）	小型啮齿动物甚至兔子会啃食贮藏苗木	围栏防止大型动物；使用鼠类毒饵		没有问题

● 7.4.7.3 失　眠

容器苗在温室中越冬时常发生失眠。在晴朗、阳光充足的冬季，温室会升温，导致植物失眠。失眠在冬末和早春时会越来越严重，因为此时植物已经满足了低温需求，只有低温才能阻止其生长（图7.4.17E）。虽然冷藏是最好的预防措施，但是在无结构的冷藏中使用白色或反光的覆盖物可以最大限度地减少阳光的影响，防止热量积聚。经常监测有遮蔽的贮藏地的温度，必要时进行通风。

图7.4.17　越冬贮藏是苗木风险较大的时期。低温会损伤未木质化的组织，如侧分生组织（A）。根特别容易受到影响，因为只要温度允许，它们就会生长（B）。冬灼（C）实际是干燥损伤，在贮藏区外围尤其严重（D）。越冬植物逐渐失眠，在冬末或早春时可以发芽（E）。贮藏霉菌（F）在较凉的贮藏环境中最为严重，而在有遮蔽的贮藏环境中，动物伤害可能是一个真正的问题（G）。

● 7.4.7.4 贮藏霉菌

贮藏条件类型将决定可能遇到的病菌问题的类型。虽然在露天贮藏或遮阳房内真菌可能是一个问题，但当植物在冷藏条件下越冬时，真菌引起的病最严重（表7.4.3）。一些真菌，如灰霉病菌，只要有点水分，实际上更喜欢在贮藏袋和苗木箱寒冷、黑暗的条件下继续生长并损害植物（图7.4.17F）。有些苗圃在越冬贮藏前施用杀菌剂，但细心区分、清除受损或受感染的植物是最好的预防措施。冻藏越来越普遍，因为它能阻止霉菌的进一步发展。更多信息见第5卷5.1.6。

● 7.4.7.5 动物伤害

唯一一种可以避免动物威胁的越冬贮藏方式是冷冻贮藏。小型啮齿动物，如老鼠和田鼠，可能是遮阳房和无结构系统中的有害生物（图7.4.17G），因为这些生物在遮阳房内会受到保护，不受自然捕食者和恶劣天气条件的侵害。如果在季节早期开始诱捕，可以有效地降低种群数量。大型动物，如鹿和兔子，在露天、无结构贮藏点和遮阳房里可能是有害生物，但围栏是防止受害的有效方法。更多专业信息见第5卷5.1.6。

7.4.8 总结和结论

不休眠的植物可以不经贮藏直接从苗圃移栽到田地里（夏季造林）。更常见的情况是，休眠植物在冬天贮藏，直到造林。随着苗圃与造林地之间距离的增加，贮藏变得越来越重要，苗圃和田间的气候差异很大，苗圃生产大量苗木需要几个月的时间。因此，贮藏是实际需要，而不是生理的需求。

应根据当地气候、植物类型和生产因素开发越冬贮藏。通常，使用3种类型的越冬贮藏：开放式、无结构和结构化。露天贮藏，植物被放置在户外、地面上，被大树和降雪保护起来，不受阳光和风的影响。贮藏在无结构系统中的植物也可以在室外和地面上，但它们可以通过各种塑料或塑料泡沫来抵御冬季变幻莫测的天气。结构化贮藏可以非常简单，比如冷藏框架（cool-frame）；也可以通过简单实用的结构来改进，比如能够提供气候控制的多功能房屋和遮阳房；还可以采用最复杂的系统——冷冻装置。冷冻贮藏包括冷藏（温度略高于冰点），这是植物最好的短期贮藏（2周至2个月），和冻藏（温度略低于冰点），这是最好的长期贮藏（2~8个月）。

无论采用何种贮藏方式，都应定期对植物进行监测，以确保病虫害（动物和贮藏霉菌）不会成为问题；温度应在适当的范围内，以保持植物休眠；保持适当的基质湿度，避免干燥。

贮藏后，植物应小心地运至田间。冻藏的苗木在冷冻时可以安全运输，但如果在苗圃解冻，解冻过程应迅速，以减少碳水化合物损失和贮藏霉菌发生。

成功贮藏容器苗是苗圃管理中最具挑战性和最重要的方面之一。根据地点、气候和培育树种，可以采用多种越冬系统，一个苗圃也可使用多个系统。确定什么时候可以安全地收获苗木，使它们在整个贮藏期间和造林地点都能保持高质量，是苗圃管理中最具挑战性的方面之一。

7.4.9 引用文献

BARNES H W, 1990. The use of bubble-pac for the overwintering of rooted cuttings[J]. Combined Proceedings of the International Plant Propagators' Society 40: 553-557.

BROWN K E. 2007. Personal communication[EB]. Juniper, NB: J.D. Irving, Ltd., Juniper Tree Nursery.

BURR K E. 2004. Personal communication[EB]. Coeur d' Alene, ID: USDA Forest Service, Coeur d' Alene nursery.

BURR K E, TINUS R W, 1988. Effect of the timing of cold storage on cold hardiness and root growth potential of Douglas-fir[C]// LANDIS T D. Proceedings, combined meeting of the Western Nursery Associations. Gen. Tech. Rep. RM-167. Fort Collins, CO: USDA Forest Service, Rocky Mountain Forest and Range Experiment Station: 133-138.

CAMM E L, GOETZE D C, SILIM S N, et al., 1994. Cold storage of conifer seedlings: an update from the British

Columbia perspective[J]. Forestry Chronicle 70(3): 311-316.

CAMM E L, GUY R D, KUBIEN D S, et al., 1995. Physiological recovery of freezer-stored white and Engelmann spruce seedlings planted following different thawing regimes[J]. New Forests 10(1): 55-77.

DAVIS T. 1994. Mother nature knows best[J]. Nursery Manager 10(9): 42-45.

DUMROESE R K, BARNETT J P, 2004. Container seedling handling and storage in the Southeastern States[C]// RILEY L E, DUMROESE R K, LANDIS T D. tech. coords. National Proceedings, Forest and Conservation Nursery Associations—2003. Proceedings RMRS-P-33. Fort Collins, CO: USDA Forest Service, Rocky Mountain Research Station: 22-25.

DUNSWORTH B G, 1988. Impact of lift date and storage on field performance for Douglas-fir and western hemlock[C]//. LANDIS T D. Proceedings, combined meeting of the Western Nursery Associations. Gen. Tech. Rep. RM-167. Fort Collins, CO: USDA Forest Service, Rocky Mountain Forest and Range Experiment Station: 199-206.

DYMOCK I J, 1988. Monitoring viability of overwintering container stock in the Prairies–an overview of a five years lodgepole pine study[C]// LANDIS T D. Proceedings, combined meeting of the Western Nursery Associations. Gen. Tech. Rep. RM-167. Fort Collins, CO: USDA Forest Service, Rocky Mountain Forest and Range Experiment Station: 96-105.

GASVODA D S, TINUS R W, BURR K E, 2003. Monitor tree seedling temperature inexpensively with the Thermochron iButton Data logger[J]. Tree Planters' Notes 50(1): 14-17.

GOODMAN R C, JACOBS D F, APOSTOL K G, et al., 2009. Winter variation in physiological status of cold stored and freshly lifted semi-evergreen *Quercus nigra* seedlings[J]. Annals of Forest Science 66(103).

GREEN J L, FUCHIGAMI L H, 1985. Overwintering containergrown plants[Z]. Corvallis, OR: Oregon State University, Department of Horticulture. Ornamentals Northwest Newsletter 9(2): 10-23.

GROSSNICKLE S C, MAJOR J E, FOLK R S, 1994. Interior spruce seedlings compared with emblings produced from somatic embryogenesis. I. Nursery development, fall acclimation, and over-winter storage[J]. Canadian Journal of Forest Research 24(7): 1376-1384.

HARPER G, CAMM E L, CHANWAY C, et al., 1989. White spruce: the effect of long-term cold storage is partly dependent on outplanting soil temperatures[C]. LANDIS T

D. Proceedings, Intermountain Forest Nursery Association. Gen. Tech. Rep. RM-184. Fort Collins, CO: USDA Forest Service, Rocky Mountain Forest and Range Experiment Station: 115-118.

HEE S M, 1987. Freezer storage practices at Weyerhaeuser nurseries[J]// Tree Planters' Notes 38(2): 7-10.

HELENIUS P, LUORANEN J, RIKALA R, 2005. Physiological and morphological response of dormant and growing Norway spruce container seedlings to drought after outplanting[J]. Annals of Forest Science 62: 201-207.

ILES J K, AGNEW N H, TABER H G, et al., 1993. Evaluations of structureless overwintering systems for container-grown herbaceous perennials[J]. Journal of Environmental Horticulture 11: 48-55.

ISLAM M A, JACOBS D F, APOSTOL K G, et al., Transient physiological responses of planting Douglas-fir seedlings with frozen or thawed root plugs under cool-moist and warm-dry conditions[J]. Canadian Journal of Forest Research 38: 1517-1525.

KIISKILA S, 1999. Container stock handling[C]// GERTZEN D, VAN STEENIS E, TROTTER D, et al.. Proceedings of the 1999 Forest Nursery Association of British Columbia. Surrey, BC, Canada: British Columbia Ministry of Forests, Extension Services: 77-80.

KOOISTRA C M, 2004. Seedling storage and handling in western Canada[C]// RILEY L E, DUMROESE R K, LANDIS T D. tech. coords. National Proceedings, Forest and Conservation Nursery Associations—2003. Proceedings RMRS-P-33. Fort Collins, CO: USDA Forest Service, Rocky Mountain Research Station: 15-21.

KOOISTRA C M, BAKKER J D, 2002. Planting frozen conifer seedlings: warming trends and effects on seedling performance[J]. New Forests 23(3): 225-237.

LANDIS T D, 2000. Seedling lifting and storage and how they relate to outplanting[C]// COOPER S L. comp. Proceedings of the 21st Annual Forest Vegetation Management Conference. Redding, CA: 27-32.

LINDSTROM A, 1986. Outdoor winter storage of container stock on raised pallets: effects on root zone temperatures and seedling growth[J]. Scandinavian Journal of Forest Research 1(1): 37-47.

MANDEL R H, 2004. Container seedling handling and storage in the Rocky Mountain and Intermountain regions[C]// RILEY L E, DUMROESE R K, LANDIS T D. tech. coords. National Proceedings, Forest and Conservation Nursery Associations—2003. Proceedings RMRS-P-33. Fort Collins, CO: USDA Forest Service, Rocky Mountain Research Station: 8-9.

MATHERS H M, 2003. Summary of temperature stress issues

in nursery containers and current methods of production[J]. HortTechnology 13(4): 617-624.

MATHERS H M, 2004. Personal communication[EB]. Columbus, OH: assistant professor, extension specialist: nursery and landscape. Ohio State University, Department of Crop and Soil Science.

MATTSSON A, LASHEIKKI M, 1998. Root growth in Siberian larch (*Larix sibirica* Ledeb.) seedlings seasonal variations and effects of various growing regimes, prolonged cold storage and soil temperatures[C]// BOX J E, JR. Root demographics and their efficiencies in sustainable agriculture, grasslands and forest ecosystems. Dordrecht, The Netherlands: Kluwer Academic Publishers: 77-88.

MATTSSON A, TROENG E, 1986. Effects of different overwinter storage regimes on shoot growth and net photosynthetic capacity in Pinus sylvestris seedlings[J]. Scandinavian Journal of Forest Research 1(1): 75-84.

MATWIE L, 1991. Overwintering in insulated coldframes improves seedling survival[R]. Unpublished report. Hinton, AB, Canada: Weldwood of Canada Ltd.

MCCRAW D, 1999. Onset Hobo temp recorder[C]// LANDIS T D, BARNETT J P. National Proceedings, Forest and Conservation Nursery Association—1998. Gen. Tech. Rep. SRS-25. Asheville, NC: USDA Forest Service, Southern Research Station: 3-4.

PATERSON J, DEYOE D, MILLSON S, et al., 2001. Handling and planting of seedlings[Z]// WAGNER R G, COLOMBO S J. Regenerating the Canadian forest: principles and practice for Ontario. Sault Saint Marie, ON, Canada: Ontario Ministry of Natural Resources: 325-341.

PERRY L P, 1990. Overwintering container-grown herbaceous perennials in northern regions[J]. Journal of Environmental Horticulture 8: 135-138.

RITCHIE G A, 1982. Carbohydrate reserves and root growth potential in Douglas-fir seedlings before and after cold storage[J]. Canadian Journal of Forest Research 12(4): 905-912.

RITCHIE G A, 1986. Relationships among bud dormancy status, cold hardiness, and stress resistance in 2+0 Douglasfir[J]. New Forests 1(1): 29-42.

RITCHIE G A, 1987. Some effects of cold storage on seedling physiology[J]. Tree Planters' Notes 38(2): 11-15.

RITCHIE G A, 1989. Integrated growing schedules for achieving physiological uniformity in coniferous planting stock[J]. Forestry (Suppl) 62: 213-226.

RITCHIE G A, 2004. Container seedling storage and handling in the Pacific Northwest: answers to some frequently asked questions[C]// RILEY L E, DUMROESE R K, LANDIS T D. tech. coords. National Proceedings, orest and Conservation Nursery Associations—2003. PROCEEDINGS RMRS-P-33. Fort Collins, CO: USDA Forest Service, Rocky Mountain Research Station: 3-6.

ROSE R, HAASE D L, 1997. Thawing regimes for freezerstored container stock[J]. Tree Planters' Notes 48(1-2): 12-17.

SILIM S N, GUY R D, 1998. Influence of thawing duration on performance of conifer seedlings[C]//. Forest Nursery Association of British Columbia meetings, proceedings, 1995, 1996, 1997. Surrey, BC, Canada: British Columbia Ministry of Forests, Extension Services: 155-162.

TROTTER D, SHRIMPTON G, DENNIS J, et al., 1992. Gray mould (Botrytis cinerea) on stored conifer seedlings: efficacy and residue levels of prestorage fungicide sprays[C]// Proceedings, Forest Nursery Association of British Columbia meeting: 72-76.

WHALEY R E, BUSE L J, 1994. Overwintering black spruce container stock under a Styrofoam® SM insulating blanket[J]. Tree Planters' Notes 45(2): 47-52.

WHITE B, 2004. Container handling and storage in Eastern Canada[C]// RILEY L E. DUMROESE R K, LANDIS T D. tech. coords. National Proceedings, Forest and Conservation Nursery Associations-2003. Proceedings RMRS-P-33. Fort Collins, CO: USDA Forest Service, Rocky Mountain Research Station: 10-14.

第 5 章
装卸与运输

7.5.1 引 言

从离开苗圃有保护的环境到造林地栽植入土，苗圃植物处于高风险期。在这个关键时期，相关研究已经为裸根苗发布了良好的保护指南（Deyoe，1986；USDA Forest Service，1989），它同样也适用于容器苗。在装卸与运输过程中，苗木可能会受到许多破坏性的胁迫，包括极端温度、干燥、机械损伤、贮藏霉菌（表7.5.1）。同时，这也是财务风险最大的时期，因为苗木在装运前就已达到其最大价值（Paterson et al., 2001）。Adams 和 Patterson（2004）指出不恰当的苗木装卸是比造林工具类型更重要的影响造林成活的因素。

更多人喜欢容器苗的一个原因就是它比裸根苗对贮藏、运输和搬运具有更强的耐受力。这在许多阔叶树和一些乡土植物中尤其突出，例如，在不同容器中生长的橡树（栎属）和山毛榉（水青冈属）幼苗比裸根苗具有更好的对粗暴装卸的耐受能力（图7.5.1）。在一次阔叶树造林中，即使是最优质的苗木，如果搬运不当也无法成活或生长良好（Self et al., 2006）。

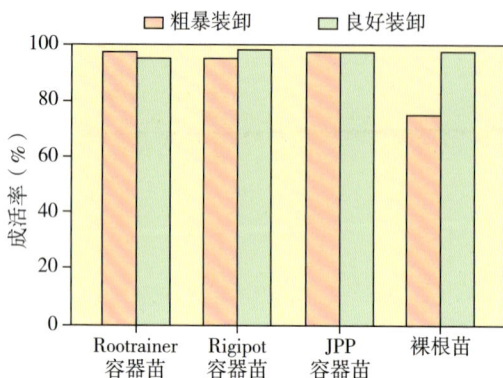

图7.5.1 橡树和山毛榉容器苗比裸根苗对粗暴装卸的耐受力更好（Kerr，1994）。

表7.5.1 苗圃植物从收获到造林受到的一系列潜在胁迫

过程	"胁迫"类型			
	极端温度	干燥	机械损伤	贮藏霉菌
苗圃贮藏	高的	低的	中等的	无
装卸	中等的	低的	高的	无
运输	中等的	低的	中等的	无
现场贮藏	高的	低的	无	高的
造林	高的	高的	高的	无
潜在"胁迫"水平	无	低的	中等的	高的

7.5.2 减少搬运中的胁迫

重要的是要强调苗圃植物是活的且易腐烂的，因此应始终特别小心对待。然而，从苗圃起苗到造林期间发生的胁迫伤害通常在栽植后几周才会显现。这种现象通常被称为"移植休克"或"抑制"，其症状包括褐变、萎黄、成活率低或生长缓慢等。准确指出导致这些症状的胁迫因子非常困难（图7.5.2A）。由于这些不必要的胁迫导致高质量苗木造林后死亡或者长势较差是时间和金钱的双重浪费。正如本卷第2章所强调的那样，植物在生长不活跃时的耐受力最强。未木质化的、多汁的组织对胁迫的耐受力更低（图7.5.2B）。定期监测植物条件、密切监督苗圃和现场人员、定期测试苗木质量和坚持详细记录对于记载运输和装卸过程中的情况至关重要。

图 7.5.2　通常很难准确判断导致"移植休克"或"抑制"的胁迫因素（A）。未木质化和未休眠的苗木在搬运和运输过程中更容易受到各种胁迫的影响（B）。

苗木出圃后的3种主要胁迫为水分胁迫、温度胁迫、物理胁迫。

● 7.5.2.1　水分胁迫

脱水是在装卸、运输和造林地贮藏苗木时最常见的胁迫，并且会对苗木成活和生长产生巨大的影响。植物水势影响每一个生理过程，当水势处在胁迫水平上时，即使没有影响成活率，也会大大减少生长。这些破坏性的影响甚至持续到造林后的几个季节。

根系最容易脱水，因为它们没有像叶片和针叶那样的蜡质涂层或气孔来保护它们免受水分损失。细根根尖比木质化根的含水量更高，更容易脱水。如果细根看起来干燥，它们可能已经受损，尽管在野外很难量化其损伤量。裸根针叶树幼苗暴露在空气中仅仅5min，它的水分损失随着气温和风速的升高而增大（图7.5.3）。这表明将苗圃植物保存在凉爽、避免阳光直射和无干燥风的地方至关重要。

幸运的是，容器苗的根部受到培养基质的保护，培养基质起到水和营养物质贮存器的作用。但是，如果让苗木根团变得太干，脱水伤害可能

会很严重。一旦根系干了，即使茎的水势得到恢复，随后的生长减少也是不可避免的（Balneaves and Menzies，1988）。在休眠状态下，针叶树比阔叶树更容易受到根系裸露的损害。

从出圃到造林的整个过程中，确保根团湿润（但不饱和），可以避免水分胁迫。容器苗在收获时应根据天气情况提前1~2d灌溉（Fancher et al.，1986）。这使得根团能够排水后达到田间持水量；饱和水分的基质不利于根部健康，会增加运输和搬运质量，同时增大贮藏霉菌病变的可能性。

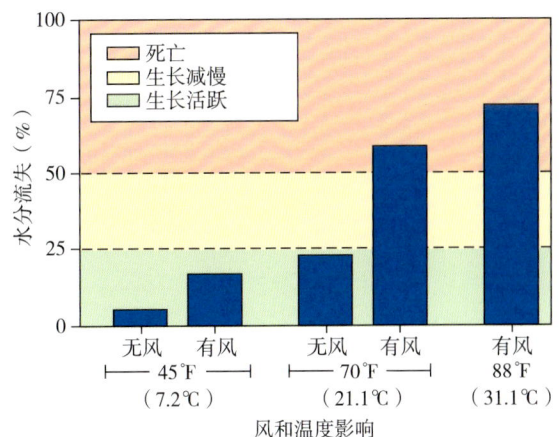

图7.5.3　当裸根针叶树苗木暴露5min后，植物水分损失随着温度和风的升高而增加，直到植物的生存和生长受到不利影响（根据Fancher et al.，1986修订）。

● 7.5.2.2 温度胁迫

在装卸和运输过程中，无论是极端高温还是低温都会迅速降低苗木的质量。

暴露在温暖的环境下可能会对苗木产生如下多方面的损坏。

贮藏霉菌的危险性增加 病原真菌，如灰霉菌，可以在所有类型的贮藏中存活，并且在运输过程中，如果温度过高，可以在贮藏袋或箱子的潮湿环境中快速生长。贮藏和运输容器中植物呼吸产生的二氧化碳增加也被认为会刺激真菌的生长。据报道，在冻藏室贮藏的苗木，仅暴露于室温环境条件下几天，贮藏霉菌就在包装苗木的箱子里"暴发"。第5卷详细讨论了贮藏霉菌。

加速恢复增长 苗圃植物在冬季木质化程度最高时贮藏，这是最适合贮藏、运输和搬运的时候。当准备好造林时，适当贮藏的植物已经完全满足了它们的低温需求，而低温是阻止恢复生长的唯一环境因素。在满足低温需求后，贮藏的苗木即使短时间暴露在温暖环境下也能快速恢复地上部分的生长（图7.5.4）。

水分胁迫 贮藏室、运输袋或包装箱中的滞留空气是不良的热导体，但阳光直接照射和风会迅速增加植物温度，并导致严重的水分胁迫（图7.5.3）。

热胁迫 贮藏的苗圃植物是活的而且会呼吸。这意味着当植物暴露在温暖的环境中时，它们的呼吸会给环境增加热量，这在封闭的环境中尤其严重，如贮藏室、运输袋或包装箱。在贮藏区特别是在非冷藏区保持良好的空气循环将减少因植物呼吸而产生的热量积累。

冻害 冷冻温度会损坏苗木。因为根系的抗寒性要低得多，它们比茎更容易受到冻害。应定期监测环境和箱内温度；现在的温度监测设备便宜、好用（第7.4.6）。由于运输过程中设备故障，冻害甚至可能发生在冷藏车上。这是很常见的，

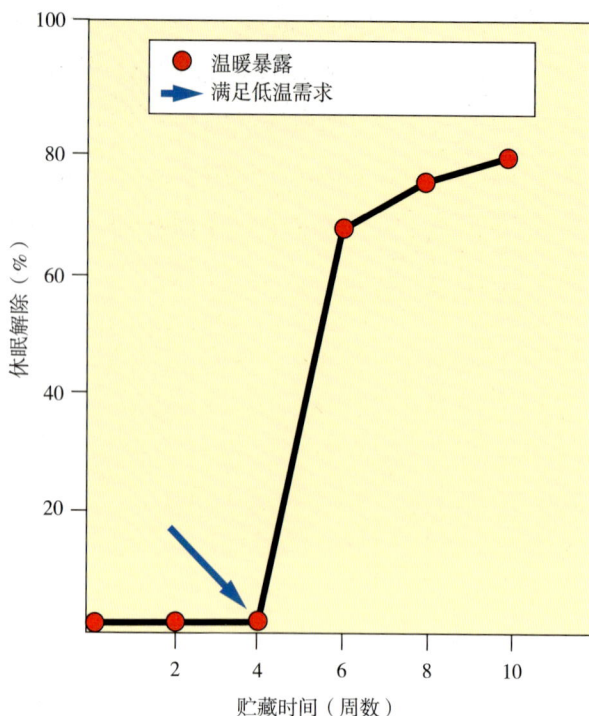

图7.5.4 低温贮藏的挪威云杉幼苗暴露于短时间的温暖温度中［17℃（63℉）］并在满足低温需求后迅速打破休眠（根据Hannine and Pelkonen，1989修改）。

因为运输货车上的制冷装置是众所周知的变化无常，空气循环受到限制。货车前面靠近制冷装置的箱子一定比后面的箱子温度低。不要将卡车装得过满，要为良好的空气流通留出足够的空间（Rose and Haase，2006）。冷藏的苗木应在相同的温度［0.5～1℃（33～34℉）］下运输，而冻藏的苗木可在较温暖的温度下运输，以使其开始解冻进程。

苗木到达造林地后，应尽量保持苗木凉爽。关于造林地贮藏在本卷第6章中进行了讨论。

● 7.5.2.3 物理胁迫

一箱箱苗木从离开苗圃到最终造林要被搬运很多次。粗暴的搬运会导致造林后生长表现下降。参与苗木搬运和运输的每个人都应接受如何将物理胁迫降至最低的培训。

苗木的物理损伤可能来自跌落、压碎、振动或只是粗暴搬运。当苗圃植物装在箱子里时，人

们很容易忘记苗木是活的。研究表明，箱子跌落产生的压力会降低苗木根生长潜力，降低高生长，增加死亡率，增加细根电导率（McKay et al., 1993；Sharpe et al., 1990；Tabbush，1986）。Stjernberg（1996）对苗木从苗圃运输至造林地期间受到的物理胁迫进行了综合评估。根生长潜力的试验表明，随着冷藏白云杉苗木包装箱跌落高度的增加，新根的生长量减少（图7.5.5A）。而且，这些幼苗的体积生长在造林2年后仍然表现出生长抑制（图7.5.5B）。

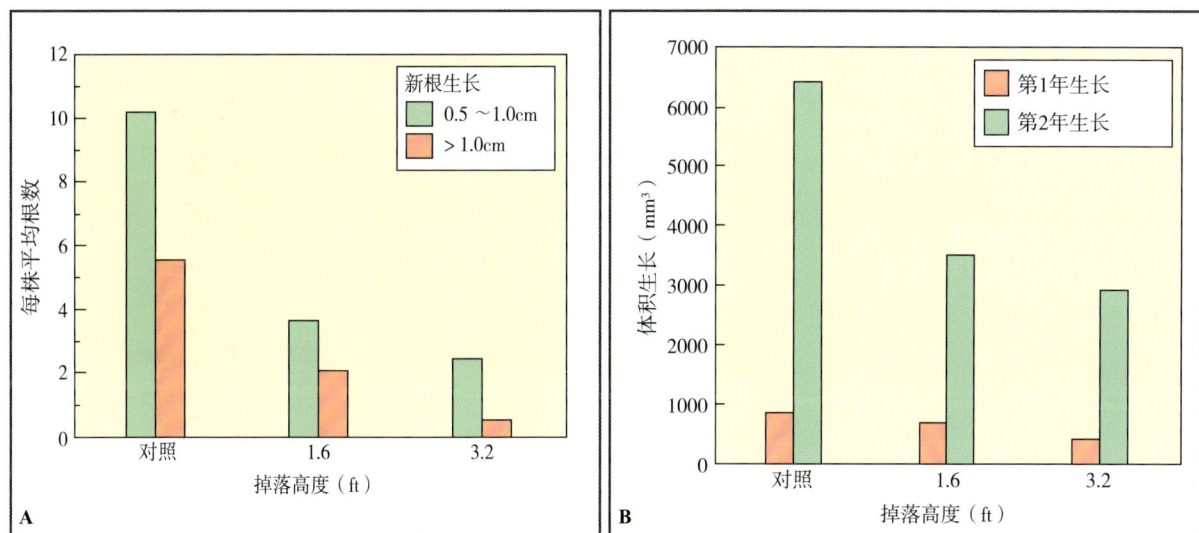

图7.5.5　当针叶树幼苗从不同高度掉落时，它们产生新根的能力（根生长潜力）显著降低（A）。这一机械损伤仍然影响植物造林2年后的生长（B）（根据Stjernberg，1996修改）。

● 7.5.2.4　累积胁迫

苗圃植物在苗圃收获前就已经达到最高质量，但它们必须经过多次搬运才能到造林地。造林成功与否取决于使每个搬运阶段的胁迫最小化，以保持苗木质量。将植物质量看作是从苗圃收获、贮藏到最终造林的一个链条是有用的（图7.5.6），每一环都对下一环产生影响。各种胁迫的累积效应比任何单个胁迫都大得多。

随着胁迫增加，植物将能量从生长转向危害修复。生理功能被破坏，成活率和生长量减少。当植物栽植在困难立地时，这些影响会加剧。

极其粗暴装卸的苗木通常在造林后立即表现出来——植物在数天或数周内死亡。然而，装卸不当的后果通常是隐藏的，并不立即显现，由它导致的非致死性损伤的程度一般只会反映在造林几周或几个月后的成活率和生长率下降。根损伤

收获与贮藏　　　　装卸　　　　运输　　　　现场贮藏　　　　造林

图7.5.6　苗圃植物从收获到造林都会受到一系列的胁迫。这个过程中的每一个阶段都代表着一个链条中的一环节，而整个苗木的质量由最弱的环节决定。

就是一个很好的例子。由于裸露或冷冻而受损的树根看起来可能没有什么不同，但它们已经丧失了正常功能。这种情况在容器苗中尤其严重，因为这些损伤主要影响根团外部的根。而根团内部的根仍然起作用，受损的植物能够保持膨压，所以看起还正常。然而，在栽植后，受损的根不能生长到周围的土壤中，植物挣扎了一段时间后，最终可能死亡。在蒸腾量较低的潮湿地区，这可能持续数周或数月的时间。

由于所有不正确措施或根系裸露都是累积的，所以可以将苗圃植物质量视为一个银行账户。在收获之前，植物应保持100%的质量，但随后所有的胁迫都相当于从账户中取钱（图7.5.7）。而且在植物离开苗圃后，就不可能再往账户中存钱了，因此，苗木质量不可能再通过任何方式来提高。

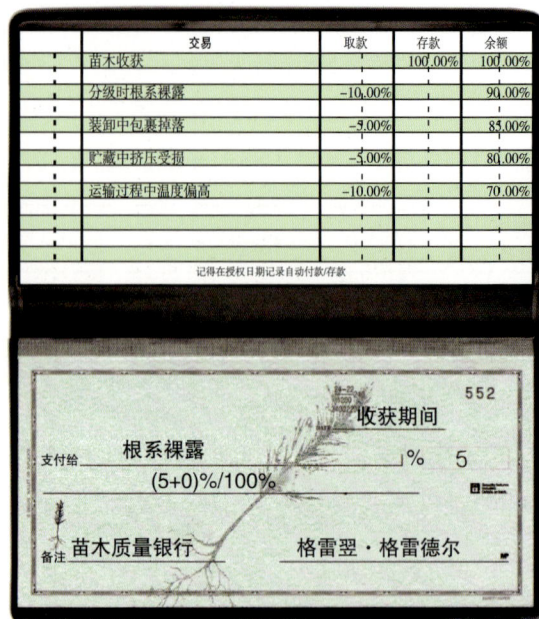

交易	取款	存款	余额
苗木收获		100.00%	100.00%
分级时根系裸露	−10.00%		90.00%
装卸中包裹掉落	−5.00%		85.00%
贮藏中挤压受损	−5.00%		80.00%
运输过程中温度偏高	−10.00%		70.00%

记得在授权日期记录自动付款/存款

552
支付给 根系裸露 _____ % 5
收获期间
(5+0)%/100%
备注 苗木质量银行 格雷翌·格雷德尔

图7.5.7 将苗圃植物质量视为一个银行账户是有用的，在该账户中，所有类型的胁迫都是提款。注意，所有的胁迫都是累积的，而且不会再有存款——苗木从苗圃收获后，植物质量就不会再提高了。

7.5.3 装卸与运输系统

当准备造林时，必须将苗木从贮藏室运输至造林地。苗圃员工通常使用相同的装卸系统将苗木运进或搬出贮藏室，设备一般为输送机、手推车、叉车和第1卷中讨论的其他机动搬运设备。然而，运送给客户或造林地通常需要特殊的装卸和设备。苗木运输的最佳装卸系统将取决于苗木的生理条件、容器类型和尺寸，以及苗木是否带容器运输。

● 7.5.3.1 带容器运输

当容器苗在20世纪70年代首次生产时，大多数苗圃将苗木连同容器运输到客户手中。一些苗圃仍然采用这种做法，通常将容器码放在送货车内的金属或木制货架上（图7.5.8A）。当运输距离相对较短且道路不太颠簸时，这种方法最有效。一些苗圃把容器放在纸板箱里运输。但是，用过的容器需要返还给苗圃，因此需要第2次运输，通常容器会在运输过程中受损（图7.5.8B）。

带容器运输对在自己的土地上造林的森工企业苗圃很有效。例如，J.D.欧文有限公司是一家位于加拿大新不伦瑞克省的再造林公司，它开发了一套复杂的托盘装卸系统，用于将容器苗从苗圃运输到造林地（图7.5.8 C和D）。该系统可以有效地装运容器苗，同时还有防止操作失误的保护设置。苗木造林后，用同样的托盘将空容器运回苗圃，且不会造成损坏（Brown，2007）。

该系统的一个主要优点是苗木根系受到容器的保护，如果苗木必须在栽植前临时贮藏，还可以进行灌溉（图7.5.8E）。将要夏季造林（hot-planted）的苗木没有完全木质化，当留在容器中时承受的胁迫较小。主要缺点是，由于带着容器，相同数量的苗木运输时体积更大、重量更

图7.5.8 带容器运输的植物需要一个支架系统来支撑和保护苗木（A）。该系统的一个缺点是容器必须返回苗圃并且在运输途中可能被损坏（B）。一些大型森林苗圃已经开发出复杂的支架装卸系统，用于将植物运送到造林地，并将用过的容器送回苗圃（C和D），带容器运输的一个优点是可以在造林（E）之前灌溉植物（C和D，由J.D. 欧文有限公司提供）。

重。此外，带容器运输的苗木，一般不分级，因此，不合格苗木也可能被装运。

大规格容器苗［>500mL］通常是带容器运输，因为太大、太重，无法以任何其他方式装卸。美国俄勒冈州中心区的林务局J.H.斯通苗圃在体积为55L（15gal）的容器中种植乡土植物（图7.5.9A）。这些植物生长在苗圃的专用货架上；同样的货架用于将植物运输到造林地（图7.5.9B）。

图7.5.9 大型容器苗始终使用带容器运输，并连同支架一同运输到造林地（A和B）。

● 7.5.3.2 装箱或袋装运输

从容器中取出并存放在纸板箱中的苗木与带容器运输的苗木相比，所占空间更小，运输时重量更轻。此外，箱子在存放、运输和装卸过程中起到物理保护作用（图7.5.10A）。箱子能有效地

堆放（图7.5.10B），承载箱子的托盘可以用手、托盘千斤顶或叉车轻松移动，并能快速、方便地装载到送货车中（图7.5.10C）。送货车应配备货架，否则堆放过多的箱子会机械损坏苗木（图7.5.10D）。

图7.5.10 纸板箱在贮藏、运输和搬运过程中为植物提供保护（A）。因为箱子可以堆放，所以可以有效利用贮藏空间和送货车中的空间（B）。托盘箱可以很容易地用手或叉车（C）移动。送货车应使用货架，以防止运输箱被压碎（D）。

7.5.4 苗木运输

把苗木从苗圃运送到造林地有许多不同的方法。最合适的方法取决于运输距离、苗木数量，以及苗木的休眠程度和木质化程度。尽管铁路甚至航空运输都曾被采用过，但多数苗木是用卡车运送的，因为大多数造林地都在偏远的地方。苗圃植物在运输过程中会受到严重的机械冲击，尤其是在砾石或土路上，降低车速将使潜在伤害最小化（Stjernberg，1997）。

● 7.5.4.1 冷藏车运输

无论是带容器还是取出后装在箱子或袋子里的苗木，通常都是用卡车运输的。典型的造林公司在运输大批量苗木以及行程需要几个小时以上

时，通常由配备制冷装置的卡车（冷藏车）完成（图7.5.11A）。高温是苗木运输过程中的主要威胁，因此冷藏车的使用对提高苗木质量和成活率具有重要影响。在一篇对南方松类人工林成功营建的综述文章中，将冷藏车的使用列为是确保苗木保持良好状态抵达造林地的唯一的最重要因素（Fox et al.，2007）。

运输距离越远，对苗木的伤害风险越大。这对于夏季或秋季造林的苗木最关键，因为这时苗木没有完全休眠，木质化程度不高。在监测白桦幼苗的夏季造林效果时，第1年后测得的高生长不受运输距离的影响（Luranen et al.，2004）。然而，3年后测量相同的植株时，茎高随运输距离

的增加而降低（图7.5.11B）。

运输过程中应监测冷藏车内的温度，因为制冷装置容易发生故障。当制冷装置出现故障时，会发生高温和低温伤害。运输车的理想温度取决于运输的苗木是要用于夏季造林，还是来自冷藏库或冷冻库，特别是在冷冻库的苗木需要解冻的情况下。在一个关于操作环节的试验中，冷藏车中苗木箱内温度为2～10℃（36～50℉），而非

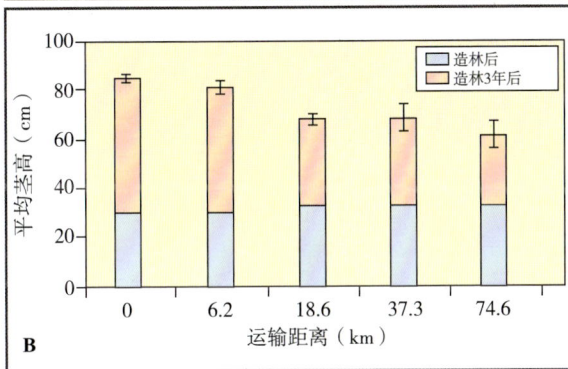

冷藏车中苗木箱内温度为10～22℃（50～72℉）（Stjernberg，1996）。如果箱子是手工装卸，把垫片（如木板或泡沫块）放在箱子或袋子之间，以便空气流通，并防止移位。

美国科罗拉多州的Mt.索普瑞斯（Sopris）苗圃开发了专门设计的冷藏装置，可将其放在造林地，以提供长期的现场贮藏（图7.5.11C）。

● 7.5.4.2 普通卡车运送

短途运输经常使用不制冷的普通卡车。车箱应为铝质或漆成白色，以反射阳光，并在停车或到达造林地后停放在阴凉处（图7.5.12A）。Plant

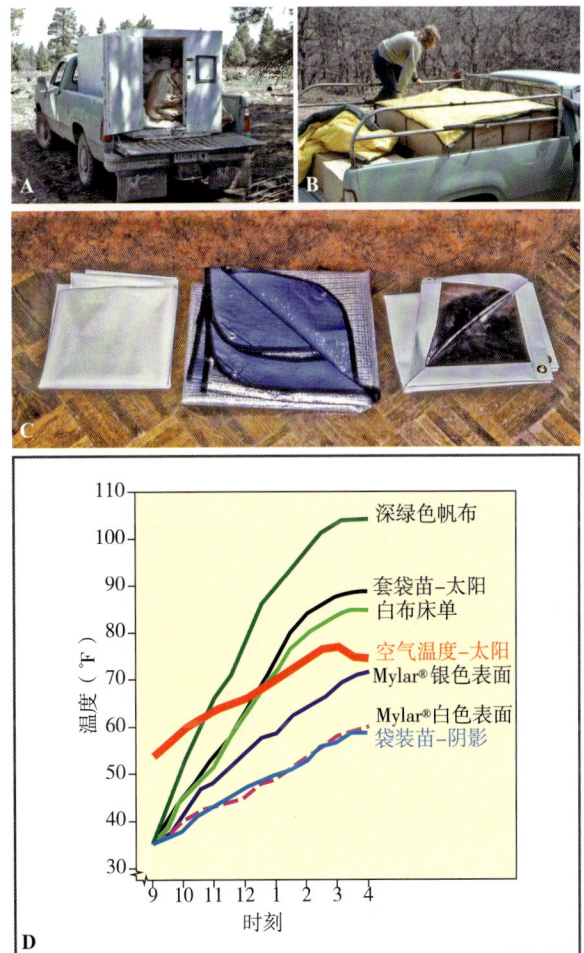

图7.5.11 可制冷的车（冷藏车）用于长途运输苗木（A）。运输距离越远，对苗木的伤害风险越大（B）。液滴式冷冻机组可以提供理想的长期现场贮藏（C）（B根据Luoranen et al.，2004修改）

图7.5.12 无制冷的运输车辆应涂成白色并进行隔热处理，以保持室内较低的温度（A）；在开放式皮卡车中，苗木应覆盖防水布（B）；特殊反光防水布（C）可在市场上买到。研究表明，反光Mylar®防水布比标准的绿色帆布防水布的效果更好（D）（D，根据Deyoe et al.，1986修改）。

107

ProTek是一种新型的卡车隔热内衬，已成功通过园林苗木运输测试，并应用到了乡土植物苗木上（Anonymous，2006）。在小批量运输的箱子里加入"蓝冰"有助于降低温度，但会增加运输成本。

小型皮卡车 如果必须使用开放式皮卡车，则应使用反光防水布覆盖苗木箱（图7.5.12B）。造林供应公司提供具有白色外表面和银色内表面的特制Mylar®防水布（图7.5.12C）。在操作试验中，这种防水布下的苗木和阴凉处的苗木一样凉爽（图7.5.12D）。

然而，深色的防水布，如军绿色帆布，直接铺在箱子上会让苗木受热达到破坏性的程度，所以不可以使用（Deyoe，1986）。

商用包裹卡车 许多州和私人苗圃经常向顾客运送各种少量的乡土植物。例如，作为美国爱达荷州立苗圃的爱达荷大学富兰克林·皮特金（Frank Pitkin）苗圃，定期向全州1500位客户运送苗木，每次一位，每人约120株苗木。为了方便，将苗木从容器中取出，放入塑料袋。然后，将成袋的苗木装入可码放的塑料盆中，以便冷藏（图7.5.13A）。这些盆在冷藏室中有很高的灵活性，可随苗木数量的变化而逐年调整。随着苗木出圃量的增加，空盆可以从冷藏室搬走，从而为新订单腾出空间。根据订单要求，员工要从一个盆到另一个盆收集需要的品种和数量（图7.5.13B）。完成的订单放入纸板箱中，称重（图7.5.13C），贴上标签（图7.5.13D），并准备由商业快递公司［如联合包裹服务（UPS）或联邦快递（FedEx）（图7.5.13E）］装运。这些包裹并不总是由训练有素的人员搬运，因此，箱子必须包装结实，以保护苗木（图7.5.13F）。在美国爱达荷州，所有订单通常在2d内送达。当客户的订单离开苗圃时，他们会收到自动发出的电子邮件，通过跟踪号码可以了解快递进程。

图7.5.13 从冷藏库的散装箱中取出一捆苗木（A），将单个订单组装在纸板运输箱中（B），对箱子称重（C），打印带有条形码的运输标签（D）。每星期早些时候给客户发货，以确保在周末前到达（E）。如果通过商业包裹服务交付苗木，适当的包装就尤为重要（F）。

7.5.5　总结和建议

苗木在开始离开其种植地或贮藏地运到造林地之前，苗木的经济价值达到最大，质量最高，因而风险也最大。苗木是活的、易腐的有机体，最重要的是尽量减少可能降低其质量的胁迫。苗木可能遇到的3种主要胁迫是水分损失（干燥）、极端温度和物理损伤。应定期检查苗木，轻拿轻放，避免受到胁迫。胁迫的影响是累积的，如苗木暴露在过大的胁迫下，可能会在造林后立即或不久后死亡。然而，更常见的情况是，胁迫的累积效应会导致成活率和生长量逐渐减少，这种情况可能会在造林后数周或数月后才显现出来。

成功装运苗木的关键是将胁迫降至最低。在整个贮藏和运输过程中，通常使用专用设备连带容器一起运输苗木，从而减少物理胁迫。然而，许多苗圃从容器中取出苗木，放入箱子或袋子中运输，以减少体积和质量，并避免将容器再运回苗圃产生的物流。一般来说，大批量的苗木运输，如造林项目、林产品或联邦苗圃运输，通常用大型冷藏车运输，以减少温度胁迫，保持苗木质量。对于较小的苗圃，如个体乡土植物苗圃和州立苗圃，以及运输距离较短的少量苗木，只要注意极端温度，尽量减少物理胁迫，不用冷藏车运输也是可以的。

7.5.6　引用文献

ADAMS J C, PATTERSON W B, 2004. Comparison of plant- ing bar and hoedad planted seedlings for survival and growth in a controlled environment[C]// CONNOR K F. Proceedings of the 12th biennial southern silvicul- tural research conference. Gen. Tech. Rep. SRS-71. Asheville, NC: USDA Forest Service, Southern Research Station: 423-424.

ANONYMOUS, 2006. Greenhouse on wheels: new shipping technology converts dry vans into nursery stock haulers[J]. Digger 50(1): 46-47.

BALNEAVES J M, MENZIES M I, 1988. Lifting and handling procedures at Edendale Nursery: effects on survival and growth of 1/0 Pinus radiata seedlings[J]. New Zealand Journal of Forestry Science 18: 132-134.

BROWN K E, 2007. Personal communication[EB]. Juniper, NB: J.D. Irving, Ltd., Juniper Tree Nursery.

DEYOE D, 1986. Guidelines for handling seeds and seedlings to ensure vigorous stock[J]. Special Publication 13. Corvallis, OR: Oregon State University, Forest Research Laboratory.

DEYOE D, HOLBO H R, WADDELL K, 1986. Seedling pro- tection from heat stress between lifting and planting[J]. Western Journal of Applied Forestry 1(4): 124-126.

FANCHER G A, MEXAL J G, FISHER J T, 1986. Planting and handling conifer seedlings in New Mexico[M]//

CES Circular 526. Las Cruces, NM: New Mexico State University.

FOX T R, JOKELA E J, ALLEN H L, 2007. The development of pine plantation silviculture in the Southern United States[J]. Journal of Forestry 105(7): 337-347.

HANNINEN H, PELKONEN P, 1989. Dormancy release in Pinus sylvestris L. and Picea abies (L.) Karst. seedlings: effects of intermittent warm periods during chilling[J]. Trees 3(3): 179-184.

KERR G, 1994. A comparison of cell grown and bare-rooted oak and beech seedlings one season after outplanting[J]. Forestry 67(4): 297-312.

LUORANEN J, RIKALA R, SMOLANDER H, 2004. Summer planting of hot-lifted silver birch container seedlings[C/OL]// CICARESE L. Nursery production and stand establishment of broadleaves to promote sustainable forest management, APAT, 2004. IUFRO S3.02.00, May 7-10, 2001, Rome, Italy: 207-218. http://www.iufro.org/ publications/proceedings/ (accessed 23 January 2009).

MCKAY H M, GARDINER B A, MASON W L, et al., 1993. The gravitational forces generated by dropping plants and the response of Sitka spruce seedlings to dropping[J]. Canadian Journal of Forest Research 23: 2443–2451.

PATERSON J, DEYOE D, MILLSON S, et al., 2001. The handling and planting of seedlings[Z]. WAGNER R

G, COLOMBO S J. Regenerating the Canadian forest: principles and practice for Ontario. Markham, ON, Canada: Ontario Ministry of Natural Resources and Fitzhenry & Whiteside Ltd.: 325-341.

ROSE R, HAASE D L, 2006. Guide to reforestation in Oregon[Z]. Corvallis, OR: Oregon State University, College of Forestry.

SELF A B, EZELL A W, GUTTERY M R, 2006. First-year survival and growth of bottomland oak species following intensive establishment procedures[C]// CONNOR K F. Proceedings of the 13th biennial southern silvicul- tural research conference. Gen. Tech. Rep. SRS-92. Asheville, NC: USDA Forest Service, Southern Research Station: 209-211.

SHARPE A L, MASON W L, HOWES R E J, 1990. Early forest performance of roughly handled Sitka spruce and Douglas fir of different plant types[J]. Scottish Forestry 44: 257–265.

STJERNBERG E I, 1996. Seedling transportation: effect of mechanical shocks on seedling performance[R]. Tech. Rep. TR-114. Pointe-Claire, QC, Canada: Forest Engineering Research Institute of Canada.

STJERNBERG E I, 1997. Mechanical shock during transporta- tion: effects on seedling performance[J]. New Forests 13(1-3): 401-420.

TABBUSH P M, 1986. Rough handling, soil temperature, and root development in outplanted Sitka spruce and Douglasfir[J]. Canadian Journal of Forest Research 16: 1385-1388.

(USDA Forest Service) U.S. Department of Agriculture, 1989. A guide to the care and planting of southern pine seedlings[R]. Southern Region, Mgt. Bull. R8-MB39.

第6章
造林栽植

7.6.1 引 言

植苗造林（outplanting）是育苗过程的最后阶段，但在讨论具体技术之前，我们应该重温一些重要的概念。造林表现（outplanting performance）（如成活和生长）取决于3个因素，这是目标植物概念图的后面3个因素（图7.6.1）。

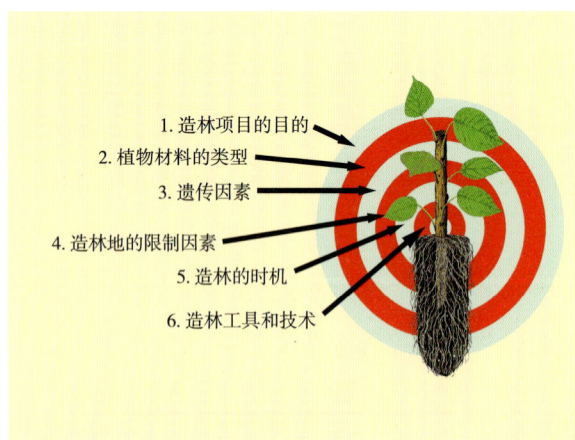

图7.6.1 目标植物概念图。最后3个步骤（4.造林地的限制因素，5.造林的时机，6.造林工具和技术）对植苗成功至关重要，应该在计划及推行栽植计划时加以考虑。

造林地的限制因素 每个立地都不同，因此确定限制植物成活和生长的环境因素是至关重要的。温度和湿度通常是最大的限制因子，将在

7.6.4中讨论。其他立地因素，如坡向和土壤类型，也必须加以考虑。南坡或西南坡的立地会干得更快，因此应首先栽植。在某些情况下，可能需要遮阳材料。有些栽植工具不应在质地细密的土壤上使用，如淤泥和黏土，这将在7.6.7中讨论。

造林立地必须在实际造林前进行评价。尽管这里不详细介绍立地评价过程，但是有两个很好的资源可以参考。第一，林务局要求为每个造林项目制订详细的再造林计划（USDA Forest Service，2002）。第二，Steinfeld等（2007）提供了一个关于如何对造林地进行立地评价的非常全面的例子。由于造林地的立地条件差异很大，在开始栽植之前，立地评价更加重要（Munshower，1994）。

造林的时机 对于每个造林地点，都有一个理想的栽植时间，确定其"时间窗口"的过程将在7.6.2中讨论。

造林工具和技术 7.6.3至7.6.9讨论了选择苗木栽植最佳方式的过程，7.6.11描述了如何评价造林项目的质量。

7.6.2 造林的时机

多年经验证明，幼苗在休眠时最不容易受到起苗、贮藏、运输和栽植环节的影响，是进行造林的最佳时机。造林时机或造林窗口概念是目标植物概念的重要组成部分（见7.1.2.5），是指立地环境条件最有利于苗木成活和生长的时期。传统意义上，造林窗口是通过起苗和观察栽植后苗木表现来建立的。苗木质量测定，如抗寒性，也是确定苗木何时最抗寒、何时最能经受栽植胁迫的好方法。例如，对西黄松（*Pinus ponderosa*）和花旗松（*Pseudotsuga menziesii*）进行了为期4年的抗寒性试验，可以看出不同年份的造林时间

段是如何变化的（图7.6.2A）。

造林开始和结束时间受栽植立地的限制。土壤湿度和温度通常是大多数立地的限制因素，但其他环境或生物因素也会限制植物的成活和生长（见7.1.2.4）。对于有灌溉条件的高价值作物，在适当的天气条件下，在苗木活力保护得当的情况下，可全年栽植容器苗（White，1990）。不断变化的天气模式导致了造林时期的变化。在美国德克萨斯州东部，一场持续的干旱，使林业工作者将植苗造林时期从传统的春天裸根苗栽植改为秋天容器苗栽植。试验表明，与裸根苗67%的成活率相比，

秋季栽植容器苗的成活率为93%（Taylor，2005）。

在美国大陆的大部分地区，多在晚冬、初春时节植苗造林，这时土壤湿度高、蒸散量低。这个时节对于加拿大和美国大部分的低海拔地区，通常是1～4月（图7.6.2B）。这时栽植的休眠期苗木是初冬起苗，并在冷库或室外贮藏了2～8个月（更多信息见本卷第4章）。

然而，在高海拔和高纬度地区，不可能在晚冬或早春栽植，因为持续的积雪使土壤温度较低，限制了人员的进入。这意味着所有苗木都必须在相对较短的时间内完成栽植，因为长时间的日照和较高的太阳角度会导致较高的蒸散速率（图7.6.2C）。因此，加拿大北部、斯堪的纳维亚半岛和美国西部的北部山区的一些林业工作者已经在夏初甚至秋末采用容器苗栽植（Luoranen et al.，2004；Page-Dumroese et al.，2008；Tan et al.，2008）。容器苗可栽植时期更长，缓苗期更短；其根系受根团的保护，在起苗和栽植过程中不会受到损害。此外，利用现代容器苗培育技术，可以培育出抗逆性更强的苗木。因为苗木在夏秋两季都不休眠，所以把这时候的栽植形象地称为"热植"。"热植"的苗木也需要一定程度的木质化以承受起苗、运输和栽植时造成的胁迫，因此，育苗时最常用的措施是水分胁迫或短日照处理（Landis and Jacobs，2008）。多年来，芬兰研究人员一直在对"热植"的欧洲云杉（*Picea abies*）和垂枝桦（*Betula pendula*）进行栽植研究（Louranen et al.，2005）。例如，为了研究干旱对造林效果的影响，对夏季起出的欧洲云杉幼苗进行了长达6周的水分胁迫（Helenius et al.，2002）。他们发现，与当年晚些时候栽植的苗木相比，甚至是与贮藏至翌年春天栽植的苗木相比，当年7月生长季起苗栽植的根系生长更好（图7.6.2D）。

因此，在确定最佳造林时期时，必须考虑许多生物的和实际操作的因素，但没有什么可以替代实践经验，苗木的成活与生长永远是最好的指标（参阅7.4.2及7.6.3.2）。

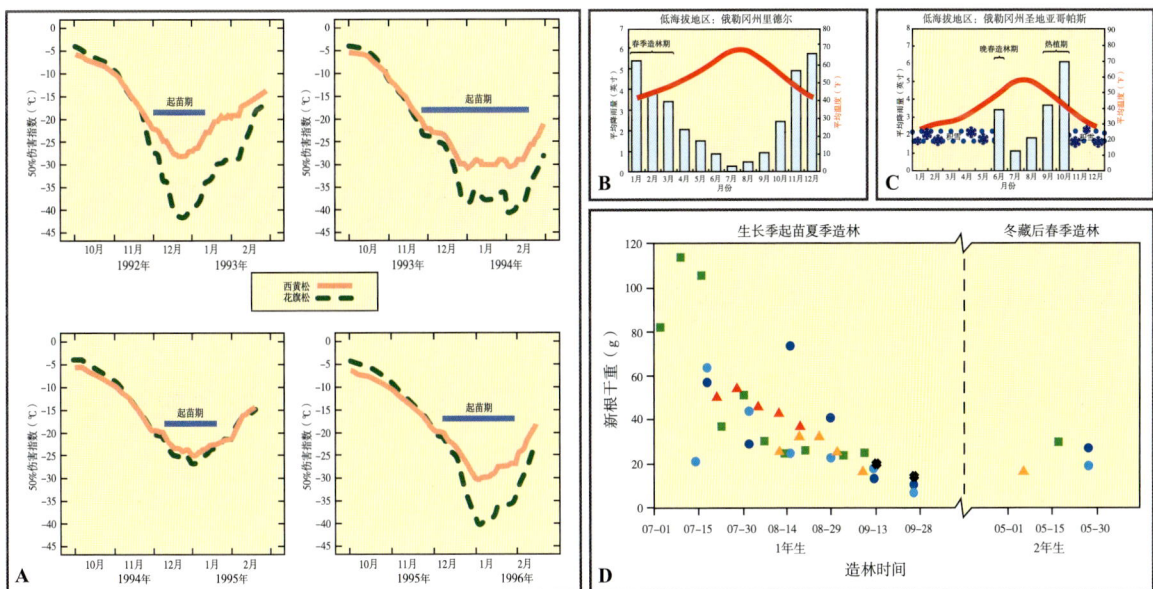

图7.6.2 造林时期是根据观察到的起苗和栽植成功情况或通过苗木质量检验而确定的（A）。在美国和加拿大的大部分地区，造林时期在晚冬或早春（B）。然而，在较高的海拔和纬度，由于持续的雪和较低的土壤温度，造林时期在晚春或者初夏（C）。生长季起苗的挪威云杉在初夏造林会比推迟造林时间或者传统经过冬藏之后的春季造林有更多新根（D）（A根据Tinus，1996的修订版修改；B和C，由Steinfeld et al.，2007提供；D根据Louranen et al.，2006修改）。

7.6.3　现场处置和贮藏

苗木运到造林地后应该马上栽植，但这在操作上往往是不可能的。由于天气延误、工人调度和沟通不良等原因，在造林地贮藏苗木就显得很有必要。苗木造林地贮藏的时间只有几天，但在意外的天气情况下，如大雪，可以达到一个星期或更长时间。因此，提前计划总是明智的。理想情况下，当天携带的苗木应该当天栽完，以避免出现造林地贮藏的情况。然而，距离和其他后勤因素可能会使这一点变得困难。

过热和干燥是造林地贮藏过程中可能面临的主要问题。但由于苗木的休眠状态和抗寒性存在显著差异，必须区别对待生长季起出的苗木和冷藏苗木。

● 7.6.3.1　苗木检查

如本卷第5章所述，在起苗和栽植过程中会发生许多事情。因此，当苗木到达栽植地点时，最好对苗木进行彻底检查。所有苗木箱都应该打开并检查以下内容（Mitchell et al., 1990）。

（1）运苗前检查冷藏苗的箱内温度（图7.6.3A），应保持凉爽，温度不高于2～4℃（36～39℉）。带容器运输苗或夏季栽植苗应尽可能保持凉爽，避免阳光直射。

（2）如果可能，使用压力室抽样检查苗木的水势（图7.6.3B）（目标水势值可以在本卷第2章中找到）。

（3）苗木不应有酸或甜的气味，否则，说明苗木温度过高或湿度过大。

（4）根团湿润。如果苗木有叶片，应该是健康的绿色。有顶芽的树种，顶芽应该是结实的。

（5）检查苗木地径周围皮的硬度。皮不应该轻易脱落，皮下的组织应是奶油色的，如果是棕色或黑色，说明受了冻害。

（6）铺开叶片检查，如有白色或灰色菌丝（图7.6.3C），说明有霉菌了，如灰霉病。特别要注意检查苗冠底部的叶子。如果发现霉菌，检查其下面苗木组织的硬度。发现湿的或浸水的组织，则表明严重腐烂，要淘汰这些苗木。表面有菌丝体但还没有腐烂的苗木应立即栽植。霉菌暴露于现场环境后将无法存活。

图7.6.3　苗木运到栽植地后应进行检查。检查苗木箱内温度（A），如有条件，用压力室测定苗木水势（B）。霉菌可能会成为造林地贮藏时一个严重的问题，要检查叶子内的灰色或彩色菌丝（C）。

● 7.6.3.2　夏季栽植苗（热植苗）和露天贮藏苗

由于热植苗并未完全休眠或木质化，起苗后应立即栽植或最多在造林地存放1～2d。热植苗成功栽植的关键是苗圃和造林项目经理之间的精心规划和协调。理想状况下，热植苗的包装应该直立放置在纸箱中，没有塑料袋衬垫，这样可以增加空气交换，减少呼吸热量积聚。如果苗木是从容器中拔出包扎，使用白色包装箱将有助于反射阳光，保持较低的箱内温度（Kiiskila，1999）。

苗木运到造林地后，应打开苗木箱顶盖散热，促进良好的空气交换。苗木一运到造林地就应该直立放置在阴凉的地方。但是，许多造林地缺乏树木和其他天然阴凉，即使有天然阴凉，也很难使苗木整天处于阴凉处（图7.6.4A）。因此，建立一些人工遮阳设施很有必要。在杆子之间架上防水布或遮阳布就很有效（图7.6.4B）。如图7.5.12D所示，深色防水布吸收并再辐射太阳热量（Emmingham et al.，2002）。因此，帆布、防水布应悬挂在苗木上方，以保证良好的空气流通。定期润湿防水布会通过水分蒸发降低温度

（Mitchell et al.，1990）。

由于热植苗或露天贮藏苗在运输和造林地贮藏期间不断地蒸腾，水分胁迫则是另一个关注点。与呼吸作用一样，蒸腾速率是温度的函数，但光照强度同样重要。因此，要在栽植前检查根团是否水分充足，苗木是否处于水分胁迫状态。在栽植现场灌溉容器苗并不常见，但是最近对热植桦树（*Betula* spp.）和云杉（*Picea* spp.）幼苗的研究表明，栽植前浇水显著提高了造林成活率（图7.6.4C）。所以，对于热植苗和露天贮藏苗而言，最好的栽植现场贮藏条件是有一个可靠的水源（图7.6.4D），因为频繁浇水需水量大（Mitchell et al.，1990）。

图7.6.4　所有苗木应在栽植地的阴凉处保存，但自然阴影会随太阳移动（A）。在许多造林地需要采用防水布或遮阳布进行人工遮阳（B）。在干旱造林地提前对苗木浇水已被证明有利于桦树热植苗的造林成活（C），所以，应提供灌溉用水（D）（C根据Luoranen et al.，2004修改）。

● 7.6.3.3　冷冻贮藏苗

从冷藏室或冷冻室运来的苗木必须采取与露天贮藏或热植苗木不同的处理，因为它们仍然处于完全休眠和木质化状态，最好保持这种状态直至栽植。因此，在可能的情况下，应该采用冷藏车运输这种苗木，并可在造林地进行临时车内贮

藏（图7.6.5A）。每辆车在使用前应接受机械检查，而冷藏车应提前开启压缩机至少4～6h进行预冷（Paterson et al., 2001）。对于可能出现的机械故障要有预案。

在条件允许的情况下，已成功地将覆盖有雪和隔热材料（如锯末或稻草）的雪槽、涵洞或杆状结构物用于造林地贮藏（图7.6.5B）（Paterson et al., 2001）。在加拿大的一项试验中，定制的隔热贮藏建筑可以有效地保护容器苗免受霜冻伤害和过热影响（Zalasky, 1983）。

贮藏在冷藏车或隔热建筑物中的苗木箱或苗木袋，如果在运输和搬运过程中被撕破，应进行修补，并保持封闭。苗木箱或苗木袋里的温度比外面的要高得多，因为植物在呼吸过程中会产生热量。随着温度的升高，呼吸速率也随之加快，从而进一步提高温度。因此，在发货时以及之后

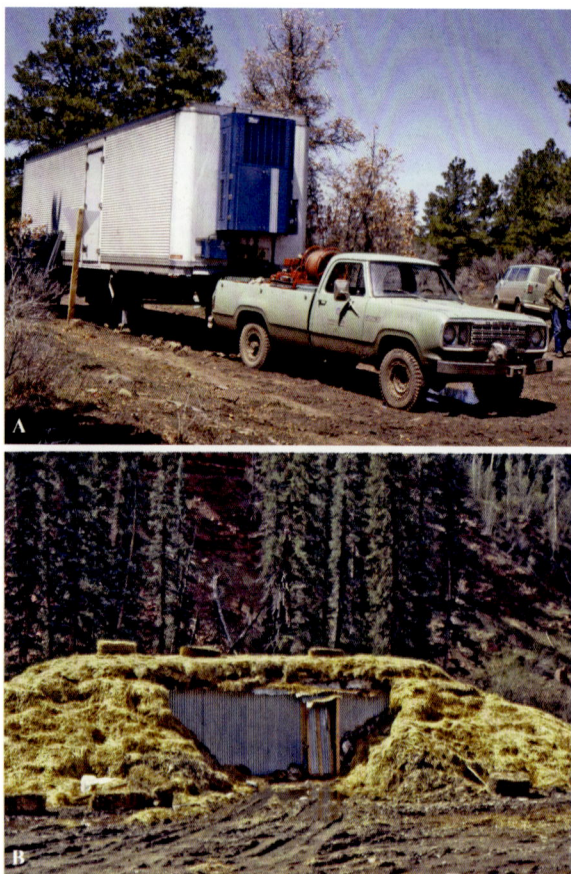

图7.6.5 由冷库出圃的苗木应保存于冷藏车(A)、隔热材料或雪窖(B)中，直至栽完。

的每一天，都要对苗木箱或袋内的温度进行监测（图7.6.3A）。确保箱内温度保持在冰点以上，但低于10℃（50℉）（Rose and Haase, 2006）。如果苗木长时间暴露在较高温度下，用标准化的苗木质量测定（根生长潜力、叶绿素荧光、抗寒性）和容器内乙醇浓度可以准确预测苗木的表现（Maki and Colombo, 2001）（苗木质量测定的更多信息，参见本卷第2章）。

慎重起见，应检查苗木箱内的霉菌情况，如灰霉病（图7.6.3C）。这种菌在苗圃很常见，一般冷藏后会迅速增加，可能是由于箱内和袋内的二氧化碳含量增加所致（更多信息见本卷第5章）。

冻藏苗解冻 根团冻在一起的苗木在栽植前必须解冻。一些客户希望他们的苗木在发货前进行"快"或"慢"解冻（图7.6.6A）。但是，"快"和"慢"的定义相差很大（表7.6.1）。最初，在苗圃进行慢解冻被认为是最好的（例如，Mitchell et al., 1990）。最近的研究比较了两种解冻技术，发现在两个生长期后没有差异（Rose and Haase, 1997）。在最全面的冻藏苗解冻生理研究中（Camm et al., 1995），抗寒性试验表明，快解冻苗木比慢解冻的更抗寒，而且恢复芽生长的时间也更早。此外，3个月后，茎和根的生长测量值是相似的。这些结果表明，切勿将冻藏苗置于阳光直射下解冻（图7.6.6B），否则会造成严重的水分和温度胁迫；而一个良好的操作程序可能是将一捆捆冻藏苗从运苗箱中取出，摊放在地上，或者在通风良好、阴凉的地方打开苗木箱或袋子（图7.6.6C）。不要强行掰开冰冻的根团，这会造成严重的伤害（Mitchell et al., 1990）。解冻的苗木量够在几天内栽植即可。最理想的情况是设置解冻操作，将冻藏苗从冷藏库中取出，然后在相邻的遮阳设施中解冻（图7.6.6D）。

图7.6.6 冻藏苗木必须在温暖的条件下小心解冻24~48h（A）。切勿将冻藏苗置于阳光直射下（B），应在阴凉（D）的地方打开苗木箱或袋子（C）（A，根据Paterson et al., 2001修改）。

表7.6.1 冻藏容器苗常用解冻方案

解冻速度	参考文献	温度	持续时间
缓慢解冻	Camm et al., 1995	5℃（41℉）	7d
		15℃（59℉）	2d
	Rose and Haase, 1997	0~3℃[①]（32~37℉）	42d
	Kooistra and Bakker, 2002	0~3℃[①]（32~37℉）	2~35d
快速解冻	Camm et al., 1995	22℃（72℉）	2~5h
	Rose and Haase, 1997	7℃（45℉）	5d
	Kooistra and Bakker, 2002	5~10℃[①]（41~50℉）	5~10d

注：①操作冷却器贮藏条件。

冻藏苗栽植 在根团处于冰冻状态下栽植苗木，可以节省解冻苗木所需的时间和精力。几年前这是不可能的，因为根团被冻在一起；现在有了单株苗木包装技术。然而，田间试验结果好坏参半。在加拿大不列颠哥伦比亚省，西部落叶松（*Larix occidentalis*）、扭叶松（*Pinus contorta*）和室内云杉在栽植2年后，解冻与不解冻苗木的表现无显著差异（Kooistra and Bakker，2005）。其他研究表明，造林地条件具有重要影响。在芬兰对挪威云杉幼苗进行的一项栽植试验中，温暖和寒冷土壤条件下，解冻苗在成活率、茎和根生长方面都优于冷冻苗（Helenius，2005）。在最近的一项试验中，对处于"凉爽湿润"或"温暖干燥"条件下的解冻和冷冻花旗松容器苗的生理过程进行了监测。与冷冻状态栽植的苗木相比，解冻苗具有更高的光合速率和更活跃的芽和根，这可能会影响到以后的生长表现（Islam et al.，2008）。显然，在推广冷冻苗栽植之前，还需要在各种立地条件下进行更多的研究试验。

7.6.4 栽植前的准备工作

在实际栽植开始前，应做好几项准备，以确保栽植工作顺利进行。

● 7.6.4.1 检测土壤温度和湿度

土壤水分在养分吸收和运输中起着至关重要

的作用，对苗木的成活和生长有着重要的影响（Helenius et al., 2002）。在栽植后，根系必须能够从周围的土壤中吸收足够的水分，以满足地上部分的蒸腾需要。如果土壤水分不足，新栽植的苗木会受到胁迫，导致生长下降和死亡率增加。在水分胁迫下，新栽幼苗的光合速率较低，根再生能力较差（Grossnickle, 1993）。理想状态下，在栽植时，土壤上层25cm（10in）土壤水势应该大于–0.1MPa（Cleary et al., 1978; Krumlik, 1984）。

土壤温度对根系发育有重要影响（Balisky and Burton, 1997; Domisch et al., 2001; Landhäusser et al., 2001）。适合根系生长的理想土壤温度范围是5～20℃（41～68℉）（图7.1.5B），因此，栽植时间可能要推迟到土壤升温之后。当蒸腾量大而较低的土壤温度限制水分吸收时，植物可能会经历"生理干旱"，从而限制成活和生长（Mitchell et al., 1990）。在加拿大安大略省，栽植项目通常要在土壤温度超过5℃（41℉）后才开始实施。

● 7.6.4.2 监测空气湿度、温度和风速

栽植时的天气状况对植物水分胁迫有直接影响。气温和风速的增加都会影响蒸腾作用，但风的作用却很难量化。当空气温度超过25℃（78℉）、相对湿度低于30%时，条件就变得至关重要（Paterson et al., 2001）。相对湿度对蒸发蒸腾速率的影响不像蒸汽压差那么大，蒸汽压差是指在给定温度下空气所能容纳的水量与饱和时的水量之差。示例计算可以在Cleary等（1978）的文章中找到。因此，栽植时间最好选在空气温度较低、风速较低的清晨。当天气晴朗、多风或干燥时，必须采取额外的保护措施，以尽量减少植物的胁迫。在极端天气情况下，要暂停栽植。

● 7.6.4.3 造林立地和栽植顺序

不同造林地的立地条件差异较大，特别是在

山区。坡向，尤其是暴露于阳光照射的方向，是影响栽植成功的最重要因素之一。南坡和西坡的环境比北坡和东坡温度更高、更干燥，应该先栽。在这些坡向造林，通常需要对栽植后的苗木进行遮阳（参见7.6.5）。鹿和麋鹿经常使用南坡和西坡作为冬季牧场，其造成的影响也必须考虑（USDA Forest Service, 2002）。

务必考虑苗木造林地贮藏点的出入和运输距离。一般来说，最好从离苗木贮藏点最远的地方开始栽植，向返回的方向推进。

● 7.6.4.4 浇水和蘸根

在栽植过程中对苗木根系采取蘸根措施，保护其免受胁迫的做法已持续多年，这在直觉上是有吸引力的，尤其是对裸根苗来说。苗根在起苗过程中暴露在空气中，因此有必要给它们补水或涂上一层保护层（Chavasse, 1981）。有许多不同蘸根剂可用，大多数是高吸水性的吸水剂。这些交联聚合物可以吸收并保留其自身重量许多倍的水分，并逐步浸润裸根苗的根系。关于吸水剂对容器苗益处的研究很少。但最近一项试验将桉树幼苗根团浸入吸水剂中，栽植后5个月时死亡率显著低于对照。作者将此归因于土壤水分增加或根团与田间土壤的接触（Thomas, 2008）。有关这个领域的研究工作还需要继续开展。在打开包装时，根团应该是潮湿的。如果不是，那么需要快速浸水来保护根不干燥。如图7.6.4C所示，在栽植前灌溉根团是有益的。

● 7.6.4.5 造林地整地

树木和其他乡土植物对光照和其他立地条件的需求各不相同。整地（site preparation）时清除竞争植物和其他剩余物有几个好处（USDA Forest Service, 2002）。从生物学上讲，它通过减少现有植物对营养、水和阳光的竞争，提高了栽

植苗木的成活率和生长量。现有植物的根系可能已经占据了土壤空间，很容易降低栽植苗木的成活率（图7.6.7A）。在操作上，造林地整地通过减少地面废弃物、去除草皮层，使栽植过程更容易。与未进行植被控制的花旗松（*Pseudotsuga menziesii*）幼苗相比，将花旗松幼苗周围的木本植物和草本植物铲除，8年后可使其茎部体积增加3倍（Rose and Rosner，2005）。

整地可以通过机械（清理或整地）或化学方法（参见7.6.4.6）完成。

林地清理 清理（scalping）是用物理方法去除栽植穴周围的草、非禾本科的植物、小灌木和有机废弃物（图7.6.7B），但对一些难以去除的较大的木本植物效果不好。清除栽植穴周围的有机废弃物，确保根系与土壤接触。栽植在有机质废弃物上的苗木很快会失水、死亡（Grossnickle，

2000）。清理还可以通过降低植被竞争来减少干旱损害的频率（Barnard et al.，1995; Nilsson and Orlander，1995）。然而，当光照是限制因子时，清理会因为减少了土壤含水量和可利用养分而降低树木的生长（Miller and Brewer，1984）。

清理可以用一些栽植工具来完成，如栽植锄的侧面（图7.6.7C）。对于其他栽植工具，如螺旋钻，清理是由另一名工人事先完成的。栽植合同通常包含对清理面积和清理深度的规定。例如，林务局要求清除栽植穴周围30～60cm（12～24in）范围和2～5cm（1～2in）深度的所有植被。在干燥裸露土壤的立地，有机废弃物和腐烂的木头应放回清理过的地表作为覆盖物（USDA Forest Service，2002）。清理肯定会降低栽植速度，但美国俄勒冈州的经验表明，一位使用栽植锄的好工人，在清理的同时，每天仍然可

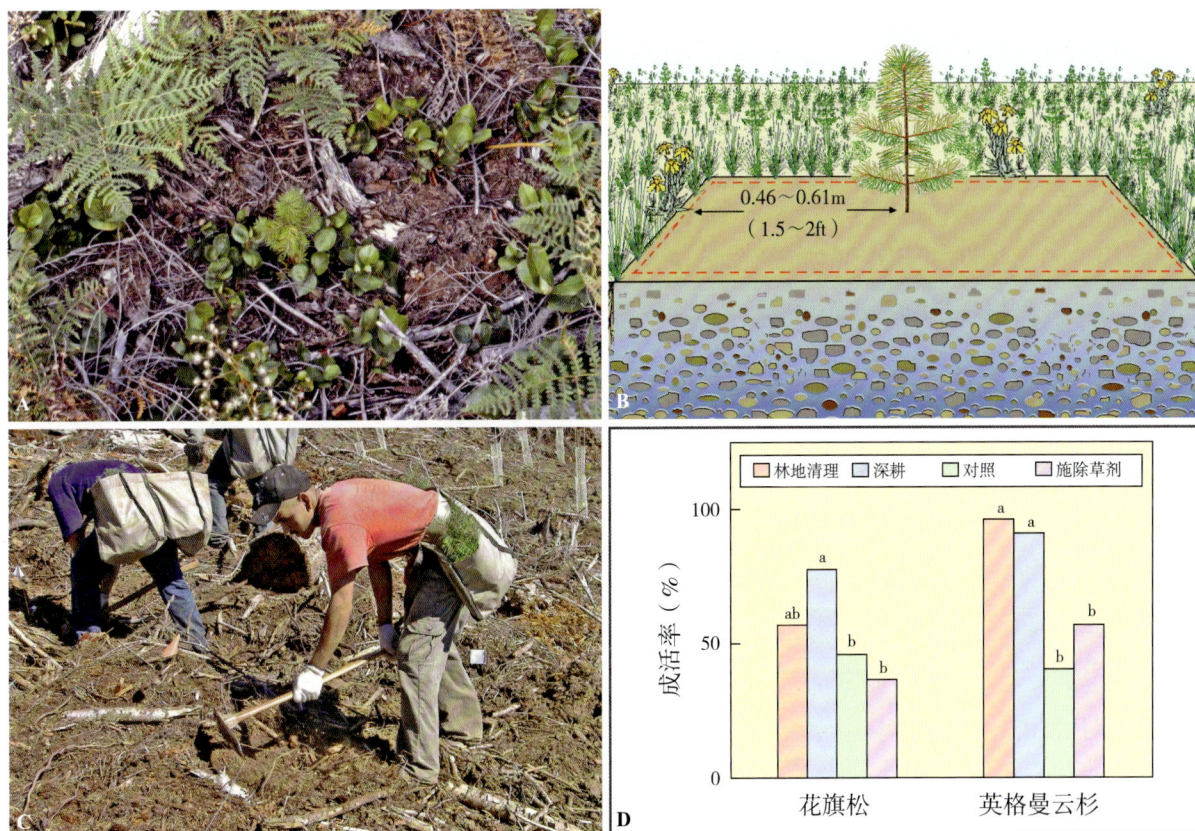

图7.6.7 现有植物与栽植苗木争夺水分（A）；林地清理是用物理方法去除栽植穴周围的植物和有机废弃物（B）；点状清理可用栽植锄（C）；在草占优势的造林地，与深耕、施除草剂和不做处理的对照相比，林地清理能改善针叶树幼苗成活率（D）（D根据Fleming et al.，1998修改）。

以栽植850棵树（Henneman，2007）。

连续清理是用拖拉机或自供电机械完成的。布雷克松土机（Bräcke Scarifier）通过一个三点悬挂装置安装在拖拉机前部，操作者可以选择作业点。两个并排的清理机相距约2.5m（8ft），行距约2m（6.5ft）。根据地形和所需的清理密度，清理速度每小时0.5～2.0hm²（1.2～4.8acres①）不等（Converse，1999）。圆盘旋耕机能松土0.6～0.9m（2～3ft）宽度和5～10cm（2～4in）深度（Shoulders，1958），已被证明在美国东南部的退耕农田上栽植长叶松（Pinus palustris）非常有效。Barnard等（1995）发现，连续清理的好处有以下几点：

（1）降低杂草的竞争；

（2）提高土壤水分可利用性；

（3）较少受到根部病、虫的伤害；

（4）提高栽植效率。

清理的好处因立地而异，是否清理应在栽植的计划阶段确定。在加拿大不列颠哥伦比亚省内陆以草为主的立地，清理可以减少蒸发蒸腾，增加土壤水分，从而提高针叶树幼苗的成活和生长（图7.6.7D）。在美国俄勒冈州，增加清理范围，4年后茎干体积显著提高（Rose and Rosner，2005）。另外，在加拿大不列颠哥伦比亚省北部的造林地，植物竞争并不激烈，林地清理在时间和费用上的额外增加并没有改善造林表现（Campbell et al.，2006）。

高台整地　在北方和其他冷凉的温带造林地，有机物分解缓慢，会产生一层厚厚的凋落物，这可能会妨碍苗木的栽植。"高台"（mounding）是一种造林地整地方式的通用术语，用于处理几种潜在的限制因素：植物竞争、土壤温度低、湿地通风不良以及营养缺乏等。"高台"一词已被应用于各种各样机械整地，这些整地方式可能会产生截然不同的生物学后果。Sutton

① 1acre（英亩）≈ 4046.86m²。以下同。

（1993）对高台整地及其如何在世界范围内使用进行了深入讨论。

根据我们的目的，可将高台整地定义为机械挖掘和翻转土壤与草皮，以创建高于现有地面的台地。由于厚厚的凋落物层，形成的高台由上面的矿质土壤和下面的双层腐殖质组成（图7.6.8A）。高台最初是由手工作业完成；为了加快速度，已经开发出了许多机械工具。例如，布雷克高台机（Bräcke Mounder）就是一台松土机，其特点是有一个液压操作的加固铲，即一个将清理后的土壤堆成高台的工具，现已广泛应用于加拿大和斯堪的纳维亚半岛。该机器完成的高台有16～26cm（6～10in）高，上层为3～19cm（1～7in）的矿质土壤。其他研究使用改良的犁来制作高垄（Sutton，1993）。

至少在短期内，高台的效果总体上是有利的。例如，与松土和施用除草剂相比，在以草为主的造林地（Sutton and Weldon，1993），高台整地对班克松（Pinus banksiana）产生了明显、积极、一致的结果。大多数研究涉及针叶树，但最近的一项研究发现，在涝渍立地营造夏栎（Quercus robur）林，高台整地可以较好地替代除草剂（Lof et al.，2006）。相反，Sutherland和Foreman（2000）发现，与重复使用除草剂相比，高台栽植导致黑云杉（Picea mariana）的生长量减小。高台也被证明有助于减少欧洲松象鼻虫（Hylobius abietis）的危害，这是北欧森林中主要的害虫。因为它减少了象鼻虫的觅食破坏。所以，在芬兰20%的挪威云杉人工林采用高台整地（Heiskanen and Viiri，2005）。

有人从美学和生态学的角度指责高台整地，认为它可能对其他森林价值产生负面影响，如森林游憩（Lof et al.，2006）。因此，与所有的造林地整地方式一样，高台整地需要在不同立地的基础上仔细评估，并与其他整地方式进行比较。

倒置整地 这是一种相对较新的机械整地方法，用挖掘机将栽植穴的土壤挖出，再上下颠倒放回栽植穴，从而形成腐殖质在下、松散的矿质土壤在上的栽植点，没有出现大的高台或垄（图7.6.8E）。瑞典关于挪威云杉和黑松的研究发现，与耕地、高台、圆盘挖沟或不清理相比，倒置整地在10年后显著提高了成活率和茎干体积的增长（Orlander et al., 1998）。随后，在挪威云杉上进行的一项试验证实，与高台或未清理的对照相比，倒置可以提高幼苗的成活率。还有研究测量了整地对外观和环境影响，与高台相比，倒置将地面轮廓的变化从40%减少到15%（Hallsby and Orlander，2004）。

整地和冻拔 在反复冻融循环的土地上，新栽植苗木的冻拔（frost heaving）伤害是一个主要问题。拔出是一个纯粹的机械过程，植物或其他物体通过反复冻融缓慢地从土壤中拔出（Goulet，1995）。所有苗木都可能遭受冻拔，但由于其光滑的根团，容器苗特别容易受冻拔影响。

容易发生冻拔的立地土壤含水量高，土壤质地具有良好的导水性（Bergsten et al., 2001）。随着土壤孔隙度减小，冻拔的可能性增大，粉土和黏土的冻拔问题最为突出。南坡或西南坡更容易出现冻拔现象，因为高强度的太阳照射加剧了冻融循环。

栽植时苗木的生理状况对冻拔有显著影响。能快速从根团上向外长根的苗木（图7.6.8B）将被固定在土壤中，因而不太容易受到影响。不鼓励晚秋栽植的主要原因就是害怕冻拔。苗木过晚栽植，不能长出新根以固定苗木，易发生冻拔（图7.6.8C）。然而，在一项研究中，栽植较晚的苗木并不比栽植较早苗木受到的损害更大（Sahlen and Goulet，2002）。

整地方式对冻拔有显著影响。隔离腐殖质层和清除周围植被使白天的温度变化幅度更大，因

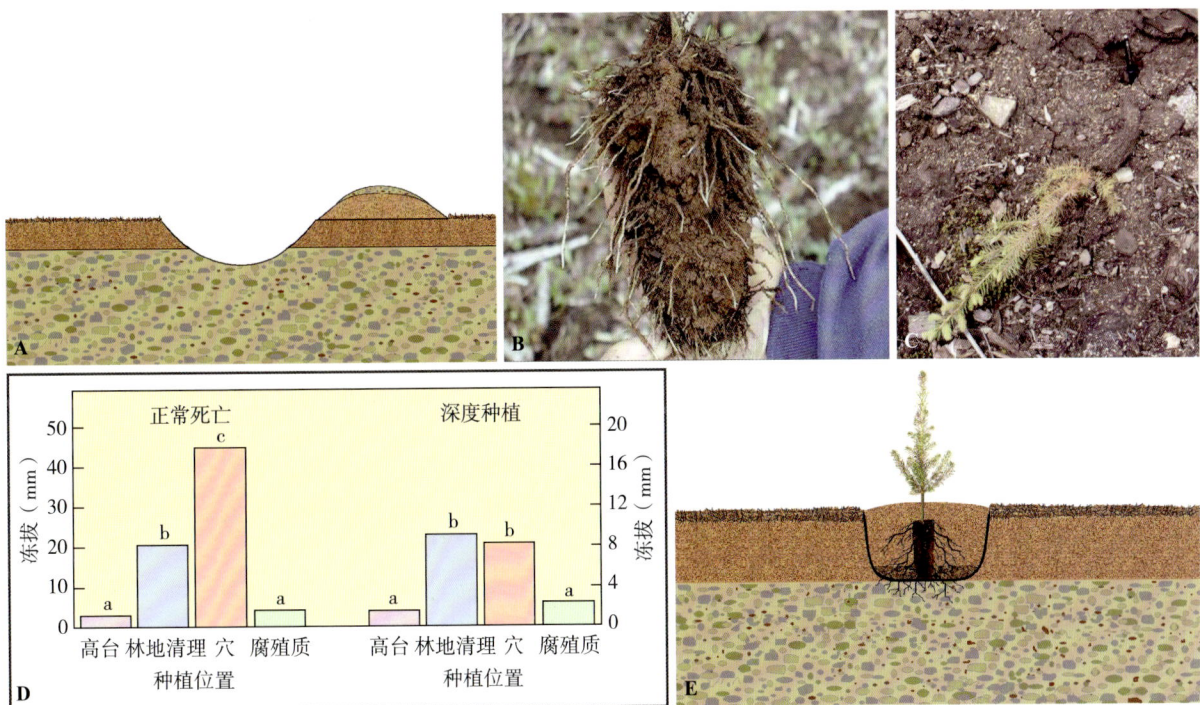

图7.6.8 在有较厚有机废弃物层或水湿土壤的北方立地中，高台整地已被证明有利于苗木的成活和生长（A）。能快速长出新根的苗木（B）会较少受到冻拔伤害（C）。当苗木被栽植在高台的顶部而不是穴里的，高台整地也被证明是有效的（D）。倒置整地可以获得一些与高台整地相同的好处，但其外观更容易被人接受（E）（B由Cheryl Talbert提供；D根据Sahlen and Goulet，2002修改）。

此，对栽植地点的清理增加了冻拔的可能性。另外，高台整地应减少冻拔，因为它排水更好并且减少了毛细管水上升（Bergsten et al., 2001）。关于栽植位置对冻拔影响的研究结果表明，在水分运移到地表并与苗木冻结在一起的栽植穴中，冻拔害会更为严重。在高台整地顶部，冻拔与未处理腐殖质层一样低（图7.6.8D）。虽然深栽被认为是使苗木更稳固的一种方法，但在这项研究中效果不明显（Sahlen and Goulet, 2002）。

● **7.6.4.6　除草剂的应用（化学清理）**

　　机械清理是一种费时的、成本较高的整地方法。另一种选择是在栽植之前用除草剂杀死栽植点周围的竞争性植被。一种通用除草剂，如草甘膦（Roundup®），可以杀死处理区域内的所有植物，没有残留活性，对环境的影响非常低。在栽植开始前杀死竞争植物，可以保持土壤水分（图7.6.9A），随时提供水分给刚栽植的苗木，否则这些水分会因植物蒸腾而损失（图7.6.9B）。美国加利福尼亚州北部山区的造林地，在造林项目开始前1～2年施用六嗪酮（Velpar®）除草剂，杀死灌木和其他竞争植被（Fredrickson, 2003）。两年高强度的杂草控制是华盛顿州惠好苗圃造林成功的关键（Talbert, 2008）。

　　Burney和Jacobs（2009）对美国俄勒冈州沿海地区的花旗松、西铁杉和西红杉容器苗受甲基磺胺磺隆（Oust XP®）的植物毒性影响进行了研究。结果表明，除草剂最初限制根系的生长，但在9～21个月后无明显影响，表明任何植物毒性都是短暂的。

　　除草剂覆盖在枯落物上，减少土壤表面蒸发。用除草剂调控植被已被证明能增加苗木的存活和生长。一项评价化学清理3种植被调控水平的试验表明，随着杂草控制面积的增加，5个试验点中有4个点的苗木体积、地径和高度得到显

图7.6.9　在栽植前用除草剂杀死竞争性植被时（A），保留了因蒸腾作用而流失的土壤水分（B）。

著提高，处理间的差异幅度随时间的增加而增大（Rose and Ketchum, 2002）。除草剂也可以有效地减少火灾、根除非乡土植物。

　　施用除草剂的最佳方法取决于造林方式。采用直升机喷洒应用于大型造林或恢复项目是有效和经济的。对于森林种植项目，除草剂可以由全地形车辆（ATV）成行喷洒，也可以通过安装在拆卸设备上的喷雾器喷洒。对于较小

的项目，受过培训的工人可以用背包喷雾器喷洒除草剂。

● 7.6.4.7　恢复种植的立地准备

在恢复种植立地时，严重的干扰可能需要特定的整地。华盛顿州圣海伦斯火山爆发后，恢复60700hm²（150000acres）林地带来了一些严重的挑战（图7.6.10A）。试验表明，幼苗必须栽植在

30～60cm（1～2ft）的火山灰下面的土壤中才能存活（图7.6.10B）。在许多情况下，栽植地点必须采取重要的稳定措施后才能栽植。由于其陡峭的斜坡和水的侵蚀能力，必须用生物工程结构稳定河岸才能重新栽植植被（图7.6.10C）。生物工程结构中使用的柳树或其他河岸植物的枝条将发芽（图7.6.10D），并达到快速的植被恢复（Hoag and Landis，2001）。

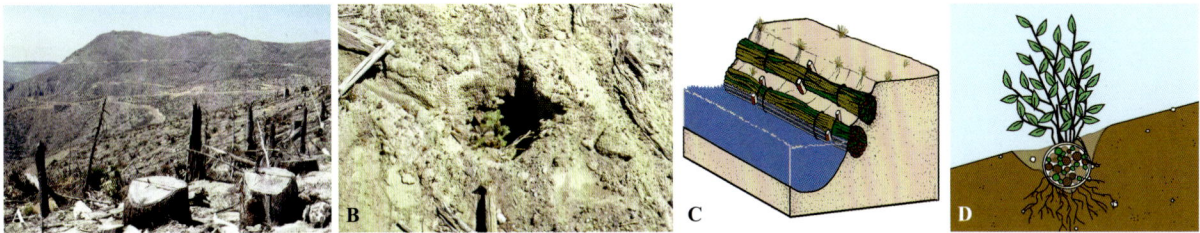

图7.6.10　恢复立地需要特定准备才能栽植。华盛顿州圣海伦斯山的火山爆发区被火山灰覆盖（A），必须挖开火山灰，以便在矿质土壤中栽植幼苗（B）。河岸往往需要生物工程结构来稳定（C）；当柳树插条被使用时，它们可以快速发芽（D）（D来自Steinfeld et al.，2008）。

7.6.5　选择株行距和栽植模式

苗木栽植的模式和间距也是项目目标的反映。以木材生产为主要目标的工业化林业项目，应根据预期成活率和一段时间后可自由生长植物数量的原则，确定每一区域按一定株行距栽植苗木的数量（图7.6.11A）。大多数栽植项目将规定每一区域所需的栽植数量（表7.6.2）。这些密度目标只是一般的指导方针，更重要的是选择适宜苗木生长的栽植地点，而不是机械地按规定的株

行距栽植（Paterson et al.，2001）。

然而，在以生态恢复为目标的地区，单个植物的随机栽植（图7.6.11B）或随机群体的栽植（图7.6.11C）更能代表自然植被格局。

栽植苗木的最佳地点在很大程度上取决于立地条件。在平整、地形相对均匀的农田造林时，合理的间距对于减小苗木长大后的竞争至关重要。在这种情况下，栽植地点的选择是非常机械

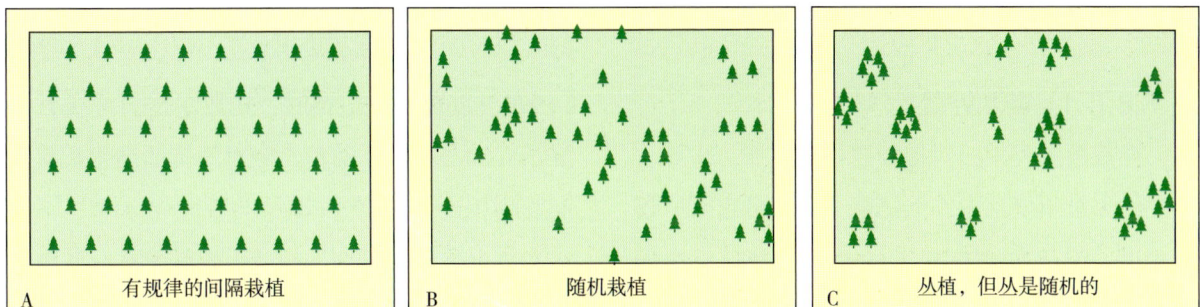

A	B	C
有规律的间隔栽植	随机栽植	丛植，但丛是随机的

图7.6.11　除了目标苗木的规格外，栽植项目的目标也会影响栽植模式。如果目标是快速生长的圣诞树，那么植物的株行距可以整齐划一（A）。然而，大多数修复项目不希望看起来像整齐的"玉米地"，因此，植物以更随机的模式间隔以模仿自然状况（B）。最自然的栽植外观采取随机丛植模式，不同树种栽植在不同的丛中（C）。

的；工人沿等距平行线作业，在规定的株距点上进行栽植（表7.6.2）。这同样适用于等距离栽植的栽植机。

表7.6.2　基于常规网格的植物株行距以及由此产生的苗木密度（根据Cleary et al.，1978修改）

株行距 （m）	每公顷植株 数量	每英亩植株 数量	株行距 （ft）
6.4 × 6.4	247	100	20.9 × 20.9
4.5 × 4.5	494	200	14.8 × 14.8
3.7 × 3.7	741	300	12.0 × 12.0
3.2 × 3.2	988	400	10.4 × 10.4
2.8 × 2.8	1236	500	9.3 × 9.3
2.6 × 2.6	1483	600	8.5 × 8.5
2.4 × 2.4	1730	700	7.9 × 7.9
2.2 × 2.2	1977	800	7.4 × 7.4
2.1 × 2.1	2224	900	7.0 × 7.0
2.0 × 2.0	2471	1000	6.6 × 6.6

● **栽植点选择**

微立地　在有老树桩和其他木质剩余物的山区栽植时，选择最佳的栽植地点比严格的栽植间距更重要。在适宜的微立地栽植可以保护苗木，大大提高苗木的成活率。不适宜栽植的地方包括有积水的洼地、多岩石、深灰土和压实的土壤。树桩、原木或大岩石遮阳下的幼苗生长良好，特别是在炎热、干燥的地方（图7.6.12A和B）。植物叶片上的高强度日照会引起水分胁迫，而直接日照会增加地面温度，进而对幼苗茎部造成致命

的伤害。在障碍物周围栽植还可以防止牛的伤害和大型动物啃食（USDA Forest Service，2002）。研究发现，在落基山脉南部，枯木材料遮蔽的微立地中栽植的黄松幼苗的成活率提高了1倍。其原因在于更适宜的水分和温度，以及防止牲口啃食（Nelson，1984）。

在用圆盘清理机清理过的栽植地点，苗木应栽植在穴一侧的矿质土壤中（图7.6.12C）。在土丘上，最好的栽植点在顶部（图7.6.12D）。提前计划、人员培训和良好的监督是取得栽植成功的必要条件。

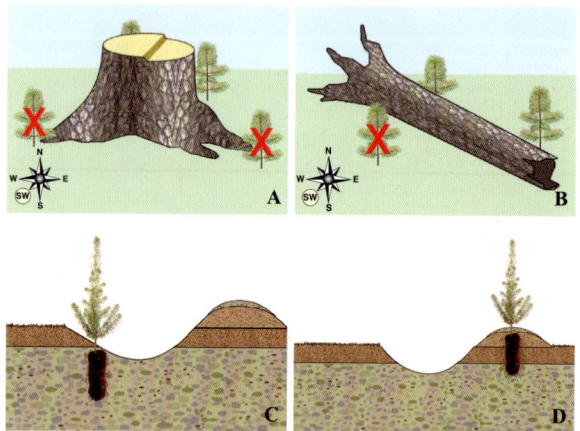

图7.6.12　在地形不平坦或有障碍物的地方，最好的栽植地点是树桩(A)或其他残垣(B)遮蔽下的微立地。此外，在已采用围盘犁整地(C)或高台整地(D)的地方，亦确定了具体栽植地点(A和B来自Rose and Haase，2006；C和D来自Heiskanen and Viiri，2005)。

7.6.6　人员培训和监督

● **7.6.6.1　苗木处置**

在栽植过程中，对植物要格外关照。应该告知工作人员不要从卡车上扔下一箱箱的苗木。研究表明，从不同高度扔下的幼苗在栽植后会导致生长下降（图7.5.5）（McKay et al.，1993；Sharpe et al.，1990；Tabbush，1986）。工作人员不应摇晃或敲打幼苗来去除多余的培养基质。Dean等

（1990）发现，在定植时，用靴子击打北美云杉（*Picea sitchensis*）幼苗，会对幼苗的高生长有负面影响。

每个栽植者所携带的苗木数量要在一两个小时内完成栽植。在较大规模的重新造林和恢复项目中，最有效的方法是使用全地形车辆（ATV）从造林现场的苗木贮藏地将苗木送给栽植者

（图7.6.13A）。苗袋不能过满，以免破坏幼苗（图7.6.13B）；松散装苗更容易取出而不会损坏。准备好栽植穴后，轻轻地从苗袋中取出一株幼苗，避免根部剥落和茎干损坏（图7.6.13C和D）。没有经验的工人常犯的一个错误就是从苗袋中取出一些幼苗，将它们从一个栽植穴挪到下一个栽植穴，这增加了苗木受损和干燥的风险。

最关键的是在整个栽植过程中要轻拿轻放幼

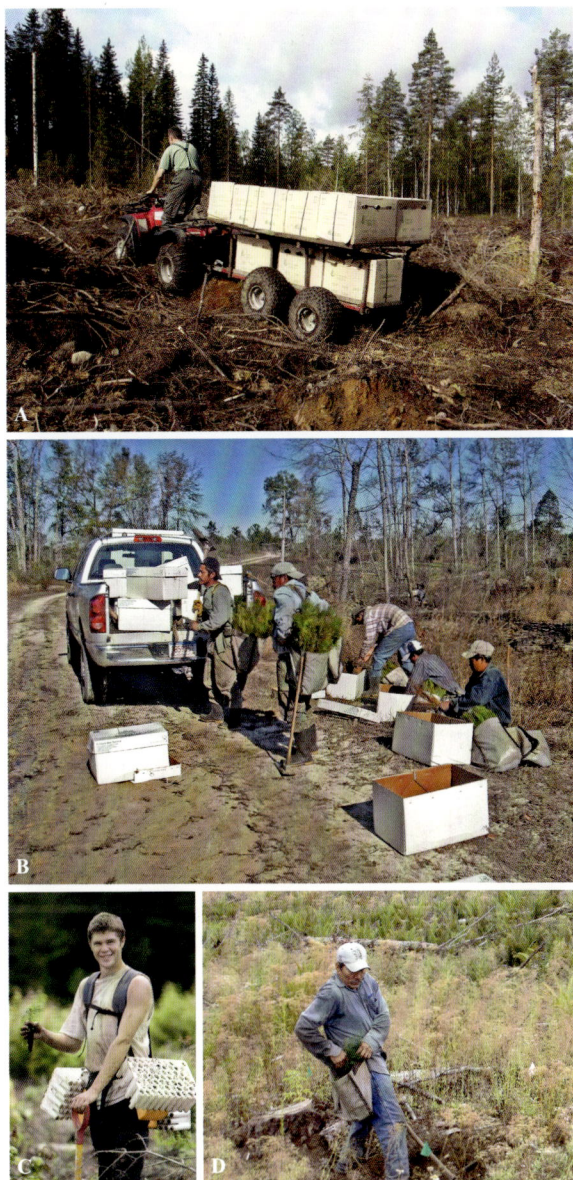

图7.6.13 全地形车辆可方便地将苗木从造林现场贮藏地运送给栽植者（A）。苗袋不应装太满（B），在栽植穴挖好后，应该小心地从容器（C）或苗袋（D）中取出苗木，一次只取一株（A由Risto Rikala提供；B由Mark Hainds提供；C由J.D. Irving, Ltd提供）。

苗，且最大限度地减少根系裸露。虽然难以实测在运输、搬运和栽植过程中苗木遭受的胁迫，但通过比较不同项目的造林表现证明，对幼苗提供额外保护可以带来回报。

● **7.6.6.2 正确的栽植技术**

有经验的植树工人数量在逐年下降（Betts，2008）。此外，植树工人在栽植季节往往变动频繁，工作人员每周都在更换。尽管如此，对所有植树工人进行严格的栽植流程培训是非常重要的。即使是质量最好的苗木，如果栽植不当也会死亡。良好的培训、严密的监督和定期检查是保证栽植质量的重要环节。

然而，很少有关于容器苗适宜栽植深度的报道，而"深栽"裸根苗的优势则有很多（Stroempl，1990）：

（1）提高了茎干抗风、抗雪压力的稳定性；

（2）防止因土壤沉降或冲刷而使根系暴露；

（3）保护根顶端免受热损伤；

（4）使土壤剖面较深处的根系更容易获得水分。

因此，在适宜的立地，栽植穴要尽量深，使根团埋入2.5～5cm（1～2in），深至子叶疤痕（Ondo and Dicke，2006；USDA Forest Service，2002）。这可能因植物种类而异，例如，在美国东南部，长叶松幼苗的顶芽靠近根团表面，栽植时露出0.6～1.3cm（0.25～0.50in）的根团（Hainds，2003）；这可能适用于其他顶端分生组织靠近根团表面的树种。栽植后，新根生长需要新的光合产物（van den Driessche，1987），因此应避免掩埋树叶。

最重要的培训原则是，只有根系与土壤紧密接触，苗木才能成活，并迅速获得水和矿质营养。种植穴要挖得足够深，使大多数植物的根团被矿质土壤完全覆盖（图7.6.14A），避免窝根和根团暴露（图7.6.14B），但又不能栽得太深（图7.6.14C）。根据林务局的具体规定，栽植穴深度至少应比容器苗根团深2.5cm（1in），栽植穴顶部至少比根团宽7cm（3in），底部至少宽2cm（1in）（USDA Forest Service，2002）。应指示栽植者正确的栽植深度，而不是拉起苗木调整深度或角度。不论是平地还是陡坡，植株与垂直平面的夹角均不得超过30°（图7.6.14D）。栽植穴应填满已去除草、树枝、岩石或雪的矿质土（图7.6.14E）。为了去除栽植穴内的空气，需要牢牢地夯实根团周围的土壤（图7.6.14F），但不要在植株周围踩踏，以避免过多的土壤挤压或苗茎部损伤。

对缺乏经验的栽植者或其他志愿者而言，人员培训尤为重要。其中，许多人缺乏在荒地上正确栽植的技能。一种选择是让专业人员用机器螺旋钻挖栽植穴，让志愿者放置植物并将其夯实到位。这种栽植模式的好处是让专业人员选择合适的栽植点，并确保栽植穴足够大，以便植物不会窝根。一些研究发现，与不能正确栽植苗木的私人土地所有者合作时，机械栽植更为成功（Davis et al.，2004）。

选择合适的栽植工具很重要，同时，有经验的栽植者可以用各种各样的工具获得成功。栽植

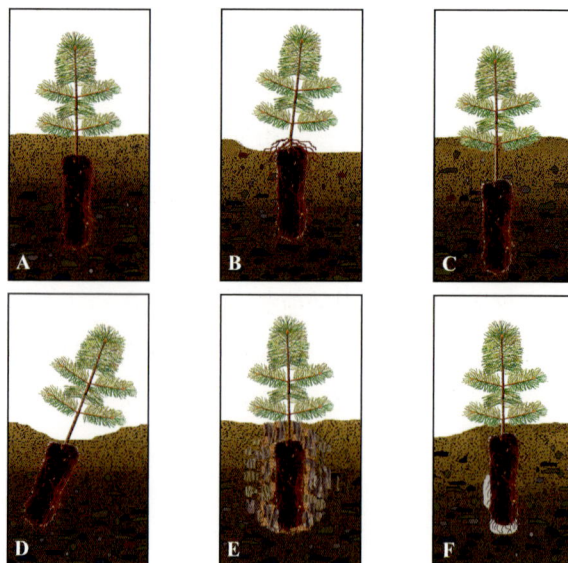

图7.6.14　苗木应正确栽植（A）。常见的问题包括栽植过浅（B）、栽植过深（C）、放置不正（D）、用碎屑填满栽植穴（E）或没有压实（F），在根团周围留下空穴（根据Rose and Haase，2006修改）。

失败往往更多的是由于技术或操作不当，而不是栽植工具的选择（Adams and Patterson，2004）。

植树是一项艰苦的工作，摆动、弯腰和抬东西会很快导致工人受伤，尤其是在季节初期。背部问题和腕部综合征是常见的问题。栽植人员应穿上结实的靴子，戴上安全眼镜和安全帽，每天在开始栽植前进行伸展运动。研究发现，花费在工人保护上的时间和资源将被潜在的停工和工人的赔偿要求所抵消（Kloetzel，2004）。

7.6.7　手工栽植设备

用于造林的容器苗根团比用于园林绿化和园艺的植物材料更长、更窄，因此需要专用工具。有无适当的栽植工具和技术产生的差异，可表现为栽植苗木是活是死的差异、项目预算盈余或超支的差异（Kloetzel，2004）。

手工栽植方法在植物的放置和分配上提供了最大的灵活性。一个训练有素和经验丰富的手工栽植者的栽植质量可以超过许多采用自动化方

法栽植的，而且速度也不慢，特别是在崎岖的地形。在需要选择微立地以及树种或苗木类型混栽的情况下，手工栽植特别值得推荐。以下几节将讨论最常见的手工栽植设备，但新设备正在不断开发中（Trent，1999）。

● 7.6.7.1　挖孔器

挖孔器是最早用于栽植容器苗的工具之一，

主要是因为它们易于使用（图7.6.15A）。挖孔器前端是定制的探头，可以挖出一个与某一种容器类型和大小相同的栽植孔。大多数设计都有1个或2个金属脚踏板，用于将探头插入土壤中（图7.6.15B）。挖穴后，栽植者只需插入容器苗并移动到下一个栽植穴。缺点是缺乏松散的土壤覆盖根团顶部，防止可能出现的基质失水。挖孔器最适合用于湿地修复工程，适合那些质地较轻的旱地土或冲积底土。在质地较重的黏土上应避免采用

挖孔器，因为它会压实土壤，并在栽植孔周围形成光滑表面，从而限制根的生长（图7.6.15C）。

空心挖穴器是一种较新的改进方法，它可以挖出土壤，不会压实土壤（图7.6.15D）。空心挖穴器的头部可替换，适用于不同大小的容器（Trent，1999）。滑动锤式土壤挖掘器也可以挖出土壤，尽管一项研究发现，它对岩石较多和较紧实的土壤更有效，但由于其质量大，使用起来非常费力（Trent，1999）。

图7.6.15 挖孔器是最早为容器苗开发的手工栽植工具（A），由于挤压土壤形成栽植孔（B），压实土壤的程度足以限制根系向外生长（C），空心挖穴器有了改进，它通过取出土壤而挖出了栽植穴（D）。

商业生产的挖孔器可用于特定的容器类型和尺寸，包括Ray Leach Conetainers ™和几种Styrofoam ™尺寸（Kloetzel，2004）。在加拿大安大略省的浅层土壤中已经使用了挖孔器，但在易发生冻拔伤害的地方却没使用（Paterson et al., 2001）。

● 7.6.7.2 挖孔铲

挖孔铲起源于裸根苗栽植，现仍用于较小的容器苗栽植。铲把通常由圆柱形杆材制成，上面有焊接在尖端的楔形刀片和侧踏板，可有助于刀片插入土壤。像挖孔器一样，挖孔铲的使

用不需要太多的经验或训练。将刀片放在土壤上，用脚踩侧踏板压入地面（图7.6.16A），通过来回推拉刀片形成栽植穴。将苗木垂直放置在穴的一侧（图7.6.16B），然后将铲重新插入栽植穴对面的土壤中，来回推拉使土壤填满栽植穴（图7.6.16C）。最后一步是用拳头或脚夯实苗木周围土壤，不留任何气穴（图7.6.16D）。在太平洋西北地区，挖孔铲通常是岩石较多的土壤的首选，但不应在黏重土中使用，因其会导致过度压实（Cleary et al., 1978）。它们在美国东南部的沙壤上进行再造林也很受欢迎。挖孔铲耐用且易于维护，只需偶尔进行刀片打磨（Kloetzel, 2004）。

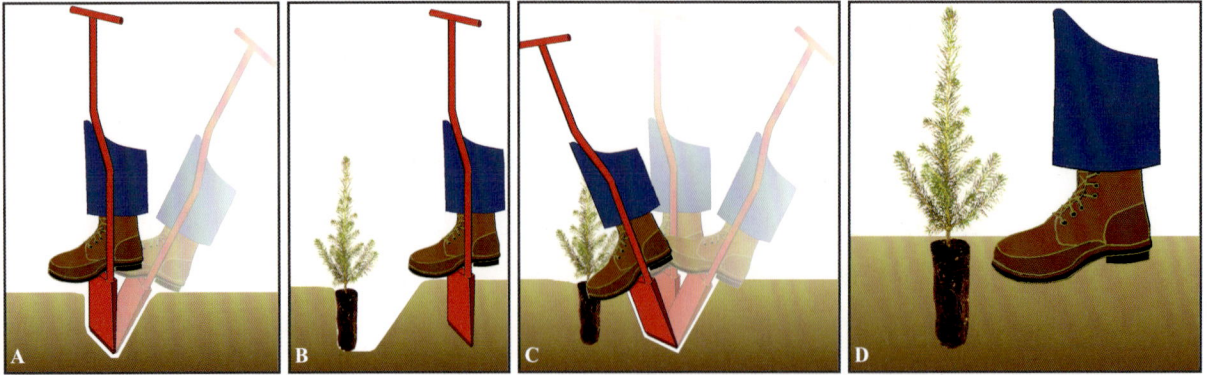

图7.6.16　挖孔铲是易于使用的栽植工具，通过横向移动挖出栽植穴（A），植物放在栽植穴的一侧（B），再从另一侧将土壤推动回填（C），然后用手或脚轻轻压实植株周围的土壤（D）。

● 7.6.7.3 锄　头

锄头，也被称为栽植锄头或鹤嘴锄，是专门为造林时栽植针叶树裸根苗而开发的，后来也应用于容器苗（图7.6.17A）。它们可能是美国最常用的手工工具，尤其是在太平洋西北部（Lowman，1999）。锄头的大小和形状各异，是最通用的工具之一。特殊的"根团头"可用于各种尺寸的容器苗。将山胡桃木手柄固定在所需刀片的支架（通常是黄铜的），以增加质量和穿透性，或是锡合金的，用于强度不大的场合。支架有两种角度安放刀片：100°用于缓坡或平坦地区栽植，90°用于陡坡地栽植。最好购买和保存备用刀片、手柄、螺母和螺栓以及配套的套筒或套筒扳手。刀片应定期用金属锉或电动砂轮磨尖（Kloetzel，2004）。

在陡峭的再造林地，甚至在石质和压实的恢复项目上，栽植锄头都特别有用。它们像镐一样摆动，可能需要几次摆动才能形成一个合适的栽植穴。每摆动一次，栽植者就用手柄的托把向上和向后抬起，挖出栽植穴（图7.6.17B）。当一个合适的穴完成后，栽植者用锄头的顶端稍微松一松栽植穴两侧的土壤，以避免压实。然后，把苗木放到适当的深度（图7.6.17C）。栽植者一手扶正苗木，一手用锄头回填根团周围的土壤（图7.6.17D）。最后，轻轻夯实苗木周围的土壤（图7.6.17E），移到下一个栽植点。如果有杂

图7.6.17　栽植锄头是美国和加拿大西部山区最受欢迎的工具之一（A）。挥动几下就可挖出一个足够深的栽植穴（B）、将苗木放好、扶正（C），回填土（D）。最后，轻轻地压实苗木周围的土壤，不留空穴（E）。

草竞争的问题，或者需要清理出一块无草的地方，锄头的背面和侧面是一个有用的砍割工具（图7.6.7C）。锄头背面可能会给栽植穴的土壤产生压实，但压实程度通常低于其他方法。

栽植速度因容器大小、栽植技术和地形而异。Kloetzel（2004）研究发现，初学者栽植速度可以达到20株/h，而有经验的栽植者可以达到100株/h；容器小、土壤条件好的湿地栽植项目，栽植速度可以达到240株/h。对于小容器 $[66cm^3（4in^3）]$，Meikle（2008）报告说，在矿区复垦地，每天能栽植600～800棵乔木和灌木，但是当容器增大到 $164cm^3（10in^3）$ 时，速度下降到400～600棵。为了防止草食性动物，添加了维克斯管（Vexar tubes），栽植速度下降了一半（Meikle，2008）。

● 7.6.7.4 铁锹

虽然可以使用标准的花园地砖铲子，但专业的栽植者使用定制的铁锹（图7.6.18A）。铁锹的刀片足够长，适合大型容器苗（图7.6.18B）。木手柄是标准的，但玻璃纤维材料更轻，加强刀片（图7.6.18C）可以承受用于挖掘栽植穴的剧烈撬动（图7.6.18D）。虽然铁锹不像锄头那么难学，但是应该训练栽植者有效地使用植树铁锹。当挖出合适大小和深度的栽植穴后，将容器苗安放并保持在垂直位置（图7.6.18E），同时回填根团周围的土壤（图7.6.18F）。植树铁锹是美国西部一些树木栽植者的首选工具，是加拿大不列颠哥伦比亚省（Mitchell et al.，1990）以及美国东南部再造林人员最通用的植树工具。土壤改良、施肥和其他类似的土壤处理都要用到铁锹。需要割灌的立地，应两人配合，割灌者先整地，当使用栽植铁锹时，在手边准备一些备用的把手和脚垫，以及安装零件和锐化刀片的工具（Kloetzel，2004）。

在加拿大安大略省，有经验的栽植者在栽植季开始时，每天用铁锹栽植大约1800株幼苗 $[100cm^3（6in^3）$ 容器]，而新手只能栽植大约900株。然而，在大约6周之后，两组都能够栽植更多的苗木：经验丰富的栽植者每天栽植2500株，新手每天栽植1800株（Colombo，2008）。在美国华盛顿州，喀斯喀特山脉以西栽植较大的苗木类型 $[250cm^3（15in^3）$ 容器]，每天只能栽植900株，而较小的苗木类型可栽1000株（Khadduri，2008）。

● 7.6.7.5 栽植管

栽植管是一种机械化的挖孔器，利用一对铰合的尖钳将土壤压缩到两侧和底部，从而形成一个栽植穴（图7.6.19A）。钳口用脚踏杠杆打开，容器苗通过空心管进入穴中（图7.6.19B）。Pottiputki栽植管是最受欢迎的品牌，有几种不同管径的型号可供选择。有些型号，栽植深度可以调节，这对于根团较长的容器苗很有必要。栽植管有一个吸引人的

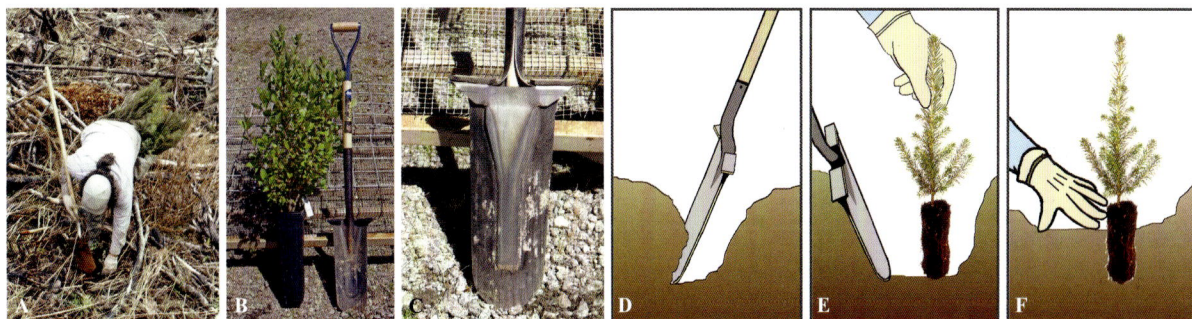

图7.6.18 铁锹是多功能的栽植工具（A），是更大和更长容器苗（B）的理想选择。专用铁锹具有加固的刀片（C），可在没有压实土壤的情况下铲出深栽植穴（D）。在将苗木垂直保持在穴中心（E）的同时，一边回填土，一边压实根团周围的土壤（F）。

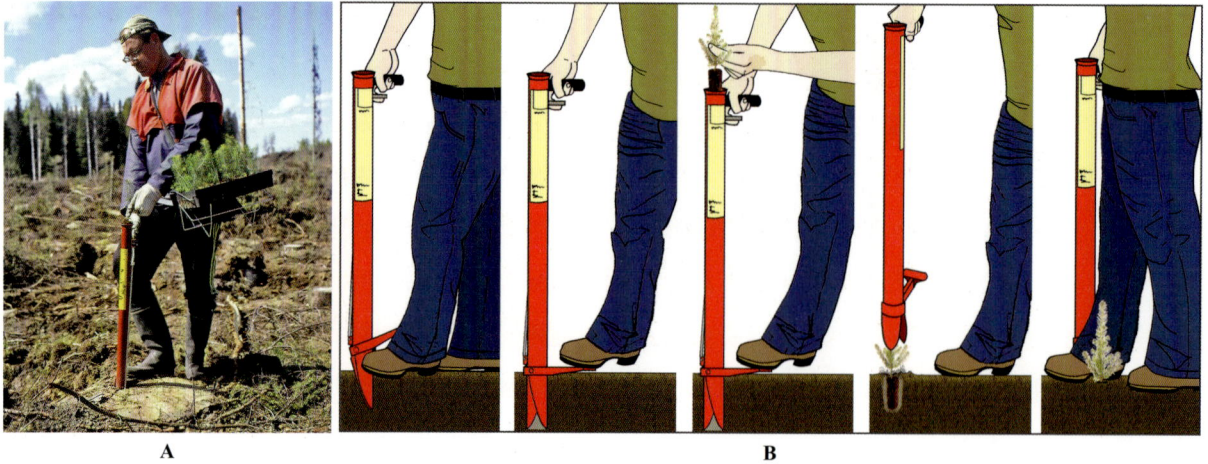

图7.6.19　栽植管有尖钳嘴，可以挖开栽植穴（A），苗木通过空心管进入栽植穴（B）。

好处，就是工人操作时不必弯腰，疲劳程度降低了。栽植管在美国东北部和加拿大东部很流行。尽管在加拿大安大略省很受欢迎，但购买和维护费用较高（Paterson et al., 2001）。通过比较，栽植管和挖孔器或挖孔铲一样有效（Jones and Alm, 1989）。

● 7.6.7.6 电动钻孔机

电动钻孔机在再造林方面已经使用了几十年，并在恢复项目中越来越受欢迎（图7.6.20A）。在没有太多大石头或树根的深层土壤中，钻孔机的工作效果最好；对于较大、较长的苗木类型，它是最好的栽植工具。有一个问题是，在某些土壤条件下，钻孔两侧的土壤会被压实或磨光滑（Lowman, 1999），但这可以通过轻微摇动钻头来解决。在加拿大魁北克省和新斯科舍省的所有土壤类型，灌木竞争激烈，大型容器苗是首选，汽油驱动的钻孔机比铁锹或挖孔器更好用（St-Amour, 1998）。汽油驱动的手钻可以与钻孔机共用直径2.5～10cm（1～4in）的钻头，如果钻头卡住了，可逆向转动来解决（Trent, 1999）。

钻孔机栽树的一个好处是，操作者可以选择栽植点位置，并控制栽植孔质量（图7.6.20B）。一个操作者可以钻出足够多的孔，让几个栽植者跟着栽植苗木（图7.6.20C）。当需要整地时，负责整地的工人会选择栽植点，并在钻孔机操作者之前整地。在某些土壤类型中，操作者必须在每个孔附近挖掘更多的矿质土壤，以确保适当的栽植。钻孔深度超过容器根团的深度，可以减少压实，并可以促进根系向下生长。这意味着栽植者必须确保苗木放置在穴的恰当深度，并从底部向上填土（图7.6.20D）。钻孔机栽植可能出现的一个问题是土壤下沉，在苗木基部周围堆起土壤是个好方法。如有多个钻孔机操作者，最好让他们轮流工作，以减少疲劳（Cleary et al., 1978）。

市面上有各式各样的钻孔机可供出租或出售，如链锯头、单人、双人、拖拉机牵引等钻孔机（图7.6.20E）。大多数小型栽植项目都可以在任何一家商业租赁机构租用电动钻孔机。当进行大规模的再造林或恢复工程时，购买更划算。但是，如果没有操作经验，最好先租一台，确保为项目选到恰当的机器。钻孔机是需要经常维护的栽植工具，应有一台备用的，以及额外的零件和钻头（Kloetzel, 2004）。

组织良好的钻孔机团队，每人每小时可栽30～70株苗木（Kloetzel, 2004）。在美国夏威夷，志愿者或其他非专业栽植者参与栽植时，钻孔机已经成为理想的栽植工具，因为按顺序栽植的速度是一般采用手工工具的2.5倍（Jeffrey and Horiuchi, 2003）。

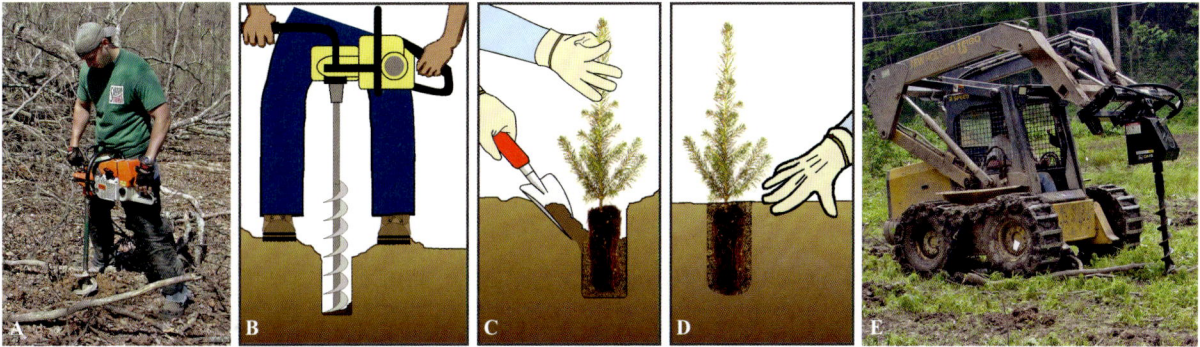

图7.6.20　电动钻孔机是有效的栽植工具，一个熟练的操作者挖栽植孔（A和B），其他几个工人用手栽植容器苗（C）并向栽植孔填土（D）。安装在拖拉机上的钻孔机可以为最大的容器苗钻孔（E）。

7.6.8　栽植机

栽植机在林木育苗上的应用已有100多年的历史，容器苗由于根系紧凑、整齐，更是机械栽植的理想选择。不断增长的劳动力成本和寻找熟练工人的困难，促使许多再造林和恢复专家开始研究机器栽植（Hallonborg，1997）。加拿大不列颠哥伦比亚省的林业工作者试验了栽植机，发现机器栽植的成本与手工栽植相当，但只能在相对平坦、容易到达的立地使用。许多山区再造林的立地陡峭、多岩石，到处都是树桩和采伐剩余物，只能采用训练有素的手工栽植者（Mitchell et al., 1990）。同样，由于立地限制、初始投资和维护成本高（Paterson et al., 2001），栽植机在加拿大安大略省也没有得到广泛应用。机器栽植在美国中部、东北部、南部和斯堪的纳维亚半岛较为平缓的地区更为流行。

牵引式和自行式这两种基本类型的栽植机，将在下面单独讨论（表7.6.3）。

表7.6.3　两种栽植机的特点(根据Landis，1999修改)

栽植机特点				苗木贮藏特点		
推动力类型	栽植方法	植株放置方式	株行距	根团长度取决于	是否需要结实的根团	是否需要茎干木质化
牵引式：拖拉机牵引	牵引式：带封闭轮的犁沟	牵引式：手工	固定成行	开沟深度	否	是
自行式：安装在挖掘机或收割机上	自行式：开沟，筑台，钻孔头	自行式：液压或者气压	可变的	栽植头深度	是	否

● 7.6.8.1　拖拉机牵引式栽植机

许多机械栽植机都是商用的，由一个滚动的犁刀、一个挖沟机、一个操作员座椅和安装在一个坚固框架上的镇压轮组成（图7.6.21A）。开阔场地用的栽植机有一个三点悬挂装置，被牵引在拖拉机后面，操作员面向前方。滚动犁刀切断草皮中的树根，挖沟机开出一条窄沟（图7.6.21B），操作员手工栽植苗木。机器后部的镇压轮填满犁沟，镇压每棵苗木周围的土壤。在开阔地栽植时，栽植机还可以配备一个喷洒除草剂的水罐（图7.6.21C）。

一些机型，如惠特菲尔德栽植机（Whitfield Tree Planting Machine），在有大量采伐剩余物的再造林立地受欢迎。它们更安全，因为操作员向后骑在一个有保护性的外罩里，不会被拖拉机抛出的碎片击中（图7.6.21D）。操作员将苗木放置在旋转链组件上的夹子中（图7.6.21E），旋转链组件携带苗木旋转，直至把苗木放在犁沟中。夹头机械地打开，苗木放到犁沟中后，镇压轮盖土镇压（图7.6.21E）。泰勒栽植机（Taylor Tree Planting Machine）与牵引机连接，三点式悬挂，向下加压，保持栽植深度；它的顶部还有一个水箱为苗木降温（Converse，1999）。有些栽植机上安装有犁沟装置，用于清理栽植地，而另一些机器则安装了喷洒装置，用于喷洒除草剂，控制不需要的植物。栽植速度随地面条件、苗木大小、栽植人员的经验和技能而异。据报道，栽植速度为每小时400～1000棵树（Slusher，1993），在美国东南部，每小时可栽植1100棵长叶松树幼苗，行距为4m（12ft）（South，2008）。

机器栽植必须在一个地点的基础上进行评估，在超过35%的斜坡上是无效的。为了抵消较大的运输、操作和维护成本，栽植项目必须相对较大，且容易进出。手工栽植和机器栽植的比较表明，机器栽植可以节省大量劳力成本（图7.6.21F）。例如，在美国阿拉斯加东南部，再造林的成本从247～321美元/hm²（100～130美元/acre）不等，比手工栽植低18%（Peterson and Charton，1999）。

牵引式栽植机械的一个前提是，栽物沿着犁沟按固定的株行距栽植。当需要网格状栽植模式时，这是有益的，例如，在商用森林或圣诞树栽植中（图7.6.11A）。然而，当需要更自然的栽植配置时，相同的植物间距是一个缺点（图7.6.11B和C）。

● **7.6.8.2 自行式栽植机**

由于熟练栽植者的高成本和不可靠性，已经为斯堪的纳维亚半岛的容器苗开发了几种型号的自行式栽植机（图7.6.22A）。这些通用栽植机具有多种好处（Drake-Brockman，1998）：

（1）可以在一次操作中完成开沟，筑台和栽植；

（2）栽植点由操作员选择，从而形成更加自然的人工林（图7.6.11B和C）；

（3）操作机械的工人受伤较少；

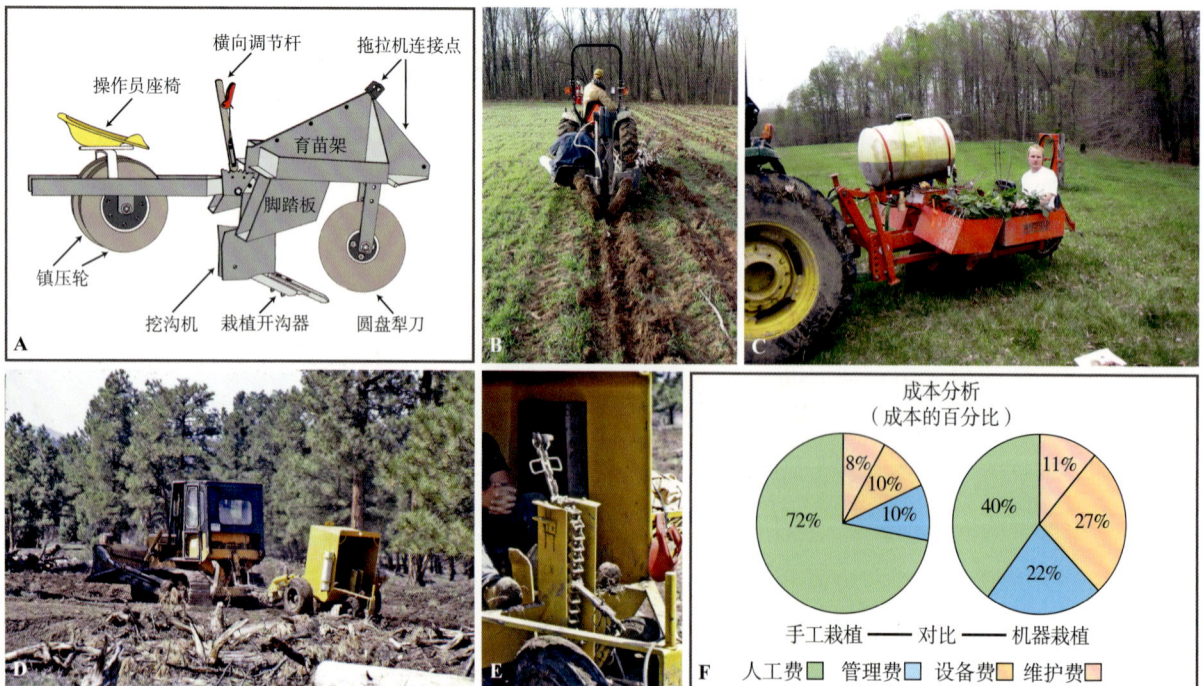

图7.6.21 传统类型的栽植机（A）牵引在拖拉机后面，栽植行通直，株距均匀（B）。一些型号的除草剂喷雾器用于控制杂草（C）。惠特菲尔德栽植机，操作员向后骑行，并将幼苗放在旋转链（D）的夹子中，苗木被带到犁沟的底部，镇压轮盖土镇压（E）。与手工栽植相比，机器栽植更经济（F）。

（4）操作人员免受恶劣天气的影响；

（5）栽植质量一致；

（6）减少与经过化学处理苗木的接触；

（7）减少管理计划和监督。

每台栽植机具有不同的构造，但是所有栽植机器都具有在操作员选择的特定位置开沟、筑台和栽植幼苗的遥控头部。

布莱克栽植机（Bräcke planting machine） 该机器由瑞典研发，是目前最流行的自行式栽植机（图7.6.22A），已在英国和整个斯堪的纳维亚地区使用。由于人手不足，芬兰使用了30多台布莱克栽植机。工作质量与人工栽植相当，

但栽植成本略高（Harstela et al., 2007）。栽植头安装在挖掘机或收割机的液压控制臂上（图7.6.22B），并包含一个可容纳60～88株植物的装苗箱（图7.6.22C）。它可以在同一操作中筑土台和栽植幼苗（图7.6.22D）；根据立地条件，栽植速度从每小时140～250株不等。

M栽植机（M-planter） 这台芬兰栽植机也安装在一台收割机或挖掘机的吊杆上，它不用换位就可以构筑和栽植2个土台（图7.6.22E～F）。其特点是有一个更大的装苗箱，可装242株苗，在一次比较中，在各种立地条件下，它的植苗数比布莱克栽植机高出24%～38%。目前，正在研

图7.6.22 斯堪的纳维亚已经开发了许多用于容器苗栽植的自行式栽植机。布莱克栽植机（A）使用时间最长，由栽植头（B）和装苗箱（C）组成，安装在挖掘机的臂上。栽植头通过液压方式筑起一个土台并在顶部栽植幼苗（D）。最新的机器，例如，M栽植机（E），可以在不移动挖掘机的情况下栽植2棵苗木，并且夯实苗木周围的土壤（F）。栽植试验表明，机器栽植可以与手工栽植相媲美（G）（E由Pekka Helenius提供；F由Leo Tervo提供）。

究M栽植机的改进型（Harstela et al., 2007）。

生态栽植机（Ecoplanter） 这台瑞典栽植机也安装在一台收割机或挖掘机的吊杆上，它可以一次构筑和栽植2个土台。该生态栽植机可装240株苗，每小时可栽植220～250株（Saarinen，2007）。

北欧对自行式栽植机进行过几次比较。在芬兰，布莱克栽植机和生态栽植机的栽植速度均为200～250株/h。布莱克栽植机的栽植质量与手工栽植相当，好于生态栽植机（图7.6.22G），后者导致茎部变形，2年后衰弱或死亡树木较多（Saarinen，2007）。在爱尔兰进行的测试中，布莱克栽植机的栽植质量完全符合质量规范，但不如手工栽植好。但是，在第一个生长季之后，在苗高生长量和地径生长量方面没有发现显著差异（Nieuwenhuis and Egan，2002）。在英国，布莱克栽植机在高地再造林立地栽植的针叶树容器苗的质量尚可（Drake-Brockman，1998）。

7.6.9　大苗栽植设备

大容器苗和无根插条难以有效栽植，因此开发了专用设备。但要注意，必须有良好的交通条件，对于盆苗栽植机，必须有水源。

● 7.6.9.1　插植机

插植机（expandable stinger）是最近开发的一种栽植机器，安装在一台挖掘机的臂上（图7.6.23A），一次操作即可挖出一个穴并栽苗。栽植头由两根平行的钢柱组成，中间铰接成剪刀状开闭，关闭时形成一个长而中空的腔室。柱的开启和关闭由液压驱动。当柱关闭，栽植头到达一个点，挖掘机臂将其推入土壤。栽植头的腔室可放一根长阔叶树插条或容器苗，将其移动到栽植点，插入土壤。当两柱张开，植物会掉落到栽植穴底部（图7.6.23B）。

目前，正在使用的有2种插植机型，单次放置和50次放置。单次机型一次只能容纳一株植物，平均每小时栽50～80株。50次机型的旋转式装苗箱可以装50株植物，最多可以容纳3种不同树种，栽植效率比单次机型提高1倍（Kloetzel，2004）。插植机可以到达其他栽植设备无法进入的地方。小型挖掘机上的机械臂可以达到7.5m（25ft），而大型机器上的机臂可以延伸到15m（50ft）半径。该设备还可以在岩石较多的土壤条件下栽植，包括护岸石缝和护路石笼，还可以穿透非常紧实的土壤，使其成为修复工程的理想选择。让人跟着插植机并用矿质土壤填充苗木周围是个好方法。

插植机的主要缺点是费用高。除了每小时的运营成本，移动成本可能非常高——尽管这些成本应该在整个项目中摊销。随着插植机在项目上栽植数量的增加，每株苗木的栽植成本降低。在周密计划的操作中，插植机可以达到200株/h的栽植速度。

图7.6.23　插植机是一种专用于困难立地的栽植机，包括压实土壤和石质土壤（A）。长剪状栽植头挖出一个栽植孔，可以栽植一株长容器苗或无根插条（B）。

7.6.9.2 盆苗栽植机

盆苗栽植机（pot planter）是为河岸恢复项目（Hoag，2006）开发的，它使用高压水为大型容器苗形成栽植孔。来自湖泊、溪流或水箱的水被泵入压缩机（图7.6.24A），然后通过高压喷嘴的顶部（图7.6.24B）。盆苗栽植机有7.6cm（3in）长的刀片连接到喷嘴的两侧，这些刀片形成的孔大到可以容

纳3.8L（1gal）的容器（图7.6.24C）。盆苗栽植机所挖的穴中填满了泥浆，当容器苗根团插入到所需的栽植深度时，就会排出泥浆。当水从泥浆中渗入周围的土壤后，土壤就会固定在根团周围，确保良好的土壤与根系之间的接触。水也彻底湿润了根团并渗入周围的土壤。操作试验表明，栽植大型容器苗的速度约60株/h（Hoag，2006）。

图7.6.24 盆苗栽植机使用从压缩机泵出的高压水（A），通过专用喷嘴上的孔（B），为大型容器苗冲出栽植孔（C）。

7.6.10 栽植时的处理

根据栽植立地，还可以对植物进行其他几种处理，以提高成活率和生长速度。这些潜在限制因素的解决方案将在立地评价时确定（参见7.6.1）。

7.6.10.1 防止动物伤害

与野生植物相比，经过施肥的苗木含有更高水平的矿物质营养，因此是鹿、麋鹿和其他动物的首选食物（Fredrickson，2003）。尽管取食率可能随季节而变化，植物（特别是顶芽）常被鹿、麋鹿、地鼠和其他动物吃掉（Kaye，2001）（图7.6.25A）。如果已知栽植区存在动物伤害问题，则需要采取防控措施。在栽植后应立即安装物理屏障，如防护网、硬型料网眼管（图7.6.25B）、芽帽和栅栏，可以保护植物较长时间，使它们长大到足以抵御动物的伤害。Troy等（2006）发

现，未受保护的栎树（*Quercus* spp.）幼苗中有95%被啃食，相比之下，有保护的幼苗中只有4%的遭啃食。Johnson和Okula（2006）的结论是，防啃食措施提高了栽植羚梅（*Purshia tridentata*）幼苗的成活率和生长率。

各种实心墙和网状树挡是有用的，环境和植物的反应可以有很大的变化。落基山圆柏和俄勒冈栎（*Quercus garryana*）容器苗栽植在下面几种围挡中：细网格织物围挡，有或没有通气孔的实心墙白色围挡，实心、蓝色、不通风的围挡。移栽1年后，落基山圆柏的高度和直径生长在所有遮挡类型中都显著增加，其中，蓝色实心遮挡的高度增长最大。然而，在蓝色实心遮挡中，俄勒冈栎幼苗（耐阴性较差）的光合作用和茎生长明显低于无遮挡的幼苗（Devine and Harrington，2008）。

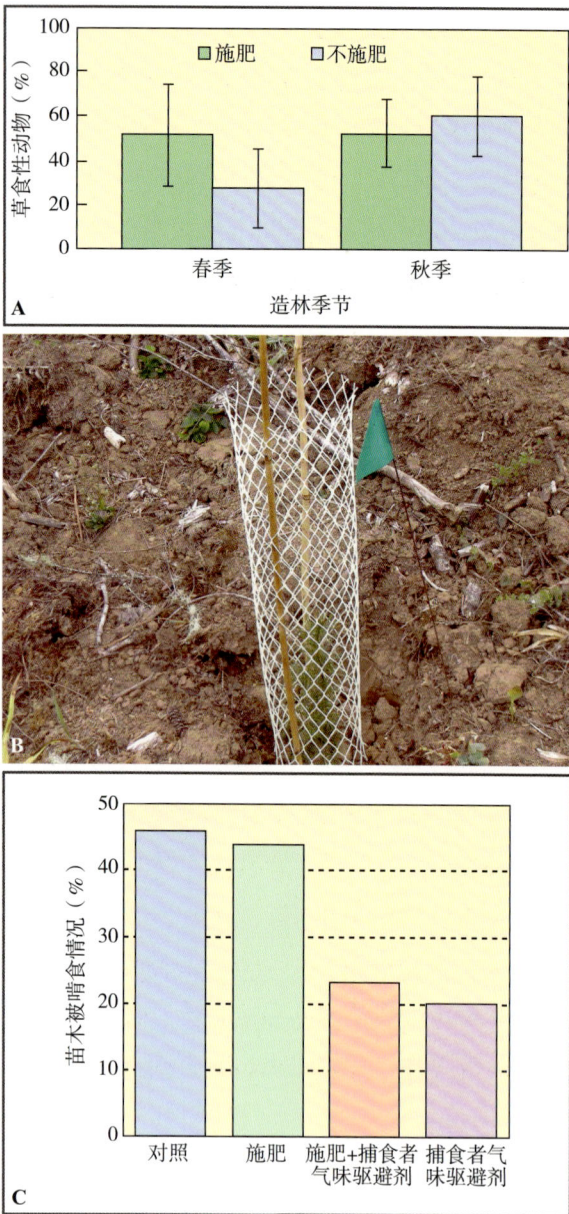

图7.6.25 在某些立地，栽植苗的啃食伤害可能非常高（A）。保护植物免受动物伤害的方法包括硬塑料网眼管（B）或使用捕食动物气味驱避剂（C）。

化学驱避剂是另一种保护苗木免受动物伤害的选择。这些驱避剂比物理屏障更便宜，但它们的效力可能更短。有许多产品的气味或味道是野生动物反感的，用这些产品处理植物可以显著减少动物啃食（图7.6.25C）（Frank，1992；MacGowanet al.，2004）。

● **7.6.10.2　施　肥**

矿物营养是影响植物造林表现的重要方面，

大多数造林立地的许多基本营养元素不足，特别是氮。Agriform®片剂由脲醛制成，缓慢释放氮、磷、钾和其他次要和微量元素（Scotts，2007），虽然在观赏植物中广泛使用，但尚未发现在林业、自然保护或乡土植物栽植中应用。

相反，聚合物包覆缓释肥料（Osmocote®、Apex®、Multicote®、Nutricote®、Diffusion®）已成为栽植时最常用的施肥方法（Jacobs et al.，2003），它们的营养释放率可达18个月。在播种过程中，肥料可与生长基质混合（Moore and Fan，2002；Haase et al.，2006）或施到栽植孔底部（Arnott and Burdett，1988；van den Driessche，1988）。其他施用方法包括在植物旁边的一个挖好的穴里施肥，或者在植物基部周围撒肥。为了尽量减少肥料烧根的可能性，并防止营养物质被竞争植被吸收，侧施是最可行的（Landis and Dumroese，2009）。

然而，肥料的有效性因立地条件而异（Rose and Ketchum，2002；Everett et al.，2007）。在水分不足的地方，盐分会累积到有害水平，对成活和生长产生负面影响（Jacobs et al.，2004）。对于美国加利福尼亚州北部的秋季栽植来说，缓释施肥最初的生长效益并没有随着时间的推移而持续（Fredrickson，2003）。在施用任何肥料之前，重要的是要考虑配方、施用量、施用点、溶解度/释放速率，以及立地的营养水平。

● **7.6.10.3　覆　盖**

除了减少竞争性植被影响的整地措施（参见7.6.4.5），覆盖可以在较长时间内减少植被竞争的复发。由塑料、织物、草皮或纸张等材料制成的覆盖垫（图7.6.26A和B）用岩石、树枝或木桩固定。覆盖也可以用一层厚而松散的有机物，如玉米芯、椰子纤维、松树针、锯末或树皮片（图7.6.26C）。覆盖除了抑制竞争植被的生长外，还使土壤免受极端温度的影响，并通过减少表面蒸

图7.6.26 用纸垫（A和B）或松散材料（C）覆盖可以减少栽植幼苗周围的竞争植被。

发来保持土壤水分。虽然购买和安装覆盖材料可能很昂贵，但覆盖可以显著提高干旱地区植物的成活率和生长率。McDonald等（1994）发现，大型［3m×3m（9ft×9ft）］、耐久（5年）的覆盖垫有效地使黄松幼苗在植被竞争激烈的立地上生长，与对照相比显著增加了苗高和直径的生长。同样，大果栎（*Quercus macrocarpa*）和美国白蜡树（*Fraxinus americana*）对覆盖处理也有显著的正反应（Truax and Gagnon, 1993）。在干燥的恢复立地，覆盖物尤其有效。仅122cm（48in）直径的塑料覆盖显著增加了土壤含水量和俄勒冈栎容器苗的生长；即使是栽植后，灌溉也只有在覆盖物下才有效（Devine et al., 2007）。

● 7.6.10.4 遮　挡

如前所述，遮挡（图7.6.27A）可以保护植物免受动物的伤害，其另一个重要的好处是遮挡物削弱了紫外线和干燥风的强度，干燥风会导致失水干燥，强紫外线可引起太阳灼伤（图7.6.27B）。安装了防护罩后，恩格尔曼云杉（*Picea engelmannii*）的幼苗成活率从58%提高到95%以上（Jacobs and Steinbeck, 2001）。树木遮挡有各种大小和颜色可供选择（允许不同数量的太阳辐射穿透），也可以有或没有通风。应根据预期的立地条件和树种的生长特性，选择一个特定的遮挡。在通风和不通风的遮挡物比较中，通风遮挡物内的温度降低约2.7℃（5℉）（Swistock et al., 1999）。长时间放置在高大、坚硬的遮挡里的植物会变得细高（相对于高度而言，茎径减小），在移走遮挡后无法直立（Burger et al., 1996）。使用树木遮挡在管理上应考虑的方面包括购买、组装和安装的成本，以及冬季积雪后每年的维护费用，因为积雪会压坏遮挡并造成植物损坏。不过，增加的成本可由增加的成活率补偿，从而减少因植被竞争出现重新栽植的情况。

图7.6.27 树木遮挡（A）保护植物免受动物伤害和晒伤（B）；遮阳也可以有效防止阳光的伤害，但必须安装在植物的西南侧（C）。

● 7.6.10.5 遮 阳

理想情况下，造林地有足够的材料，如树桩或原木，以提供有利于栽植的微立地（参见7.6.5）。然而，有时安装人工遮阳可以保护苗木免受高温伤害。由于植物自身遮阳能力的增强，其耐热性随植物的增大而增强。热害通常发生在夏季炎热、干燥、晴天的平地或南坡的立地，但也可以发生在干燥、晴朗条件下的潮湿立地（图7.6.27B）。仅茎的基部遮阳似乎与给整个茎和一些叶子遮阳一样有效地防止热害，还可以减少蒸腾作用（Helgerson，1989a）。在美国俄勒冈州西南部两个南坡立地，花旗松幼苗的5年成活率随着遮阳的增加而增加（Helgerson，1989b）。在另一项研究中，人工遮阳显著提高了喀斯喀特山脉西部6个困难立地中4个立地的幼苗成活率

（Peterson，1982）。人工遮阳材料包括纸板、木瓦、硬质遮阳布等，应安装在幼苗的南面或西南面（图7.6.27C）。

● 7.6.10.6 灌 溉

虽然在典型的再造林地不可能灌溉，但在严重退化的恢复地有时需要在栽植后浇水，并采用特殊技术。例如，在索诺兰沙漠地区，腺牧豆树（*Prosopis glandulosa*）的幼苗是通过塑料管灌溉的，以确保水分到达根部而不会蒸发。4年后，经过深度浇水的植物成活率提高了3倍，明显高于地面浇水的植物。关于深层灌溉和其他灌溉技术的更多信息可以在Bainbridge（2007）和Steinfeld等（2007）所著文献中找到。

7.6.11　监测栽植苗表现

再造林和恢复地栽植是一项昂贵的投资，因此有必要进行调查以评估其需求，监测造林表现，并跟踪长期效果。文献很好地涵盖了许多不同类型的再造林调查（Pearce，1990; Stein，1992）；关于如何评估恢复地栽植的优秀指南可以在Steinfeld等（2007）所著文献的第12章中找到。

以下讨论涉及在项目期间监测栽植质量。确定栽植工作是否正确的唯一方法是在栽植人员身后进行检查（Neumann and Landis，1995）。通过合同确定栽植工作，这些检查可以确定工作是否符合规格，结果用于计算付款。及时和彻底的检查也可以提高后续项目的造林成活率。例如，在美国德克萨斯州，在启动检查计划后，人工林失败的发生率减少了一半（从40%降至约16%）（Boggus，1994）。

典型的人工林检查包括以下3个步骤（Rose，1992）。

检查栽植的数量和空间分布　建立样方以确定在给定区域中是否栽植了正确数量的植物，是否选择了良好的栽植点，以及植物密度是否适当。新技术可以使这项工作更容易。在最近的一项研究试验中，挖孔器装备了加速度计、全球定位系统（GPS）装置和数据记录器，用于绘制栽植时幼苗的位置。结果表明，设备准确地计算了栽植的苗木数量（误差±7%）。尽管GPS系统不足以识别单个植物，但可以通过提高新设备的灵敏度来解决这一问题（McDonald et al., 2008）。

地上检查　检查有代表性的植物样本，以确定是否正确选择了栽植点，并检查林地清理、茎的方向、栽植深度以及使用天然或人工遮阳的质量。栽植深度是最重要的检查指标之一，通常根据根团顶部的位置进行确定（图7.6.28A；参见7.6.6.2）。

地下检查　在栽植的植物旁边用栽植铲挖掘

一个洞（图7.6.28B），检查根部是否正确、土壤松散、气穴、孔中的异物等。开始挖洞要远离主干［25cm（10in）］，以便在插入铲子的过程中不会干扰根部。然后，在向根团挖掘时轻轻地将土壤清理干净，以便最终可以在栽植的位置检查根团（图7.6.28B）。根团必须在垂直平面内，不得扭曲、挤压或卡住，并且栽植穴不应有大石块、木棍、凋落物、球果或其他异物。土壤应该与未受干扰的周围土壤一样坚固，没有气穴。对于钻孔栽植，一定要检查孔底附近的土壤硬度（USDA Forest Service，2002）。

● 7.6.11.1　什么类型的调查最好

传统上有两种调查方法，圆形样地和栅栏状样行，每一种方法都有其优点。

圆形样地（circular plots）　确定栽植密度的传统方法是测量在整个造林地中均匀分布的每个40m²（1/100acre）的样地。样地数量为每公顷约2.5个（每英亩一个），通常不超过30个样地，并在整个造林区域均匀分布。一块1/100acre的样地半径为3.6m（11ft，9.3in），这是由一个中心桩固定一根半径长的绳子的一头，另一头绕桩一圈形成的圆形样地（Londo and Dicke，2006）。统计样地内种植的幼苗数量，并检查和测量它们的顶部。挖掘最靠近样地中心的植物的根系以评估栽植技术。使用图7.6.14所示的检查指标，在调查表上分别记录每个样地的情况（图7.6.28C）。

栅栏状样行（stake rows）　杂草的快速生长使在造林地准确找到栽植的苗木变得异常困难，因此，在调查评估中，使用10株苗木的样行更容易找到。确定一个容易定位的起点，并沿着一个罗盘方位找到10株苗木。数据表上记录植物的高度、直径和生长状况，以及植物之间的平均间距。栅栏状样行的数据通常用来确定成活

率和生长率，并且，采用植物之间的平均间距，还可以用来计算单位面积的植物数量（Londo and Dicke，2006）。

图7.6.28　最好在栽植人员后面立即检查（A）。在幼苗旁边挖一个垂直的洞（B），检查根团的深度和对齐是否正确。使用标准的调查表格（C），可确保在每块样地上收集相同的数据。

● 7.6.11.2　什么抽样设计最好

通常建议进行系统分层抽样，因为样地位于统一的预定距离，很容易在以后找到和重建。分层是指在采样开始前，将栽植区的全部植物再划分为均匀度一致的各层。首先，确定条件一致的层，然后在这些区域内系统地布设样地（Pearce，1990）。这些层可能是基于树种、苗木来源、种植人员或任何其他可能导致栽植质量较大变化的因素。立地条件相对一致，而且栽植者之间的差异不大，因此，在弃耕农田上机器栽植的苗木差异很小。相比之下，手工种植的项目在山区存在相当大的可变性，因为山区在坡向、土壤

和栽植技术方面存在差异（Neumann and Landis，1995）。

● 7.6.11.3　需要多少个样地

样地数量一般由两个因素决定：可用资源（时间和资金）以及测量指标的变化程度。在计算适当数量的样地时，统计学家感兴趣的是测定指标的变化程度，例如，栽植苗木高度的标准偏差。以此为例，如果快速检查发现要取样的造林地内苗高变化很大，那么应该抽取更多的样地。另外，如果高度看起来很均匀，那么只要很少的样地就足够了。如果你想要统计上的显著性，可以使用更复杂的计算方法来计算合适的样地数量，使用的方法可以是估计测定指标的变异系数和期望的统计精度（Stein，1992）。

根据变异系数来确定样地的数量通常只是一个判断，但在大多数情况下，1%～2%的抽样强度就足够了（Neumann and Landis，1995）。

7.6.12　结论和建议

植苗造林是育苗过程的最后阶段，而成活和生长是对苗木质量的最终检验。目标苗木概念的最后3个步骤是栽植成功的关键，在规划和启动栽植项目时应予以考虑。每个栽植地都是独特的，在规划过程中，应该评估确定关键的限制因素以及最佳的栽植季节。在规划中还必须确定最佳的栽植工具和技术，因为这一决定将对要生产的最佳苗木类型产生重大影响。有各种各样的手工和机械栽植机器可供选择，但每种工具或技术都有其最适合的特定苗木类型和栽植立地条件。通常所有这些信息都包含在造林规划设计中，以指导从苗圃到栽植的整个过程。

运输过程中以及栽植现场的苗木处置对栽植效果有重要影响。苗木一运到就应立即栽植，但通常需要1～2d的现场贮藏。为突发事件做好预案是明智的，比如，出现恶劣天气、栽植人员问题或设备故障。在苗木到达栽植地点后应立即进行抽样检查，以确定可能存在的问题并作出调整。同时，应对栽植地进行检查，并制订计划，确定先从哪些地块开始栽植。

整地也是造林规划设计的一部分，将确保提前获得适当的用品和设备。栽植密度和配置方式应在规划设计中确定，这一关键信息是栽植人员培训的一部分。其他处理方法，如塑料网、树木遮挡和覆盖物，可能需要在栽植时应用到植物上，以改善立地潜在的不利因素。

最后一步是在栽植期间和栽植后立即进行检查，以评估栽植质量，监测苗木表现，并跟踪随时间的推移造林的成败。抽样的最佳类型和强度将取决于项目目标，并应作为规划设计的一部分进行设计。成功的植树造林项目是良好规划和及时执行的结果。通常情况下，需要在现场进行调整，但这些突发事件中的大多数都可以在规划设计中预见到。

7.6.13　引用文献

ADAMS J C, PATTERSON W B, 2004. Comparison of planting bar and hoedad planted seedlings for survival and growth in a controlled environment[C]// CONNOR K F. Proceedings of the 12th biennial southern silvicultural research conference. Gen. Tech. Rep. SRS-71. Asheville, NC: USDA Forest Service, Southern ResearchStation: 423-424.

ARNOTT J T, BURDETT A N, 1988. Early growth of planted

western hemlock in relation to stock type and controlled-release fertilizer application[J]. Canadian Journal of Forest Research 18: 710-717.

BAINBRIDGE D A, 2007. A guide for desert and dryland restoration: a new hope for arid lands[M]. Washington, DC: Island Press. 391.

BALISKY A C, BURTON P J, 1997. Planted conifer seedling growth under two soil thermal regimes in high-elevation forest openings in interior British Columbia[J]. New Forests 14: 63-82.

BARNARD E L, DIXON W N, ASH E C, et al., 1995. Scalping reduces impact of soilborne pests and improves survival and growth of slash pine seedlings on converted agricultural croplands[J]. Southern Journal of Applied Forestry 19: 49-59.

BERGSTEN U, GOULET F, LUNDMARK T, et al., 2001. Frost heaving in a boreal soil in relation to soil scarification and snow cover[J]. Canadian Journal of Forest Research 31: 1084-1092.

BETTS J. 2008. Recent workforce trends and their effects on the silviculture program in British Columbia[J]// DUMROESE R K, RILEY L E. National Proceedings: Forest and Conservation Nursery Associations—2007. Fort Collins, CO: USDA Forest Service, Rocky Mountain Research Station: 164-165.

BOGGUS T. 1994. Personal communication[EB]. Lubbock, TX: Texas State Forest Service.

BURGER D W, FORISTER G W, KIEHL P A, 1996. Height, caliper growth and biomass response of ten shade tree species to tree shelters[J]. Journal of Arboriculture 22: 161-166.

BURNEY O T, JACOBS D F, 2009. Influence of sulfometuron methyl on conifer seedling root development[J]. New Forests 37: 85-97.

CAMM E L, GUY R D, KUBIEN D S, et al., 1995. Physiological recovery of freezer-stored white and Engelmann spruce seedlings planted following different thawing regimes[J]. New Forests 10: 55-77.

CAMPBELL B, KIISKILA S, PHILIP L J, et al., 2006. Effects of forest floor planting and stock type on growth and root emergence of Pinus contorta seedlings in a cold northern cutblock[J]. New Forests 32: 145-162.

CHAVASSE C G R, 1981. Forest nursery and establishment practice in New Zealand[J]. New Zealand Forest Service, Forest Research Institute, FRI Symposium No. 22, 591.

CLEARY B D, GREAVES R D, HERMANN R K, 1978. Regenerating Oregon's forests[R]. Corvallis, OR: Oregon State University, Extension Service. 286.

COLOMBO S, 2008. Personal communication[EB]. Thunder Bay, ON, Canada: Ontario Forest Research Institute, Centre for Northern Forest Ecosystem Research.

CONVERSE C M, 1999. Mechanical site preparation and tree planting equipment for Alaska [C]// ALDEN J. Stocking standards and reforestation methods for Alaska. Misc. Pub. 99-8. Fairbanks, AK: University of Alaska, Agricultural and Forestry Experiment Station: 57-67.

DAVIS A S, JACOBS D F, ROSS-DAVIS A, 2004. Success of hardwood tree plantations in Indiana and implications for nursery managers[C]// RILEY L E, DUMROESE R K, LANDIS T D. National proceedings, Forest and Conservation Nursery Associations - 2003. Fort Collins, CO: USDA Forest Service, Rocky Mountain Research Station: 107-110.

DEANS J D, LUNDBERG C, TABBUSH P M, et al., 1990. The influence of desiccation, rough handling and cold storage on the quality and establishment of Sitka spruce planting stock[J]. Forestry 63: 129–141.

DEVINE W D, HARRINGTON C A, 2008. Influence of four tree shelter types on microclimate and seedling performance of Oregon white oak and western redcedar[J]. Res. Pap. PNW-RP-576. Portland, OR: USDA Forest Service, Pacific Northwest Research Station. 35.

DEVINE W D, HARRINGTON C A, LEONARD L P, 2007. Post-planting treatments increase growth of Oregon white oak (Quercus garryana Dougl. ex Hook.) seedlings[J]. Restoration Ecology 15: 212-222.

DOMISCH T, FINÉR L, LEHTO T, 2001. Effects of soil temperature on biomass and carbohydrate allocation in Scots pine (Pinus sylvestris) seedlings at the beginning of the growing season[J]. Tree Physiology 21: 465-472.

DRAKE-BROCKMAN G R, 1998. Evaluation of the Bräcke Planter on UK restock sites[R]. Tech. Note 7/98. Dumfries, United Kingdom: Forestry Commission, Technical Development Branch. 10.

EMMINGHAM W H, CLEARY B C, DEYOE D R, 2002. Seedling care and handling[Z]. The woodland work-book: forest protection. Corvallis, OR: Oregon State University Extension Service.

EVERETT K T, HAWKINS B J, KIISKILA S, 2007. Growth and nutrient dynamics of Douglas-fir seedlings raised with exponential or conventional fertilization and planted with or without fertilizer[J]. Canadian Journal of Forest Research 37: 2552-2562.

FLEMING R L, BLACK T A, ELDRIDGE N R, 1994. Effects of site preparation on root zone soil water regimes in high-elevation forest clearcuts[J]. Forest Ecology and Management 68:173-188.

FRANK D, 1992. Predator odour as a deer browsing

repellent: an investigation of an East Coast Vancouver Island Douglas-fir plantation[R]. FRDA Research Memo No. 204.Victoria, BC, Canada: British Columbia Ministry of Forests.

FREDRICKSON E, 2003. Fall planting in northern California[C]// RILEY L E,DUMROESE R K, LANDIS T D.National Proceedings: Forest and Conservation Nursery Associations—2002. USDA Forest Service, Rocky Mountain Research Station: 159-161.

GOULET F, 1995. Frost heaving of forest tree seedlings: a review[J]. New Forests 9: 67-94.

GROSSNICKLE S C, 1993. Shoot water relations and gas exchange of western hemlock and western red cedar seedlings during establishment on a reforestation site[J]. Trees 7: 148-155.

GROSSNICKLE S C, 2000. Ecophysiology of northern spruce species: the performance of planted seedlings[M]. Ottawa, ON: National Research Council Research Press. 409.

HAASE D L, ROSE R W, TROBAUGH J, 2006. Field performance of three stock sizes of Douglas-fir container seedlings grown with slow-release fertilizer in the nursery growing medium[J]. New Forests 31: 1-24.

HAINDS M J, 2003. Determining the correct planting depth for container-grown longleaf pine seedlings[C]// KUSH J S. Longleaf pine: a southern legacy rising from the ashes. Proceedings of the fourth longleaf alliance regional conference. Longleaf Alliance Report No. 6: 66-68.

HALLONBORG U, 1997. Aspects of mechanised tree planting[D]. Uppsala, Sweden: Swedish University of Agricultural Sciences.

HALLSBY G, ORLANDER G, 2004. A comparison of mounding and inverting to establish Norway spruce on podzolic soils in Sweden[J]. Forestry 77: 107-117.

HARSTELA P, SAARINEN V M, TERVO L, et al., 2007. Productivity of planting with M-planter machine[C]// NSFP Nordic Nursery conference, September 5-6, 2007. Suonenjoki, Finland: Finnish Forest Research Institute, Suonenjoki Unit. 2.

HEISKANEN J, VIIRI H, 2005. Effects of mounding on damage by the European pine weevil in planted Norway spruce seedlings[J]. Northern Journal of Applied Forestry 22: 154-161.

HELENIUS P, 2005. Effect of thawing regime on growth and mortality of frozen-stored Norway spruce container seedlings planted in cold and warm soil[J]. New Forests 29: 33-41.

HELENIUS P, LUORANEN J, RIKALA R, et al., 2002. Effect of drought on growth and mortality of actively growing Norway spruce container seedlings planted in summer[J]. Scandinavian Journal of Forest Research 17: 218-224.

HELGERSON O T, 1989a. Heat damage in tree seedlings and its prevention[J]. New Forests 3: 333-358.

HELGERSON O T, 1989b. Effects of alternate types of microsite shade on survival of planted Douglas-fir in southwest Oregon[J]. New Forests 3: 327-332.

HENNEMAN D, 2007. Personal communication[EB]. Medford OR: USDI Bureau of Land Management.

Hoag J C, 2006. The pot planter: a new attachment for the Waterjet Stinger[J]. Native Plants Journal 7: 100-101.

HOAG J C, LANDIS T D, 2001. Riparian zone restoration: field requirements and nursery opportunities[J]. Native Plants Journal 2: 30-35.

ISLAM M A, JACOBS D F, APOSTOL K G, et al., 2008. Transient physiological responses of planting Douglas-fir seedlings with frozen or thawed root plugs under cool-moist and warm-dry conditions[J]. Canadian Journal of Forest Research 38: 1517-1525.

JACOBS D F, ROSE R, HAASE D L, 2003. Incorporating controlled-release fertilizer technology into outplanting[C]//RILEY L E, DUMROESE R K, LANDIS T D. National Proceedings, Forest and Conservation Nursery Associations—2002. Ogden, UT: USDA Forest Service, Rocky Mountain Research Station: 37-42.

JACOBS D F, ROSE R, HAASE D L, et al., 2004. Fertilization at planting inhibits root system development and drought avoidance of Douglas-fir (*Pseudotsuga menziesii*) seedlings[J]. Annals of Forest Science 61: 643-651.

JACOBS D F, STEINBECK K, 2001. Tree shelters improve survival and growth of planted Engelmann spruce seedlings in southwestern Colorado[J]. Western Journal of Applied Forestry 16: 114-120.

EFFREY J, HORIUCHI B, 2003. Tree planting at Hakalau National Wildlife Refuge—the right tool for the right stock type[J]. Native Plants Journal 4: 30–31.

JOHNSON G R, OKULA J P, 2006. Antelope bitterbrush reestablishment: a case study of plant size and browse protection effects[J]. Native Plants Journal 7: 125-133.

JONES B, ALM A A, 1989. Comparison of planting tools forcontainerized seedlings: two-year results[J]. Tree Planters' Notes 40(2): 22-24.

KAYE T N, 2001. Propagation and population reestablishment for tall bugbane (*Cimicifuga elata*) on the Salem District, BLM[R]. Second year report. Philomath, OR: Institute for Applied Ecology. 12.

KHADDURI N, 2008. Personal communication[EB].

Olympia, WA: Washington Department of Natural Resources, Webster State Nursery.

KIISKILA S, 1999. Container stock handling[C]// GERTZEN D, VAN STEENIS E, TROTTER D, et al. Proceedings of the 1999 Forest Nursery Association of British Columbia. Surrey, BC, Canada: British Columbia Ministry of Forests, Extension Services: 77-80.

KLOETZEL S, 2004. Revegetation and restoration planting tools: an in-the-field perspective[J]. Native Plants Journal 5: 34-42.

KOOISTRA C M, BAKKER J D, 2002. Planting frozen conifer seedlings: warming trends and effects on seedling performance[J]. New Forests 23: 225-237.

KOOISTRA C M, BAKKER J D, 2005. Frozen-stored conifer container stock can be outplanted without thawing[J]. Native Plants Journal 6: 267-278.

KRUMLIK G J, 1984. Fall-planting in the Vancouver Forest Region[R]. Victoria, BC, Canada: British Columbia Ministry of Forests. Research Rep. 84002-HQ.

LANDHÄUSSER S, DESROCHERS A, LIEFFERS V J, 2001. A comparison of growth and physiology in

Picea glauca and Populus tremuloides at different soil temperatures[J]. Canadian Journal of Forest Research 31: 1922-1929.

LANDIS T D, 1999. Seedling stock types for outplanting in Alaska[M]// NALDEN J. Stocking standards and reforestation methods for Alaska. University of Alaska Fairbanks, Agricultural and Forestry Experiment Station, Misc. Publication 99-8: 78-84.

LANDIS T D, JACOBS D F, 2008. Hot-planting opens new outplanting windows at high elevations and latitudes[R]. Lincoln, NE: USDA Forest Service. Forest Nursery Notes 28(1): 19-23.

LANDIS T D, DUMROESE R K, 2009. Using polymercoated controlled-release fertilizers in the nursery and after outplanting[R]. Lincoln, NE: USDA Forest Service. Forest Nursery Notes 29(1): 5-12.

LOF M, RYDBERG D, BOLTE A, 2006. Mounding site preparation for forest restoration: survival and short term growth response in Quercus robur L. seedlings[J]. Forest Ecology and Management 232: 19-25.

LONDO A J, DICKE S G, 2006. Measuring survival and planting quality in new pine plantations[M]. Tech. Bull. SREFFM-001. Athens, GA: University of Georgia, Southern Regional Extension Forestry.

LOWMAN B, 1999. Tree planting equipment[M]// ALDEN J. Stocking standards and reforestation methods for Alaska. Misc. Pub. 99-8. Fairbanks, AK: University of Alaska, Agricultural and Forestry Experiment Station: 74-77.

LUORANEN J, RIKALA R, KONTTINEN K, et al., 2005. Extending the planting period of dormant and growing Norway spruce container seedlings to early summer[J]. Silva Fennica 39: 481-496.

LUORANEN J, RIKALA R, SMOLANDER H, 2004. Summer planting of hot-lifted silver birch container seedlings[C/OL]// CICCARESE L, LUCCI S, MATTSSON A. Nursery production and stand establishment of broadleaves to promote sustainable forest management; 7-10 May 2001; Rome. Rome, Italy: APAT (Italy's Agency for the Protection of the Environment and for Technical Services): 207-218. http://www.iufro.org/publications/proceedings/ (accessed 23 January 2009).

MACGOWAN B J, SEVEREID L, SKEMP F, 2004. Control of deer damage with chemical repellents in regenerating hardwood stands[C]// MICHLER C H, PIJUT P M, VAN SAMBEEK J W, et al. Black walnut in a new century, proceedings of the 6th Walnut Council research symposium. Gen. Tech. Rep. NC-243. Lafayette, IN. USDA Forest Service, North Central Research Station: 127-133.

MAKI D S, COLOMBO S J, 2001. Early detection of the effects of warm storage on conifer seedlings using physiological tests[J]. Forest Ecology and Management 154: 237-249.

MCDONALD P M, FIDDLER G O, HENRY W T, 1994. Large mulches and manual release enhance growth of ponderosa pine seedlings[J]. New Forests 8: 169-178.

MCDONALD T P, FULTON J P, DARR M J, et al., 2008. Evaluation of a system to spatially monitor hand planting of pine seedlings[J]. Computers and Electronics in Agriculture 64: 173-182.

MCKAY H M, GARDINER B A, MASON W L, et al., 1993. The gravitational forces generated by dropping plants and the response of Sitka spruce seedlings to dropping[J]. Canadian Journal of Forest Research 23: 2443-2451.

MEIKLE T W, 2008. Personal communication[EB]. Hamilton, MT: Great Bear Restoration.

MILLER D L, BREWER D W, 1984. Effects of site preparation by burning and dozer scarification on seedling performance[J]. For. Tech. Pap. TP-91-1. Lewiston, ID: Potlatch Corp.

MITCHELL W K, DUNSWORTH G, SIMPSON D G, et al., 1990. Seedling production and processing: container[C]// LAVENDER D P, PARISH R, JOHNSON C M, et al. Regenerating British Columbia's forests. Vancouver, BC, Canada: University of British Columbia Press: 235-253.

MOORE J A, FAN Z, 2002. Effect of root-plug incorporated controlled-release fertilizer on two-year growth and survival of planted ponderosa pine seedlings[J]. Western Journal of Applied Forestry 17: 216-219.

MUNSHOWER F F, 1994. Practical handbook of disturbed land revegetation[Z]. Boca Raton, FL: CRC Press. 265.

NELSON J A, 1984. Elk springs burn seedling survival study—July 1982 to April 1984[R]. Mescalero, NM: Bureau of Indian Affairs, Mescalero Agency. 14.

NEUMANN R W, Landis T D, 1995. Benefits and techniques for evaluating outplanting success[C]// LANDIS T D, CREGG B. National Proceedings, Forest and Conservation Nursery Associations. Gen. Tech. Rep. PNWGTR-365. Portland, OR: USDA Forest Service, Pacific Northwest Research Station: 36-43.

NIEUWENHUIS M, EGAN D, 2002. An evaluation and comparison of mechanised and manual tree planting on afforestation and reforestation sites in Ireland[J]. International Journal of Forest Engineering 13: 11-23.

NILSSON U, ORLANDER G, 1995. Effects of regeneration methods on drought damage to newly planted Norway spruce seedlings[J]. Canadian Journal of Forest Research 25: 790-802.

ORLANDER G, HALLSBY G, GEMMEL P, et al., 1998. Inverting improves establishment of Pinus contorta and Picea abies: 10-year results from a site preparation trial in northern Sweden[J]. Scandinavian Journal of Forest Research 13: 160-168.

PAGE-DUMROESE D S, DUMROESE R K, JURGENSEN M F, et al., 2008. Effect of nursery storage and site preparation techniques on field performance of high-elevation Pinus contorta seedlings[J]. Forest Ecology and Management 256: 2065-2072.

PATERSON J, DEYOE D, MILLSON S, et al., 2001. Handling and planting of seedlings[C]// WAGNER R G, COLOMBO S J. Regenerating the Canadian forest: principles and practice for Ontario. Markham, ON, Canada: Ontario Ministry of Natural Resources and Fitzhenry & Whiteside Ltd.: 325-341.

PEARCE C, 1990. Monitoring regeneration programs[C]// LAVENDER D P, PARISH R, JOHNSON C M, et al. Regenerating British Columbia's forests. Vancouver, BC, Canada: University of British Columbia Press: 98-116.

PETERSEN G J, 1982. The effects of artificial shade on seedling survival on western Cascade harsh sites[J]. Tree Planters' Notes 33(1): 20-23.

PETERSON A, CHARTON J, 1999. Advantages and disadvantages of machine planting in south-central Alaska[C]// ALDEN J E D. Stocking standards and reforestation methods for ALASKA. MISC. PUB. 99-8. Fairbanks, AK: University of Alaska, Agricultural and

Forestry Experiment Station: 68-73.

ROSE R, 1992. Seedling handling and planting[C]// HOBBS S D, TESCH S D, OWSTON P W, et al. Reforestation practices in southwestern Oregon and northern California. Corvallis, OR: Oregon State University, Forest Research Laboratory: 328-344.

ROSE R, HAASE D, 1997. Thawing regimes for freezer-stored container stock[J]. Tree Planters' Notes 48(1&2): 12-18.

ROSE R, HAASE D L, 2006. Guide to reforestation in Oregon[Z]. Corvallis, OR: Oregon State University, College of Forestry. 48.

ROSE R, KETCHUM J S, 2002. Interaction of vegetation control and fertilization on conifer species across the Pacific Northwest[J]. Canadian Journal of Forest Research 32: 136-152.

ROSE R, ROSNER L, 2005. Eighth-year response of Douglas-fir seedlings to area of weed control and herbaceous versus woody weed control[J]. Annals of Forest Science 62: 481-492.

SAARINEN V, 2007. Productivity, quality of work and silvicultural result of mechanized planting[C/OL]// Nordic nursery conference, Sept. 5, 2007. Suonenjoki, Finland: Finnish Forest Research Institute, Suonenjoki Research Station. 13. Website: http://www.metla.fi/ tapahtumat/2007/ nsfptaimitarharetkeily/abstracts/ nsfp050907-saarinen.pdf (accessed 16 February 2008).

SAHLEN K, GOULET F, 2002. Reduction of frost heaving of Norway spruce and Scots pine seedlings by planting in mounds or in humus[J]. New Forests 24: 175-182.

SCOTTS COMPANY, 2007. Agriform planting tablets[R/OL]. http:// www.scottspro.com/_documents/tech_sheets/ H 5108_ Agriform_20_10_5.pdf (accessed 21 February 2009).

SHARPE A L, MASON W L, HOWES R E J, 1990. Early forest performance of roughly handled Sitka spruce and Douglas fir of different plant types[J]. Scottish Forestry 44: 257-265.

SHOULDERS E, 1958. Scalping, a practical method of increasing plantation survival[J]. Forest Farmer 17(10):10-11

SLUSHER J P, 1993. Mechanical tree planters[C]. Pub. G5009. Columbia, MO: University of Missouri-Columbia, Extension Publications. 5.

SOUTH D B, 2008. Personal communication[EB]. Auburn, AL: Auburn University, Department of Forestry and Wildlife Sciences.

SAINT-AMOUR M, 1998. Evaluation of a powered auger for planting large container seedlings[C]// Forest

Engineering Research Institute of Canada, Field Note: Silviculture—107.

STEIN W I, 1992. Regeneration surveys and evaluation[M]// HOBBS S D, TESCH S D, OWSTON P W, et al. Reforestation practices in southwestern Oregon and northern California. Corvallis, OR: Oregon State University, Forest Research Laboratory: 346-382.

STEINFELD D E, RILEY S A, WILKINSON K M, et al., 2007. Roadside revegetation: an integrated approach to establishing native plants[M]. Pub. FHWAWFL/TD-07-005. Vancouver, WA: Federal Highway Administration, Western Federal Lands High-way Division, Technology Deployment Program.

STROEMPL G, 1990. Deeper planting of seedlings and transplants increases plantation survival[J]. Tree Planters' Notes 41(4): 17-21.

SUTHERLAND B, FOREMAN F F, 2000. Black spruce and vegetation response to chemical and mechanical site preparation on a boreal mixedwood site[J]. Canadian Journal of Forest Research 30: 1561-1570.

SUTTON R F, 1993. Mounding site preparation: a review of European and North American experience[J]. New Forests 7: 151-192.

SUTTON R F, WELDON T P, 1993. Jack pine establishment in Ontario: 5-year comparison of stock types + Bracke scarification, mounding, and chemical site preparation[J]. Forestry Chronicle 69: 545–553.

SWISTOCK B R, MECUM K A, SHARPE W E, 1999. Summer temperatures inside ventilated and unventilated brown plastic treeshelters in Pennsylvania[J]. Northern Journal of Applied Forestry 16: 7-10.

TABBUSH P M, 1986. Rough handling, soil temperature, and root development in outplanted Sitka spruce and Douglasfir[J]. Canadian Journal of Forest Research 16: 1385-1388.

TALBERT C, 2008. Achieving establishment success the first time[J]. Tree Planters' Notes 53(2): 31-37.

TAN W, BLANTON S, BIELECH J P, 2008. Summer planting performance of white spruce 1+0 container seedlings affected by nursery short-day treatment[J]. New Forests 35: 187-205.

TAYLOR E, 2005. Shift of weather patterns necessitates rethinking of reforestation methods[C/OL]// Texas A&M University, Agricultural Communications. http://agnews.tamu.edu/dailynews/stories/FRSC/May27 05a.htm (posted 28 May 2005).

THOMAS D S, 2008. Hydrogel applied to the root plug of subtropical eucalypt seedlings halves transplant death following planting[J]. Forest Ecology and Management 255: 1305-1314.

TINUS R W, 1996. Cold hardiness testing to time lifting and packing of container stock: a case history[J]. Tree Planters' Notes 47(2): 62-67.

TRENT A, 1999. Improved tree-planting tools[C]. Timber Tech Tips 9924-2316-MTDC. Missoula, MT: USDA Forest Service, Technology and Development Program. 6.

TROY T, LOEWENSTEIN E, CHAPPELKA A, 2006. Effect of animal browse protection and fertilizer application on the establishment of planted Nuttall oak seedlings[J]. New Forests 32: 133-143.

TRUAX B, GAGNON D, 1993. Effects of straw and black plastic mulching on the initial growth and nutrition of butternut, white ash and bur oak[J]. Forest Ecology and Management 57: 17-27.

(USDA Forest Service) U.S. Department of Agriculture, 2002. Silvicultural practices handbook (2409.17), Chapter 2—reforestation[M]. Missoula, MT: USDA Forest Service.

VAN DEN DRIESSCHE R, 1987. Importance of current photosynthate to new root growth in planted conifer seedlings[J]. Canadian Journal of Forest Research 17: 776-782.

VAN DEN DRIESSCHE R, 1988. Response of Douglas-fir (Pseudotsuga menziesii (Mirb.) Franco) to some different fertilizers applied at planting[J]. New Forests 2: 89-110.

WHITE J J, 1990. Nursery stock root systems and tree establishment: a literature review[M]. Occ. Pap. 20. Edinburgh, United Kingdom: Forestry Commission.

ZALASKY H, 1983. Field storage of containerized conifer seedlings[M]. Forest Management Note 20. Edmonton, AB, Canada: Northern Forest Research Centre.